Astrid-Beate & Christoph Oberdorf

Innere Transformation

—

Äußerer Erfolg

Astrid-Beate & Christoph Oberdorf

INNERE TRANSFORMATION

Äußerer ERFOLG

EchnAton Verlag

Wichtiger Hinweis

Die im Buch veröffentlichten Empfehlungen wurden von den Verfassern und vom Verlag sorgfältig erarbeitet und geprüft. Eine Garantie kann dennoch nicht übernommen werden. Ebenso ist die Haftung des Verfassers bzw. des Verlages und seiner Beauftragten für Personen-, Sach- und Vermögensschäden ausgeschlossen.

1. Auflage März 2015

Deutsche Ausgabe:
© EchnAton Verlag Diana Schulz e.K.

Grafiken Seite: 240 und 316
©Alex White - Fotolia.com 76443245
©Sarahdesign85 - Fotolia.com 65595524
©Teracreaonte - Fotolia.com 43700572
©Teracreaonte - Fotolia.com 67589540

Lektorat: Angelika Funk
Covergestaltung: Raphaela Näger
Coverbild: ©Thep Urai - Fotolia.com
Gesamtherstellung: Diana Schulz
Druck: Hutter Druck GmbH & Co. KG
ISBN: 978-3-937883-62-5

Für Anne und Jens

Inhalt

TEIL III:
Neues Denken im Unternehmen

Vorwort

Als 1492 Christopher Columbus auf seiner Santa Maria über den Horizont unseres Denkens hinausfuhr, brach ein altes Weltbild ein und ein neues entstand. Damals wurde ein äußerer Kontinent entdeckt.

In dieser unserer aufregenden Zeit sind wir dabei, einen neuen Kontinent zu entdecken, dessen Grenzen grenzenlos sind, dessen Land pure Fülle ist und dessen Natur unsere wahre Natur spiegelt. Es ist der Kontinent in uns. Dorthin geht die Reise und diese »transFORMiert« die bekannte Form. Anders ausgedrückt: Wir überschreiten die materielle Form und öffnen uns für die Quelle. Für das Quellbewusstsein, das erkennt und erfährt: Alles ist Geist.

In der Einheit des Geistes ist alles mit allem verbunden und Trennung hat nur den einen Sinn, unser Unterscheidungsvermögen zu stärken. Doch Trennung an sich ist nicht existenziell.

Sie werden sehen: Wenn Sie in diesem Buch zu lesen beginnen, dann entzündet sich mit den ersten Seiten so etwas wie ein Glühen, das bald in einem sanften Feuer mündet. Und je tiefer Sie einsteigen, desto mehr wandelt sich das Feuer zu einer nährenden Quelle, die das Licht des Bewusstseins spiegelt und einen feurigen Geist offenbart. Einen Geist, der sich selbst findet, zur Selbsterkenntnis erwacht und seinen Sinn darauf ausrichtet, Spirit und Business miteinander zu verbinden.

»Wirklichkeit ist das, was wirkt«, schreiben die beiden Autoren und laden ein, die Angst vor dem Unbekannten zu überwinden, die trennenden Nebel zu teilen und die Einheit des Geistes zur Ursache für jenen Erfolg zu machen, der daraus unweigerlich erfolgen muss. Denn das Wesen dieses Geistes ist Liebe. Und Macht ist die Fähigkeit, diese Liebe auszudrücken.

Aus diesem fühlenden Erkennen erblühen eine neue Leichtigkeit und das, was wir als spirituelle Intelligenz bezeichnen können. Eine Intelligenz, die wach genug ist, uns an die unerschöpflichen Ressourcen des Bewusstseins anzudocken, damit wir die enormen Herausforderungen, die wir selbst provoziert haben, auch meistern können.

Was mich an dem Buch besonders begeistert, ist dieser elegante Tanz aus Theorie und modellhafter Methodik mit klarem Bezug zur praktischen Anwendung. Dabei ist alles fein nuanciert.

Die Theorie wird an keiner Stelle zu theoretisch, das Modell wird zu dem, was es ist – nämlich eine Landkarte für eine mögliche Realität – und die Hinweise zur Praxis zeigen Wege, die zu gehen es sich lohnt.

Es ist hoch an der Zeit, dass wir unsere ökonomische Wunde heilen und die Kunst der Unternehmensführung an den Stand der Wissenschaft andocken, die uns seit mehr als hundert Jahren auffordert, das materielle Weltbild gegen ein geistig-energetisches zu tauschen.

»Paradeigma«, sagten die alten Griechen und meinten damit, ein Denkmuster zu überschreiten. Mit diesem Buch haben Astrid-Beate und Christoph Oberdorf einen Leitfaden vorgelegt, der es uns leicht macht, Grenzen zu überschreiten, die innere Landschaft neu zu formen und damit den Möglichkeitenraum für einen äußeren Erfolg zu öffnen.

Erfolg ist aus dieser Sicht eine Folge der Hingabe an den Geist, der wir sind und dessen Sinn seine höchste Entfaltung findet, wenn wir ihm Ausdruck geben. Damit haben wir die Meisterformel in Kurzform: »Innere Transformation = Äußerer Erfolg«.

Karl Gamper
Autor und Initiator der »Vision von NeuLand«
www.neuland.vision

Zu diesem Buch

Dieses Buch kann Ihr Leben auf vielfache Weise bereichern. Am meisten werden Sie von ihm profitieren, wenn Sie es mit einem neugierigen Verstand und offenem Herz lesen.

Betrachten Sie dieses Buch als eine Art Büfett, so bietet es Ihnen eine Fülle verschiedenster Vorschläge für Ihre innere Transformation. Nicht jede Delikatesse wird Ihren Vorlieben entsprechen, nicht jeder Leckerbissen wird Ihren Zuspruch finden. Erlauben Sie sich, die Schmankerl herauszupicken, die Ihnen besonders zusagen und die Sie momentan gut verdauen können.

Wenn Sie dieses Buch nicht in einem Rutsch lesen und es dann ins Regal stellen, sondern es zu einem treuen Begleiter werden lassen, der Sie zuweilen darin erinnert, dass Denken Ihrem Intellekt entspricht und dass Intelligenz auf einer ganz anderen Ebene stattfindet, wird es Ihnen schrittweise helfen, Unbewusstheit, Beschränktheit und Angst zu überwinden und eine neue Bewusstheit herzustellen. Wie ein guter Freund steht es Ihnen auf dem Weg der Selbsterkenntnis und der Bewusstseinstransformation als Ratgeber zur Seite.

Vielleicht finden Sie beim wiederholten Lesen plötzlich Gefallen oder Interesse an etwas, das Ihnen vorher gar nicht aufgefallen war. Schließlich können nur Sie selbst entscheiden, welche Dinge zum gegebenen Zeitpunkt für Sie wichtig sind. Alle Inhalte in diesem Buch können Sie zunächst für Ihre persönliche Transformation nutzen und im zweiten Schritt gewinnbringend in Ihrem Unternehmen einbringen.

Immer wieder werden Sie im Laufe der Lektüre auf echte Fallbeispiele treffen. Zum einen sprechen wir offen und ehrlich über uns und darüber, was uns geholfen hat, Mangelzustände in unserem Leben zu überwinden. Zum anderen berichten wir über Kunden und deren Wege.

Bereits an dieser Stelle bitten wir Sie um Verständnis dafür, dass wir alle Kundenbeispiele aus Gründen der Diskretion und Verschwiegenheit anonymisiert haben. Dennoch sind die Beispiele so gewählt, dass sie Ihnen die Möglichkeit eröffnen, sich selbst zu reflektieren und wertvolle Schlüsse daraus zu ziehen.

Seien Sie offen und bereit für das, was Sie im Einzelnen erwartet:

Im ersten Teil beleuchten wir ...
... warum Spiritualität im Trend liegt und wie unser Bewusstsein unsere Realität beeinflusst.

Im zweiten Teil erfahren Sie ...
... wie Sie durch den Weg der inneren Transformation unerwünschte Lebensumstände beenden können und sich freudvollere Ergebnisse ermöglichen. Hierzu stellen wir Ihnen als Selbstcoaching-Tool das **7x7-Tage-Programm** vor. Es unterstützt Sie dabei, auf entspannte Art und Weise Ihre Geisteskräfte wieder voll und ganz in Besitz zu nehmen, sich von überholten Glaubensmustern zu lösen und Ihr Potenzial voll auszuschöpfen. Ein Geisteskräfte-Test hilft Ihnen dabei zu erkennen, wo Sie derzeit stehen.

Im dritten Teil erkennen Sie ...
... wie Sie Ihr Unternehmen zu einem anziehenden und attraktiven Ort für Mitarbeiter und Kunden machen, indem Sie die 7 Unternehmens-Chakras harmonisieren. Ein Quick-Test zur eigenen Unternehmensanalyse und eine Fülle von Tipps zur Unternehmenstransformation warten auf Sie. Und zum Schluss erhalten Sie noch einen Ausblick auf die radikale Revolution, die derzeit unsere Gesellschaft in Atem hält.

Wenn Sie dieses Buch nicht nur lesen, sondern seine Inhalte auch aktiv umsetzen, müssen Sie damit rechnen, dass Sie ...

... ganz selbstverständlich auf eine neue Stufe Ihrer Bewusstseinsentwicklung gelangen und dadurch Erfolge leichter, inspirierter und müheloser erreichen.

... ein neues Verständnis dafür gewinnen, wie Sie negative Emotionen, Ängste und Unsicherheiten nachhaltig auflösen.

... Dinge in Ihr Leben ziehen, die Sie sich wünschen.

... zu jeder Zeit in der Lage sein werden, Ihren Businesserfolg aus sich selbst heraus in eine neue Richtung zu lenken.

Denn Businesserfolg durch Bewusstseinsentwicklung kann tatsächlich einfach sein. Sehr viel einfacher, als Sie jetzt vielleicht noch denken. Freuen Sie sich also darauf, was Sie in diesem Buch entdecken werden.

Bleibt nur noch zu sagen, dass wir uns aus Gründen der Einfachheit entschieden haben, durchgängig die männliche Anredeform zu verwenden – wir bitten alle Leserinnen um Verständnis.

Ratingen, Februar 2015
Astrid-Beate und Christoph Oberdorf

Teil I

Bewusstsein erschafft Realität

Achte auf deine Gedanken!
Sie sind der Anfang deiner Taten.
Aus China

Spiritualität, der neue Megatrend

Wie alles begann

Ich, Astrid-Beate, war gerade zwölf Jahre alt, als ich Maharishi Mahesh Yogi in Düsseldorf erlebte. Fasziniert von seiner ruhigen Art und dem warmherzigen Blick lauschte ich seinen Worten. Der Hausarzt meiner Mutter hatte ihr Meditation empfohlen – und so saßen wir nun mit hundert Menschen in seiner Informationsveranstaltung.

Eine solche Souveränität, wie sie der Begründer der *Transzendentalen Meditation* ausstrahlte, hatte ich bis dahin noch nie gespürt. Ich erinnere mich, dass ich damals nichts von dem verstand, was ich dort über *TM* hörte. Aber daran, dass mein Englisch noch nicht perfekt war, konnte es nicht liegen. Schließlich gab es eine Simultanübersetzung. Nein, es lag vielmehr daran, dass ich seinen Ausführungen nicht folgen konnte:

»Meditiere zwei Mal am Tag für 20 Minuten und dein Leben ändert sich grundlegend. Wenn 1 % der Menschheit durch Meditation transzendiert ist, wird es keine Kriege mehr geben.« Das klang für mich befremdlich. »Mache deinen Geist leer und du erlebst Fülle.« Ich war verwirrt und neugierig zugleich. In der Pause lauschte ich, was die Erwachsenen davon hielten.

»Meditation verändert die Welt«, tönte ein Teilnehmer, sodass es alle hörten, die gemeinsam an einem großen Tisch saßen und Tee und Kuchen genossen. Er sollte recht behalten! Nur ahnten das damals die wenigsten von uns. Meine Mutter nickte zustimmend, aber ich sah ihr an, dass sie skeptisch war. Und damit war sie nicht alleine. Es schien zwei Lager bei dieser Veranstaltung zu geben: Die einen, die jedes Wort des »Gurus« aufsaugten und für bare Münze nahmen, und die anderen, die wie wir skeptisch waren und sich rationale Beweise, Belege und hieb- und stichfeste Fakten wünschten. Und die sollten wir bekommen.

Während ich mich in den folgenden zwanzig Jahren mehr für Make-up, Mode und schließlich auch für Männer interessierte, wandten sich immer mehr Menschen der Meditation und spirituellen Praktiken zu.

Wer hätte in den 1960er-Jahren damit gerechnet, dass die Entwicklung, die als »menschliche Potenzial-Bewegung« begann, zu einem explosionsartigen Interesse an Selbstentfaltung führen würde? Sicher nicht viele. Und nun erfahren wir heute aus dem Buch *MegaTrends 2020*: Spiritualität ist der neue Megatrend! Und das nicht nur in den USA – auch hier. Bestätigung kommt auch vom renommierten *Zukunftsinstitut:* »Das Integrale wächst und mit ihm eine neue Spiritualität.« Eigentlich nicht erstaunlich, wenn wir uns die aktuellen Herausforderungen ansehen.

Der Zustand der Welt spiegelt unser kollektives Bewusstsein.
Dr. Roy Martina

Die Welt im Wandel

Ja, eine radikale Revolution hat längst begonnen: Still und doch sicht- und spürbar verändert sich unsere Welt. Wir erleben es täglich in unserer Arbeit als Coachs und Berater. Ob angestellter Manager, spiritueller Selbstständiger, Inhaber eines Familienbetriebes oder freiberufliche Familienmanagerin: Die Grenzen zwischen Arbeit und Freizeit verschwimmen für die meisten mehr und mehr. Geleitet vom inneren Drang, Erfolg und Erfüllung zu verbinden, entscheiden sich immer mehr mutige Menschen dazu ein Ich-bestimmtes Unternehmen zu führen. Und so kommt es, dass sich konventionelle Lebensstile und Berufsbilder durch die individuellen Lebensstile immer mehr auflösen. Selbst-Findung und Selbst-Verwirklichung sind längst zu Kernwerten der Wirtschaftswelt geworden.

Es war immer so: Berufe ändern sich. Branchen auch. Wahrscheinlich bleiben auch Sie nicht davon verschont. In unserem Fall ist das deutlich zu sehen. Unternehmensberatung ist heute anders als noch vor fünf oder zehn Jahren. »Potenzialentfalter« müsste an der Türe stehen. Das heißt, wir sind viel mehr Coachs als Berater. Wir helfen viel mehr zur Selbsterkenntnis, als dass wir Lösungen vorgeben. Wie kommt das?

Existenzgründer, Jungunternehmer und Firmeninhaber sind heute viel offener dafür, Spirit mit Strategie zu verbinden. Integraler zu denken. Die neue Bereitschaft zur Selbstreflexion belohnt sie im Gegenzug mit reicheren Erfahrungen, tieferen Wahrheiten und höheren Erkenntnissen.

Viele trauen sich zu, in neue Zustände des Bewusstseins einzutauchen, und erlauben sich, veränderte Haltungen, Erfahrungen und Perspektiven aus unserer Zusammenarbeit mitzunehmen. Täglich bestätigt sich, dass transformative Visionen und emotionale Heilung Unternehmenskonzepte enorm beflügeln.

Seelen hungern nach Sinn

Den allgemeinen Hunger nach geistig-seelischer Kost und neuem Denken im Business erkennen wir an dem zunehmenden Angebot spiritueller Wirtschaftsliteratur: *Business-Reframing* von Dr. Wolfgang Berger; *Quantensprung im Business* von Siglinda Oppelt; *Inspirieren statt Motivieren* und *Ganz oder Gar nicht!* von Dr. Lance Secretan ...

Das Angebot wächst unaufhaltsam. Selbst wenn Sie diese drei Bücher (noch) nicht kennen, haben Sie vielleicht *Gespräche mit Gott* von Neale Donald Walsh oder *Jetzt! Die Kraft der Gegenwart* von Eckhart Tolle oder ähnliche Titel auf Ihrem Nachttisch liegen – zumindest ist die Chance groß. Sie wurden bereits millionenfach verkauft – weltweit.

Wir glauben: Irgendwann hört ihn jeder, diesen inneren Weckruf. Erst leise, dann immer lauter. Arbeit ist für uns alle ein solch zentraler Aspekt im Leben, dass die Zufriedenheit, die wir dort finden, die Qualität unseres gesamten Lebens bestimmt. Lässt unsere Lebensfreude über länger Zeit nach, werden wir aufgefordert: »Verändere dich und du veränderst die Welt.«

Aus vielen Erzählungen kennen wir die Motivationen, die Menschen für Veränderungen öffnet: Entweder ist es der Schmerz, das latente Leid, das wir in uns tragen, das Gefühl des Getrenntseins. Oder es ist im Gegenzug die Sehnsucht in uns, die Sehnsucht nach Einheit. Wir alle haben ein Gespür und tragen eine Ahnung in uns, wie es besser sein könnte.

Ab einem gewissen Zeitpunkt unserer Ich-Entwicklung wünschen wir uns wieder das Gefühl der Verbundenheit – auch wenn wir noch nicht wissen wonach.

Wir werden empfindsamer – für die Konflikte in uns und mit anderen – und wünschen uns neue Einstellungen und Erfahrungen. Dann fangen wir an zu suchen. Und schließlich kommen wir zur Quelle – zur Spiritualität. Und weil das nicht nur einige wenige betrifft wie Sie und uns, sondern Millionen von Menschen, haben sich in der Zwischenzeit die Werte unserer Wirtschaft verändert.

Tatsache ist, dass bereits 2006 die Identity Foundation eine Studie veröffentlichte, bei der ...

... jeder fünfte Selbstständige oder Freiberufler sich für Meditation, Kontemplation oder Zen interessierte,

... 45 Prozent der Befragten angaben, dass sie sich mehr religiöse Werte wünschten,

... sich ein Drittel eine stärkere Bedeutung christlicher Überzeugungen in der Arbeitswelt wünschte,

... knapp 22 Prozent glaubten, Religion fördere beruflichen Erfolg.

Wie viele mögen es dann heute sein? »Das Streben nach Spiritualität ist der größte Megatrend unseres Zeitalters«, sagt Patricia Aburdene. Wow! Das verändert alles. Schließlich unterscheiden sich Megatrends von kurzfristigen Trends dadurch, dass sie erstens alle Lebensbereiche berühren – Arbeit, Beziehungen, Gesundheit, Konsum, Kultur usw. – und zweitens mindestens fünfzig Jahre und noch länger anhalten, also die verbleibende Zeit unserer jetzigen Inkarnation andauern.

Wie sieht es bei Ihnen aus? Meditieren Sie, leben Sie achtsam oder stärkt Sie die Zugehörigkeit zu einer Religionsgemeinschaft?

Spiritualität im Business

Wenn wir über Spiritualität im Business schreiben, dann wollen wir damit ein grundlegend neues Denken ermöglichen. Unsere Erfahrung ist: Vor allem Manager, Mütter und Macher nutzen spirituelle Praktiken und Meditation zum Stressmanagement und als Burn-out-Prophylaxe. Aber Spiritualität ist viel mehr. Spirituelle Entwicklung fördert die Entfaltung des eigenen Potenzials – radikal und rasant. Und die Arbeit der Zukunft erfordert neue Kompetenzen: Flexible, mobile, team- und projektorientierte Arbeitsformen verlangen immer mehr Leistungsfähigkeit bei gleichzeitiger Stressresistenz und Selbststeuerung. Lange haben wir Menschen schon mit der Illusion gelebt, wir würden diese

Stärken außerhalb von uns finden. Aber das Gegenteil ist der Fall: Unser Körper, unsere Geisteskräfte und unser Bewusstsein sind unsere stärksten Partner.

Seit Mediziner die Wirkung von Achtsamkeit, inneren Energiezentren (Chakras) und der Kraft der Herzintelligenz nicht nur erklären, sondern auch wissenschaftlich bestätigen können, können sich sogar effizienzorientierte Denker immer mehr auf spirituelle Erfahrungen einlassen. Demnach bewahrheitet sich: Ist der Verstand erst beruhigt, können Wunder geschehen!

Nur langsam haben wir
aus einem Naturbewusstsein heraus
begonnen, uns bewusst zu werden,
dass wir bewusst sind.
Tom Steiniger

Liebe im Business

Einige Dinge, die heute Businesserfolge versprechen, finden wir absurd, bei anderen dagegen lohnt sich ein näheres Hinschauen: »Auf sein Herz hören vitalisiert.« »Dem Herzen folgen macht produktiv.« »Liebe ist anziehend.« ...

Dass das nicht etwa kitschige Kalendersprüche sind, sondern Sätze, die wissenschaftlich messbare Fakten ausdrücken, konnten wir im Jahr 2011 selbst erleben.

Als Initiatoren des *Forum Bewusstes Business* hatten wir Martina Baehr, Instructor von *HeartMath®*, als Referentin zu unserer monatlichen Abendveranstaltung eingeladen. Wir hatten gehört und gelesen, dass es in vielen Ländern inzwischen üblich ist, die Herzintelligenz zur Produktivitätssteigerung in Unternehmen einzusetzen. Dem Unternehmen *HeartMath®* war es gelungen, eine spezielle Technologie zu entwickeln, die mithilfe eines PC ermöglicht, Herzrhythmen zu messen und zu beobachten. So können die Auswirkungen von negativen Gedanken, Gefühlen und Stress auf den Herzrhythmus unmittelbar sichtbar gemacht werden.

Gemeinsam mit circa zwanzig Freiberuflern und Firmeninhabern konnten wir erleben, wie sich bei einer Testperson mit jedem Gedanken, der einige Zeit gedacht wurde, die Kurve auf dem Monitor veränderte. Ihr Inneres wurde auf dem Monitor sichtbar gemacht: Waren die Gedanken und Gefühle der Testperson von Liebe geprägt – weil sie an ihre Liebsten dachte –, war die Aufzeichnung der Herzfrequenz kohärent. Waren die Gedanken und Gefühle von Angst, Abneigung, Unwohlsein geprägt – weil sie an etwas Belastendes dachte –, war die Aufzeichnung der Herzfrequenz disharmonisch.

»Zapfen wir die ›Intelligenz des Herzens‹ an, nutzen wir eine weise, intuitive Quelle der Führung, die uns, wie es in *HeartMath* ausgedrückt wird, ›vom Chaos zu Klarheit erheben kann‹ und uns Erfüllung bringt«, so beschreibt die Autorin Patricia Aburdene das Phänomen.

Wir alle kennen das: Positive Gedanken erzeugen positive Emotionen. Das ist einleuchtend. Aber hätten Sie gedacht, dass Sie damit gleichzeitig auch Ihren Blutdruck senken und Herzrhythmusstörungen reduzieren bzw. regulieren? Würden Ärzte und Apotheker ein heilsames Businesspräparat zur Produktivitätssteigerung vermarkten wollen, dann bräuchten sie ihren *Patienten* nur optimistische Werte »verordnen«, beispielsweise Liebe und Freude.

Motivation, die auf Angst beruht,
stammt aus der Persönlichkeit.
Inspiration, die auf Liebe beruht,
stammt aus der Seele.
Dr. Lance Secretan

Liebe – die Lebenskraft für Leistungsfähigkeit

Sind wir gestresst und belastet, wird alles schwieriger. Sind wir dagegen entspannt und unbeschwert, fließt unsere Energie. Wir sind intelligenter und produktiver. Verständlich, dass bei diesen Erkenntnissen der Wert des Wohlgefühls und der Selbstverwirklichung zunehmend Beachtung in der Arbeitswelt findet. Schließlich ist es unser Spirit, der dafür sorgt, ob es rund läuft oder hakt.

Stress macht also keinen Sinn, sondern das Gegenteil ist der Fall. Daher erstaunt es nicht, dass Jahr für Jahr immer mehr Menschen das Misstrauen gegenüber Achtsamkeitsübungen, Meditation,

Übungen des Verzeihens und Loslassens oder Yoga, Tai-Chi, Qigong, Atemübungen und östlicher Weisheit aufgeben. Wer diesen Schritt schafft, wird im Gegenzug damit belohnt, sich selbst kraftvoller, klarer und kompetenter zu erleben. Immer mehr Menschen verschmelzen so mit ihrem vollen Potenzial und ermöglichen sich erfreulichere Erfahrungen.

Seit 2013 haben bislang 18 Unternehmen, darunter auch Konzerne, an einer Studie der Kalapa Academy in Kooperation mit dem GRP (Generation Research Program) der Ludwig-Maximilians-Universität München und der Hochschule Coburg teilgenommen, um zu verstehen, welche Effekte Achtsamkeitstrainings im Unternehmensalltag bewirken können. Es zeigten sich folgende Ergebnisse: Stärkung der Resilienz, mehr Freude, kooperative Zusammenarbeit, ein klarer Fokus und vor allem eine Abnahme von Hektik und gefühltem Stress.

Businesstransformation

Transformation liegt in der Luft. Und es klingt einleuchtend, dass Resilienz, Kooperation, Belastbarkeit und Freude wirtschaftlichen Erfolg fördern. Das folgende Beispiel zeigt, was schon einfache Veränderungen bewirken können.

In dem Buch *Megatrends 2020* lesen wir von den Erfahrungen eines Unternehmens der Fortune 100-Liste. Drei Monate lang hatten die Mitarbeiter regelmäßig meditiert. Danach wurden bei ihnen folgende Veränderungen festgestellt:

- weniger Besorgnis, Anspannung, Schlaflosigkeit und Erschöpfung
- ein geringerer Konsum von Tabak und Alkohol
- größere Effizienz und Zufriedenheit am Arbeitsplatz
- verbesserte Gesundheit und weniger Erkrankungen

Wenn wir also von Transformation im Business sprechen,
ist es keine Verschiebung vom Profanen zum Heiligen.
Was sich wandelt, ist unser Gewahrsein.
Patricia Aburdene

Sie gehören zu den Skeptikern und hätten es gerne etwas konkreter? Kein Problem. Die Autorin Patricia Aburdene beschreibt ein weiteres Unternehmen, in dem der Inhaber bereits 1983 TM (Transzendentale Meditation) einführte – und das mit verblüffenden Ergebnissen.

Nach drei Jahren meditierten immer noch 52 seiner 70 Mitarbeiter zweimal täglich für 20 Minuten. Das erste Mal morgens, bevor sie zur Arbeit kamen, das zweite Mal während der Arbeitszeit am Nachmittag. Und das kam dabei heraus:

- Fehlzeiten sanken um 85 Prozent.
- Verletzungen sanken um 70 Prozent.
- Krankheitstage sanken um 76 Prozent.
- Die Produktivität stieg um 120 Prozent.
- Die Qualitätskontrolle verbesserte sich um 240 Prozent.
- Gewinne schossen um 520 Prozent in die Höhe.

Ob die Zahlen stimmen oder geschönt sind, können wir nicht sagen. Wir meditieren selbst seit über zehn Jahren und leiten seit einigen Jahren auch Meditationskurse – aber wir haben keine Erfolgsstatistiken geführt. Deshalb haben wir keine Zahlen parat. Was wir aber sagen können ist, dass Effektivität, Gelassenheit, Klarheit, Mitgefühl und Produktivität fühlbar ansteigen, wenn man regelmäßig meditiert.

Viele unserer Kunden haben sich die östliche Weisheit zum Lebensmotto gemacht: »In der Ruhe liegt die Kraft.« Was könnte Meditation in Ihrem Unternehmen bewirken? In welchen Situationen wären Sie gerne effektiver, gelassener, klarer und produktiver?

Effektivität durch Entspannung

Meditation regt unsere Alpha-, Theta- und Delta-Gehirnwellen an. Damit steigert sie die Konzentration, fördert die Intuition, baut Erschöpfung ab, belebt die Kreativität, verbessert organisatorische Fähigkeiten und fördert somit unsere gesamte Leistungsfähigkeit.

Aber damit nicht genug: Meditation erhöht auch unsere Empfindsamkeit und lässt uns erkennen, was für uns richtig ist. Sie fördert unsere Entwicklungsfreude und öffnet uns dafür, verdrängte Schmerz- und Schattenanteile zu integrieren. Sie hilft uns, unserer Seele wieder Raum zu geben und nicht länger an überholten Überzeugungen festzuhalten. Somit ermöglicht sie uns mehr und mehr, die Welt in einem neuem Licht zu sehen. Je mehr wir uns transformieren, desto klarer erkennen wir unseren wahren Kern und spüren: Wir alle sind eins! Wir verschmelzen mit der Welt – und alles fließt!

Das klingt einfach genial – einfach zwei Mal zwanzig Minuten meditieren. Zu einfach? Vielleicht ist genau das der Grund, warum diese Möglichkeit lange übersehen wurde. Doch in Zeiten des Sparzwangs wird immer mehr Einzelunternehmern und Firmen bewusst, dass spirituelle Kompetenz die günstigste Möglichkeit ist, die eigene Arbeitskraft und die der Mitarbeiter zu erhalten. Und nicht nur das: Innere Klarheit schafft äußere Kraft.

Erst eine klare und einheitliche Ausrichtung von Gedanken,
Sprache und Glaubenssätzen in Unternehmen ist das Fundament
für Handlungen, die Durchbrüche bewirken.
Dr. Wolfgang Berger

Spiritualität hilft sparen

Warum Spiritualität ein Megatrend im Business ist und wird? Nicht zuletzt auch, weil Meditations-, Achtsamkeits- und spirituelle Schulungen einen Bruchteil der Kosten von Fehlleistungen, Arbeitsausfall und Produktivitätsverlusten verursachen. Jede Schulung im Bereich Verkauf, Management oder Teamentwicklung ist teurer. Gleichzeitig liegt in keiner Investition derzeit ein höheres Entwicklungspotenzial.

Immerhin leben wir in einer einzigartigen Epoche. Der Philosoph Ken Wilber betont es immer wieder: »Es ist eine außergewöhnliche Zeit, ja sogar eine historische Zeit, nicht nur wegen der Gefahren, sondern auch wegen der Aussichten.« Der Begründer des Integralen Institutes weist seit Jahrzehnten darauf hin, dass unsere strahlendste Zukunft in dem Moment entsteht, wenn wir radikal erwachen und uns bewusst werden, wer wir wirklich sind. Eine verheißungsvolle Zukunft ist möglich – wenn wir es wollen.

Technologische Innovation – eigentlich alle Erfindungen im
Business – erwachsen aus dem Bewusstsein,
dem Gewahr-Sein der Bewusstheit,
Der Fähigkeit, ohne Anhaftung zu beobachten.
Patricia Aburdene

Auch wenn wir heute noch keine klare Vorstellung davon haben, wie die persönliche Transformation jedes Einzelnen von uns die Welt verändern wird, lässt sich bereits eine Reihe kleiner, positiver Entwicklungen an unzähligen Orten der Welt erkennen:

- Verbraucher entscheiden werteorientierter.
- Unternehmen arbeiten sozial verträglicher.
- Banken setzen auf ethischere Anlagen.
- Politiker sprechen über nachhaltige Lösungen.
- Interdisziplinäre Forschung verbindet West-Östliche-Weisheit.
- Bewusstsein entfaltet sich über bewusstes SEIN.

Vor allem ist es eine Erleichterung, aus dem trennenden Nebel aufzutauchen, in dem Gott Gott war; Physik war Physik; Geschäft war Geschäft; und Medizin war Medizin. Frei von der Illusion von Trennung, sind wir begeistert von den »neuen« Disziplinen wie Gott und Physik, spirituelles Heilen und Spirit im Business.
Patricia Aburdene

Unsere Zukunft ist das, was wir daraus machen:
Sie und wir gemeinsam!

Zusammenfassung
Wirtschaftswelt:
Spiritualität, der neue Megatrend

Die Transformation der Welt kommt,
wenn wir uns selbst ändern.
Krishnamurti

1. Spiritualität ist aus der Esoterik-Ecke in anerkannte Wissenschaftsfelder aufgestiegen.
2. Selbstverwirklichung ist keine Privatsache mehr, sondern Teil integraler Unternehmensführung.
3. Spiritualität und Glaube fördern beruflichen Erfolg, davon sind immer mehr Menschen überzeugt.
4. Herzintelligenz führt im Business zu gesteigerter Gesundheit, Kreativität und Produktivität.
5. Nutzen wir Kohärenz und ihre weise und intuitive Führung, können wir leichter vom Chaos zur Klarheit gelangen.
6. Meditation steigert die Konzentration, fördert die Intuition, baut Erschöpfung ab, belebt die Kreativität und steigert somit unsere Leistungsfähigkeit.
7. Spiritualität hilft sparen: Meditations-, Achtsamkeits- und spirituelle Schulungen verursachen nur einen Bruchteil der Kosten von Fehlleistungen, Arbeitsausfall und Produktivitätsverlusten.

Sag es mir, und ich werde es vergessen. Zeige es mir, und ich
werde mich daran erinnern. Beteilige mich, und ich werde
VERSTEHEN.
Laotse

Wenn Sie unsere Gedanken lesen, bleibt zweifelsfrei etwas davon in Ihrem Gedächtnis haften. Wenn Sie sich allerdings zusätzlich eigene Notizen machen, vertiefen Sie Ihre Erkenntnisse. Sie tauchen nicht nur tiefer in die Texte ein, sondern haben zudem Ihre eigenen Gedanken beim nächsten Lesen des Buches sofort parat.

Die Notiz-Felder am Ende jedes Kapitels dienen somit zum besseren Verstehen und als persönliche Gedankenstütze.

»Was war für mich in diesem Kapitel besonders wichtig?«

Bewusstsein

Alles eine Frage des BewusstSEINS

Was würden Sie sagen, wenn wir behaupten, dass Erfolg und Erfüllung selbstverständlich sind, wenn Sie sich SELBST und Ihr Leben lieben?

Das ist eine unserer Lieblingsfragen. Vor allem, wenn wir sie bei Vorträgen im Kreise von Existenzgründern und Jungunternehmern stellen. Meist passiert Folgendes: Einige bekommen große Augen und zeigen uns ihre Neugier. Einige runzeln die Stirn und zeigen uns ihre Skepsis. Und häufig herrscht zunächst einmal Totenstille im Raum, bis nach einigen Sekunden eine Stimme ertönt: »Wie kann man sein Leben lieben, wenn man sich mit Existenzsorgen rumschlagen muss? Wie kann man sich selbst lieben, wenn man jeden Tag bis zur Erschöpfung arbeitet? Dabei verliert man doch jegliches Selbstwertgefühl!« Jetzt schauen uns fast alle mit zustimmenden Blicken und verschränkten Armen an und warten auf unsere Reaktion.

Bewusstsein erschafft Realität. Stellt sich die Frage, warum erschafft unser Bewusstsein eine Realität, in der wir uns unwohl fühlen und uns bis zur Erschöpfung mit Existenzsorgen rumschlagen? Warum erleben manche Menschen immer wieder ähnliche Katastrophen? Warum kommen einige einfach auf keinen grünen Zweig? Und wie kommt es, dass manchen Menschen scheinbar alles wie von selbst zufällt und sie ständig von glücklichen Zufällen beschenkt werden?

Haben Sie mal die Filmkomödie *Und täglich grüßt das Murmeltier* gesehen? Phil Connors, der Protagonist des Streifens, ist ein egozentrischer TV-Wetteransager, dem es davor graut, alljährlich in einem kleinen verschlafenen Kaff in Pennsylvania eine Reportage über »den Tag des Murmeltiers« moderieren zu müssen.

Sein Tag – es ist der 2. Februar – beginnt morgens um 6 Uhr mit dem Anspringen seines Radioweckers. Phil ist super mies gelaunt und alle Menschen, auch sein Filmteam, gehen ihm gehörig auf die Nerven. Zynisch und arrogant begegnet er jedem, der ihn im Hotel und am Set anspricht. Phil fühlt sich durch die

Reportage über das Murmeltier unterfordert und empfindet diese Arbeit als absolut erniedrigend. Sein größter Wunsch ist, so schnell wie möglich alles abzuwickeln und nach Hause zu fahren. Aber ein Schneesturm zieht auf und der Highway ist unpassierbar. Er muss also noch eine weitere Nacht im Hotel bleiben. Und dann geschieht es: Als er am nächsten Morgen um 6 Uhr aufwacht, sitzt er in einer Zeitschleife fest. Wieder ist der 2. Februar und alles wiederholt sich, genau wie am Vortag.

Zunächst versteht Phil die Welt nicht mehr und wird immer übellauniger. Aber da ihm das nicht weiterhilft und er auch am nächsten Morgen erneut um 6 Uhr vom Radiowecker darauf aufmerksam gemacht wird, dass der 2. Februar ist, probiert er nun täglich neue Verhaltensweisen aus. Er wird erfinderisch.

Erst versucht er, seine Assistentin Rita zu verführen und alles zu tun, um sich ein extravagantes Leben voller Vergnügen zu verschaffen. Aber all das hilft nichts. Es dauert nicht lange und Phil wird dem ewig Gleichen überdrüssig und beginnt zu verzweifeln.

Er vertraut sich Rita an und ein weiser Ratschlag von ihr hilft ihm, in seinem festgefahrenen Leben andere Wege zu finden. So gibt er sich schließlich jedem neuen Tag mit ungewohnter Neugier hin. Schritt für Schritt verändert er sich und wird ein anderer Mensch.

Mit der Zeit verliert er mehr und mehr seine Arroganz und wird sogar zu einem Wohltäter für andere. Er schafft es, fast jedem, dem er begegnet, zu einem besseren Tag zu verhelfen. So verwandelt er sich selbst, indem er den ewig gleichen Tag zur Selbstreflexion und Selbsterziehung nutzt. Er entwickelt Empathie, gewinnt Selbsterkenntnis und reflektiert über seine Gedanken, Gefühle und sein Verhalten gegenüber anderen. Schritt für Schritt wird er zu einem geschätzten und beliebten Mann. Schließlich findet er die Liebe zu seiner Arbeitskollegin und die Zeitschleife endet. Nach vielen Wiederholungen wacht er an dem lange ersehnten 3. Februar auf – an der Seite seiner großen Liebe Rita.

Geht es Ihnen ähnlich wie Phil? Kennen Sie diese immer wiederkehrenden Situationen, in denen Sie trotz größter Anstrengungen nicht die gewünschten Ergebnisse erzielen?

Manche Menschen haben ständig Geldsorgen, Probleme mit Kunden, Kooperationspartnern oder einfach immer wieder mit dem eigenen Selbstbewusstsein. Viele kommen selbst über Jahre oder Jahrzehnte nicht aus diesen Problemspiralen heraus. Andere hingegen ziehen Geld an wie ein Magnet, haben Kunden ohne jegliche Marketingmaßnahmen und erreichen fast alles, was sie sich vornehmen. Woran liegt das?

Des Rätsels Lösung

Wenn wir eine ehrliche Antwort auf diese Frage wollen, müssen wir uns etwas tiefer mit der *Wirk*lichkeit auseinandersetzen. *Wirk*lichkeit ist das, was wirkt. Und warum uns immer wieder etwas *passiert*, also in unsere Lebenswirklichkeit tritt, hat aus unserer Sicht nicht nur einen Grund, sondern gleich drei Gründe.

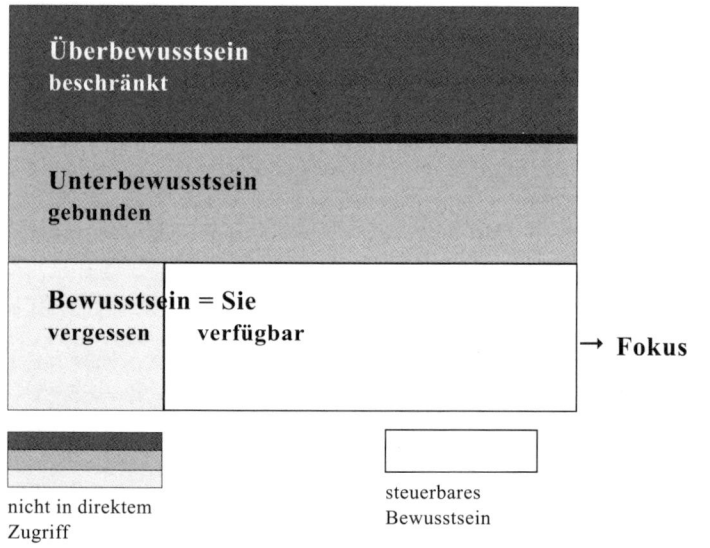

Grafik: © Daniel Ackermann
»Alles eine Frage von Bewusstsein«

Überbewusstsein

Erstens haben wir vergessen, wer wir wirklich sind. Weil das so ist, haben wir uns von unserem vollen Potenzial abgeschnitten. Damit beginnt der irdische Kampf ums Überleben.

Unsere **übergeordnete Geisteskraft** ist beschränkt oder blockiert:

- ICH BIN

Bewusstsein

Zweitens haben wir aufgrund des Verlustes unserer ICH-BIN-Führung unzählige Ängste entwickelt und uns selbst zu Opfern der Umstände gemacht. Um unsere Ängste zu kompensieren, sind wir erfolgreiche Denker geworden. Und je mehr wir denken, desto mehr versuchen wir, das Leben zu kontrollieren, zu steuern und in den Griff zu bekommen. Dazu haben wir im Laufe unseres Lebens unzählige Urteile, Überzeugungen und Geschichten zu unserer eigenen Wirklichkeit gemacht.

Sicher, all diese Konzepte schenken uns Halt. Gleichzeitig haben wir jedoch, ohne es zu merken, einen Großteil unseres freien Bewusstseins an diverse Geschichten und Lebensvorstellungen gebunden. Und so haben wir unsere **6 männlichen Geisteskräfte** teilweise blockiert:

1. Glaube
2. Willenskraft
3. Wissen
4. Imagination
5. Unternehmenslust
6. Macht

Unterbewusstsein

Drittens inszenieren sich alte Kränkungen, Unversöhnlichkeiten und bittere Erfahrungen immer wieder neu, weil wir sie oftmals verdrängt haben. All der Schmerz und unbewusste Erinnerungen und Empfindungen binden zusätzliches Bewusstsein.

Und so sind auch unsere **6 weiblichen Geisteskräfte** häufig gebremst:

1. Liebe
2. Urteilsvermögen
3. Ordnung
4. Stärke
5. Loslassen
6. Lebenslust

*Bewusstsein ist nicht unbedingt ein Wort, mit dem wir groß
geworden sind. Obwohl es der Kern unseres Seins ist.*
Shakti Gawain

Fazit:

Bei den meisten Menschen sind die **12 Geisteskräfte**, die Sie in
den nächsten Kapiteln kennenlernen werden, (noch) blockiert.
Warum? Wir haben vergessen, wie das »Spiel des Lebens« funktioniert. Und weil wir die Spielregeln nicht mehr beherrschen, hat
das Spiel eine heimtückische Wendung genommen:

Von einem Großteil unseres Potenzials haben wir uns abgetrennt, einen anderen Teil haben wir gebunden oder schlicht und
ergreifend verdrängt. Und jetzt versuchen wir, mit einem geringen
Anteil unseres unermesslichen Potenzials ein Leben in Fülle zu
gestalten, und verzweifeln an den Ergebnissen.

*Da Bewusstsein Realität erschafft, gilt selbstredend,
dass alle drei Bewusstseinsebenen Einfluss darauf haben,
was in deinem Leben erschaffen wird.*
Daniel Ackermann

Stellen Sie sich vor, Sie wären ein mächtiger König oder eine
mächtige Königin und besäßen unerschöpfliche Reichtümer. Allerdings spüren Sie momentan wenig davon, weil ein Teil dieses
Reichtums schon vor Ihrer Geburt von Ihnen ferngehalten wurde
und Sie gar nichts von ihm wissen (Überbewusstsein).

Ein weiterer Teil Ihres Reichtums ist in Ihrer Kindheit an einem
sicheren Ort versteckt worden (Unterbewusstsein) und nur noch
ein kleiner Teil Ihres Vermögens steht Ihnen täglich zur freien
Verfügung (Bewusstsein).

Wie würden Sie sich fühlen, wenn Ihnen noch niemand von
Ihren Reichtümern berichtet hätte und Sie diesen unerschöpflichen
Wohlstand noch nie gesehen und gefühlt haben: reich, mächtig und
wie ein kraftvoller Schöpfer? Oder eher arm, hilflos und wie ein
ohnmächtiges Wesen? Vielleicht ahnen Sie es schon: Wir wollen
Ihnen mit dieser Metapher sagen, dass Sie dieser mächtige König
oder diese mächtige Königin sind. Und auch das sollten Sie wissen
durch das Lesen des Buches wird sich vieles ändern.

Zusammenfassung

Bewusstsein:
Alles eine Frage des BewusstSEINS

Alle großen Lehrerinnen und Lehrer unserer Zeit
sagen ein und dasselbe:
»Wir erschaffen uns unsere eigene Wirklichkeit.«
Dr. Roy Martina

1. Bewusstsein erschafft Realität.
2. Dinge passieren nur, weil wir vergessen haben, wer wir sind, und weil wir unser Bewusstsein verloren haben.
3. Wirklichkeit ist das, was wirkt.
4. Alle drei Bewusstseinsebenen steuern, was ist.
5. Urteile, Überzeugungen und Lebensvorstellungen steuern unsere Wahrnehmung.
6. Der irdische Kampf ums Überleben endet, wenn wir uns wieder mit all unseren Bewusstseinsebenen verbinden – *eins sind mit dem, was ist.*

Jetzt haben Sie Gelegenheit, sich eigene Notizen zu diesem Kapitel zu machen:

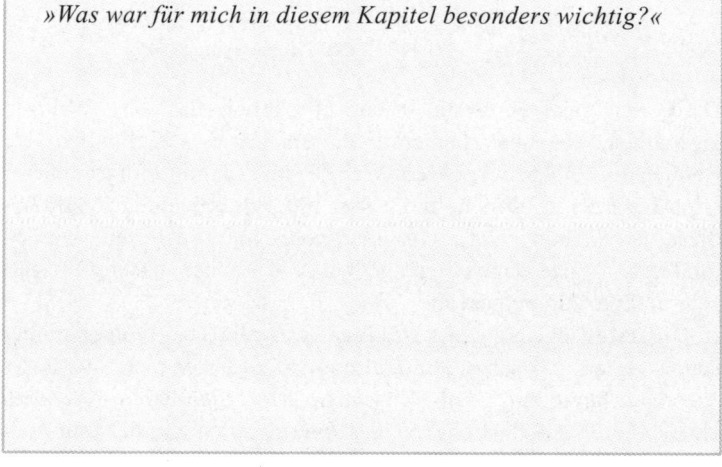

»Was war für mich in diesem Kapitel besonders wichtig?«

Bewusstseinsebenen

Unser wahres Wesen

Wenn wir unsere 12 Bewusstseinskräfte wieder voll und ganz aktivieren wollen, ist es wichtig, uns von den Irrtümern heutigen Denkens zu befreien und nicht länger auf ausgetretenen Pfaden zu wandeln. Schließlich tippt heute kaum noch jemand seine Geschäftskorrespondenz mit der Schreibmaschine. Die meisten von uns nutzen im Geschäftsalltag moderne Computer, weil sie uns viel effektiver, schneller und erfolgreicher unterstützen. Warum sollten wir uns also nicht auch in puncto unseres Denkens durch effektivere und freudvollere Strategien unterstützen lassen?

Das größte Problem der Menschheit ist derzeit, dass wir (noch) nicht verstehen, wer wir *wirk*lich sind. Unsere größte Herausforderung wird deshalb sein, nicht länger nur Forschungsberichte zu analysieren, sondern wieder ein Gefühl dafür zu bekommen, welch liebevolle und mächtige Wesen wir sind. Je mehr wir wieder zu unserem wahren Wesen zurückkehren, desto besser werden wir die täglichen Herausforderungen im Business meistern.

> *Die wirkliche Entdeckungsreise besteht nicht darin,*
> *neue Landschaften zu suchen,*
> *sondern darin, die Welt mit neuen Augen zu sehen.*
> Marcel Proust

Dank der Quantenphysik bricht allmählich das alte Weltbild zusammen, das uns glauben ließ, wir wären lediglich passive Beobachter einer objektiven Welt – und damit Opfer äußerer Umstände. So ist es nicht und war es nie: Im Gegenteil! Sobald wir diese Erkenntnis richtig verinnerlichen und begreifen, werden unnötige Ängste abnehmen und wir alle können unsere Tatkraft sehr viel gezielter einsetzen.

Neueste Forschungen bestätigen, was alte Naturvölker immer schon sagten: Zwischen Himmel und Erde gibt es mehr, als unser Verstand begreifen kann. Zwischen dem Sichtbaren und dem Unsichtbaren existiert ein riesiges Energiepotenzial, das unmittelbar mit uns und unserem Leben im Zusammenhang steht.

Wir sind Liebe, Macht, Bewusstsein – wir haben es nur vergessen! Physiker beschreiben diese fundamentale physikalische Einheit als Quantenfeld – als lebende Leere. Albert Einstein nannte sie schlicht »das Feld« und definierte sie als die einzige Realität. Die Kahunas – die Weisen und Heiler von Hawaii – nennen es das Allerhöchste, den alles durchdringenden Geist.

Wenn wir nach Bezeichnungen für dieses alles durchströmende Feld suchen, finden wir unzählige Begriffe: Gott oder Göttin, Innere Führung oder Höheres Selbst, Universum oder Quelle, Seele oder Ich-Bin, Lebenskraft oder Kosmische Intelligenz, Buddhanatur oder Christusbewusstsein, Alles-was-ist oder Licht und Liebe.

Wir alle sind Bestandteil eines sehr komplexen Energiesystems, das uns ständig umgibt, durchdringt und seinerseits gleichzeitig mit allen kosmischen Energien des Universums kommuniziert.
Peter Kummer

Dieses Wissen ist uralt, der Wissenschaftszweig der Quantenphysik dagegen noch relativ jung. Während 1929 der Quantenphysiker Werner Heisenberg den Grundstein dafür legte, das westliche Weltbild von Newton und Descartes ins Wanken zu bringen, haben seine Kollegen, der Nobelpreisträger Max Planck und andere, inzwischen bestätigt was Mystiker schon vor vielen tausend Jahren wussten: Es ist der Geist, der die Materie erschafft. Es ist der Spirit in uns, der Ergebnisse bewirkt. Es sind unsere Geisteskräfte, die unsere Welt gestalten. Unsere Geisteskraft ist die Quelle aller Materie.

Was sich für unseren Kulturkreis so ungewöhnlich anhört, ist für andere Kulturkreise ganz normal. Während sich unsere westliche Welt seit Generationen überwiegend mit der Entwicklung religiöser Strukturen beschäftigt hat, hatte die östliche Religion schon längst die Erkenntnis um diese universelle Verbundenheit integriert.

Während der Westen den *Weg der Wissenschaft* hochgepriesen hat, hat der Osten den *Weg der Weisheit* geheiligt. Während wir von Kindesbeinen an gelernt haben, dass Gott und wir zwei voneinander getrennte Dinge sind, haben die Menschen im Osten Subjekt und Objekt nicht klar voneinander unterschieden.

Was bis vor einigen Jahren noch als esoterische Spinnerei belächelt wurde, ist inzwischen anerkannt und belegt: Die physische Welt, wie wir sie wahrnehmen, ist nichts als Schwingung. Materie ist nicht aus Materie – sie ist aus Geist. Wir Menschen sind Geistwesen und damit schöpferische Wesen. Und das gilt nicht nur für *Parkplatzbestellungen beim Universum*, sondern für alles in unserer materiellen Welt: Existenzgründungen, Firmenentwicklungen, Mitarbeiterrekrutierung, Expansion, Kundenzulauf, Marketingaktionen ...

Eigentlich erstaunlich, dass wir diesen Zusammenhang so lange übersehen haben. Schließlich steht schon in dem ältesten Buch der Welt, der Bibel:»Gott schuf den Menschen nach seinem Ebenbild.«

Falls Sie bisher angenommen haben, Spiritualität sei etwas Mystisches oder gehöre bestenfalls ins Privatleben, dann erkennen Sie jetzt sicher, dass *Spirit* die steuernde Energie hinter allem ist. Alles in unserer Welt unterliegt somit auch den spirituellen Naturgesetzen. Alles! Auch der wirtschaftliche Erfolg. Nichts ist getrennt von dem Naturgesetz: Alles ist mit allem verbunden. Jede Erfahrung ist ein Teil des ständigen Wandels, des lebendigen Fließens, Ausdruck von Beziehungsmustern und ständig eins mit allem, was ist – das ist das göttliche Prinzip.

Es gibt spirituell intelligente und spirituell weniger intelligente Unternehmen. Der Unterschied ist die Bilanz.
Siglinda Oppelt

Sicher, wir waren schon immer Gläubige. Nur haben viele von uns den Glauben an Gott, das Universum oder unser Höheres Selbst ersetzt durch den Glauben an die materielle Welt. Wir haben sie zu unserer einzigen Realität gemacht und damit etwas Wesentliches verloren.

Ähnlich wie Drogenabhängige haben sich viele von uns immer mehr von Rauschmitteln beflügeln lassen. Innerlich fühlten sie sich zwar immer leerer, aber das Gefühl ließ sich lange mit äußerlichen Dingen kompensieren: Arbeit, Anerkennung, Beziehungen, Besitz, gesellschaftlichem Ansehen, Unterhaltung und ständig neuen Errungenschaften. Das Streben nach all diesen wundervollen Dingen hatte seinen Preis: Wir haben die Illusion geschaffen, wir existierten getrennt voneinander und getrennt vom Außen. All unsere Bedürfnisse, all unser Schmerz und unser Leid lassen sich

36

darauf zurückführen, dass wir den Zugang zu unserem Überbewusstsein verloren haben.

Eine Realität der Erfahrung basiert auf den drei großen Illusionen von Angst, Trennung und Zeit.
Daniel Ackermann

In den vergangenen Jahren haben wir zunehmend die Erfahrung gemacht, dass das Gefühl, Opfer der Umstände zu sein, nicht nur der Realität widerspricht, sondern auch Erfolg verhindert, Krankheiten fördert und die Seele verhungern lässt.

Dabei ist uns das Wissen begegnet, dass das Gefühl des Einsseins, der Liebe, der Macht und Kraft ganz schnell auftaucht, wenn wir uns wieder mit unserem Quellbewusstsein – oder auch Überbewusstsein – verbinden. Interessant ist, wie einfach der Zugang ist, wenn wir achtsam sind. Wir brauchen uns nur wieder zu *er-innern*. Wir brauchen nur unser *Ge-wahr-sein* auf neue Aspekte unseres Seins zu lenken.

Überbewusstsein

Haben Sie sich schon mal gefragt, woher magische Momente, wundervolle Fügungen, unglaubliche Erfahrungen kommen?

Wunder, zufällige Begegnungen und günstige Gelegenheiten sind normal – bedanken Sie sich bei Ihrem Überbewusstsein. Es steuert die Form, in der wir uns hier erleben, und sorgt für die ›richtigen‹ Umstände. Seine Absicht ist es, für unser höchstes Wohl zu sorgen – immer. In seinem Buch *Alles eine Frage von Bewusstsein* beantwortet Daniel Ackermann die Frage nach dem Überbewusstsein anhand der 14 folgenden Punkte:

1. Es entspricht Ihrem ganzen Potenzial.
2. Es umfasst Ihr volles Bewusstsein und Ihre ganze Schöpferkraft.
3. Es erschafft Ihren Körper und hält ihn in Existenz.
4. Es managt und synchronisiert das Zusammenspiel mit anderen Menschen.
5. Es ist außerhalb der Zeit und eins mit anderen Aspekten.
6. Es kennt Ihr Lebensdrehbuch und die Drehbücher aller anderen.

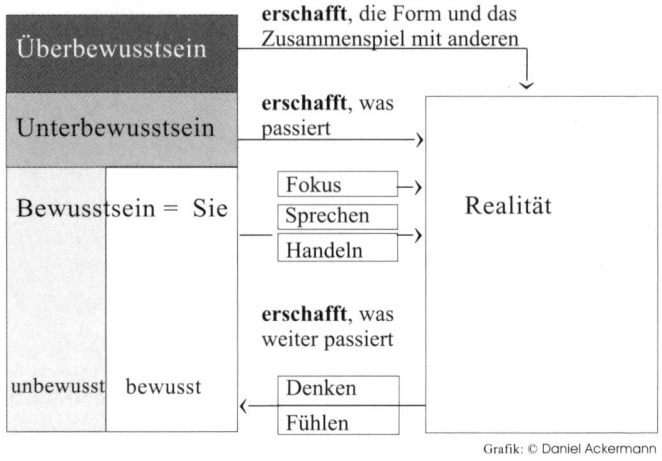

Grafik: © Daniel Ackermann
»Alles eine Frage von Bewusstsein«

7. Es führt Sie auf Ihrem Weg durch diese Realität und alle Erfahrungen.

8. Es ist immer mit Ihnen verbunden.

9. Es hat nur eine Absicht: Es möchte Sie zur höchsten Einsicht, zu Ihrem höchsten Potenzial, zu Liebe, Freude und Bewusstheit führen.

10. Es ist reine Liebe! Es ist Ihr Diener! Es wird Ihnen alles geben!

11. Es lässt Sie jede Erfahrung machen und erlaubt Ihnen jede Interpretation.

12. Es weiß alles und kann Ihnen immer das höchste Wissen zukommen lassen.

13. Es spricht laufend zu Ihnen, drängt aber nichts auf und erlaubt auch, seinen Empfehlungen zuwider zu handeln.

14. Seine Stimme ist nicht laut, sondern sehr leise. Deshalb müssen wir gut zuhören.

Wir sehen, das Überbewusstsein kann für jeden von uns zu einer übergeordneten Instanz werden. Schließlich ist es immer da und trägt in sich die Weisheit, was für uns stimmig ist, was stimmt, was für uns bestimmt ist – es kennt unsere Bestimmung. Wenn wir stimmig leben, dann lieben wir uns und was wir tun, dann sind wir erfüllt und erfolgreich. Warum also sind wir das nicht immer?

Es gibt zwei Gründe, warum wir vielfach in einer Welt leben, die uns nicht gefällt:

Der erste Grund ist, dass wir nicht auf die stillen Signale des Überbewusstseins hören, denn dazu müssten wir unsere Aufmerksamkeit von der lauten Außenwelt auf die leise Stimme in unserem Inneren richten.

Der zweite Grund ist, dass wir den Ruf unserer Bestimmung zwar vernehmen, ihn aber aus Angst bewusst überhören. Denn um ihm zu folgen, müssen wir meist einiges in unserem Leben ändern. Umkrempeln ist immer mit Aufwand, Risiko und Angst verbunden. Statt mutig diesen Weg zu gehen, entscheiden wir uns lieber gegen unsere eigene Bestimmung. Was uns oft nicht bewusst ist: Wir geben gleichzeitig unsere Macht ab und lassen damit andere über unser Schicksal bestimmen.

Auffallend ist: Je mehr wir unsere Selbstbestimmung verlieren, desto verstimmter werden wir. »Nichts stimmt mehr«, beklagen wir. Logischerweise ärgern wir uns immer mehr, aber komischerweise nicht über uns, sondern über die anderen. Wir glauben, sie wären für unsere Erfüllung zuständig. Nur kann kein anderer unsere eigene Verstimmung beenden. Wie auch, liegt die Lösung doch einzig und alleine in der bewussten Rückverbindung mit der eigenen Essenz, folglich in uns.

Wunder werden normal, wenn Sie Ihr Überbewusstsein wieder zum Chef erklären. Doch damit Sie sich über die Früchte der Rückverbindung freuen können, müssen Sie zuvor Ihr Bewusstsein besser verstehen. Nur so können Sie es zu einem hingebungsvollen Diener Ihres Überbewusstseins machen. Erst die Kombination macht alles leichter.

Um die Weisheit zu erlangen, die wir brauchen,
um bedingungsloses Glück zu finden, müssen wir uns von vielen
einengenden Glaubenssätzen frei machen.
Dr. Roy Martina

Übung:
Zugang zum Überbewusstsein

1. Was geht gerade in mir vor?
Setzen Sie sich bequem hin und schließen Sie die Augen.
Spüren Sie Ihren Körper. Erlauben Sie Ihrem Atem, Ihre

Gedankenlücke

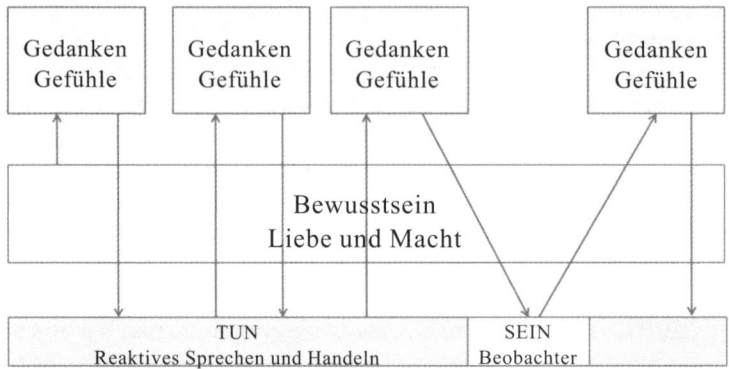

Grafik: © Daniel Ackermann
»Alles eine Frage von Bewusstsein«

Aufmerksamkeit nach innen in Ihren Körper zu lenken. Beobachten Sie, wie Ihr Atem ganz ohne Ihr Zutun ein- und ausströmt. Beobachten Sie Ihre Gedanken und Gefühle und fragen Sie sich:»Was geht gerade in mir vor?« Spüren Sie die Energie Ihrer Emotionen. Genießen Sie, das alles zu bemerken, ohne etwas analysieren oder verändern zu wollen. Beobachten Sie nur (!) ca. 2 Minuten.

2. Woher kommt der nächste Gedanke?
Achten Sie jetzt nur noch auf Ihre Gedanken und versuchen Sie, zur ursprünglichen Quelle zu gelangen. So wie vom Meeresboden Luftblasen aufsteigen und immer eine Lücke zwischen einer und der nächsten Luftblase ist, werden auch Sie mit der Zeit eine Lücke erkennen – einen Raum zwischen zwei Gedanken. Diese Lücke bezeichnen Experten als den *Raum des reinen Bewusstseins*. Sie können Ihre Aufmerksamkeit für diesen Raum schulen, indem Sie sich immer wieder fragen: »Woher kommt der nächste Gedanke?«
Diese Frage festigt Ihren Fokus. Gleichzeitig verhindert sie, dass andere Gedanken Ihre Aufmerksamkeit ablenken. Spüren Sie, wie Sie immer leichter in die Lücke eintauchen können? Beobachten Sie für ca. 2 Minuten.

3. Wer beobachtet?

Verlagern Sie Ihre Aufmerksamkeit jetzt zusätzlich auf den Raum der inneren Stille. In der Gegenwärtigkeit liegt der Zugang zum Selbst. In der Gegenwärtigkeit hört destruktives Denken auf und echtes Sein entsteht.

Stellen Sie sich jetzt die dritte und letzte Frage: »Wer beobachtet das gerade?«

Verlagern Sie Ihre Aufmerksamkeit auf das, was Sie gerade erleben. Und dann fragen Sie sich: Wer beobachtet das was da vor sich geht? Wer beobachtet die Gedanken? Wer beobachtet die Lücke? Wer beobachtet, welche Gefühle im Körper sind? Wer hört Geräusche? Wer sieht den Körper atmen? Wer ist das? Machen Sie auch diese Teilübung ca. 2 Minuten.

Erkennen Sie, dass es da eine Präsenz gibt, die zwar in Ihrem Körper, aber nicht Ihr Körper ist? Wie fühlt es sich an, sich als Beobachter seiner selbst zu erkennen? Was ändert diese kleine Erfahrung? Fühlen Sie jetzt anders? Aufgeregt, weil es eine spannende Erfahrung war? Oder entspannter, ruhiger, zuversichtlicher ...?

Anfangs ist es nicht immer leicht, diese Lücke wahrzunehmen. Aber wir garantieren Ihnen, dass Sie bereits nach kurzer Zeit diese Lücke nicht nur wahrnehmen, sondern auch spielerisch leicht vergrößern werden. Nicht jeder erlebt direkt beim ersten Mal einen spürbaren Energieschub, aber jeder erlebt mit zunehmender Praxis einen deutlichen Energieanstieg. Aus unzähligen Berichten unserer Kunden wissen wir, dass es nicht lange dauern wird, bis auch Sie in dieses Quellbewusstsein nicht nur mit geschlossenen Augen eintauchen, sondern diese Erfahrung in Ihren Alltag einfließen lassen können. Dadurch werden Sie klarer, kraftvoller, präsenter und heiterer.

Sie werden merken: Wenn Sie regelmäßig den Raum jenseits der Gedanken aufsuchen, werden Ihre Gedanken eine neue Qualität erlangen und der Zugang zu einem neuen Bewusstsein wird möglich. Im Gegenzug werden Sorgen, Ängste, Frustration und Ärger es immer schwerer haben, Ihnen Energie zu rauben. Sie werden keinen Nährboden mehr finden. So wie sich in einem gesunden Körper gefährliche Viren schlechter ausbreiten können, können sich in einem gesunden Geist giftige Gedanken schlechter vermehren. Vieles kommt in Ordnung, weil das Quellbewusstsein die steuernde Kraft hinter allem ist.

Dieser Zustand des »fühlenden Erkennens«, wie Eckhart Tolle die Stille hinter den Gedanken nennt, ist das, was gemeinhin als »Erleuchtung« bezeichnet wird. Verrückt oder? Ja, Sie waren gerade für einen kurzen Moment im Zustand reinen Bewusstseins, verbunden mit dem Quantenfeld, dem Zustand der Verbundenheit mit der universellen Präsenz, jenseits des Denkens. Hätten Sie gedacht, dass es so leicht geht?

Lediglich aus der Unkenntnis heraus, das wir alle jenseits unseres Verstandes über das Quellbewusstsein miteinander verbunden sind, tragen wir das Gefühl von Trennung, Isolation und Leid in uns. Dabei eröffnet sich uns ein unerschöpflicher Intelligenzbereich, wenn wir den Raum der Stille, den Raum hinter unseren Gedanken zur Kraftquelle unseres Alltags werden lassen.

Hat die Erfahrung des Quellbewusstseins Ihre Neugier geweckt? Dann machen Sie die Übung so oft wie möglich. Wir finden sie großartig. Denn gerade im Alltag brauchen wir einfache und wirkungsvolle Werkzeuge, wenn wir unsere unbewusste Realitätsgestaltung beenden wollen.

Eine neue Wahlfreiheit eröffnet sich Ihnen, sobald Sie die Idee akzeptieren, dass Ihr Bewusstsein Ihre Welt erschafft. Damit Sie verstehen, welches Potenzial sich in diesem Konzept befindet, stellen wir Ihnen im nächsten Kapitel das Zusammenspiel von drei Bewusstseinsebenen vor

Sobald Sie die Meisterschaft über Ihre Bewusstseins-Werkzeuge besitzen, betreten Sie eine neue Welt und werden so schrittweise zum Experten aller Erfahrungen. Nichts was »passiert« überrascht Sie mehr. Stattdessen werden Sie SELBSTbewusster. Lernen Sie sich selbst besser kennen und auch Ihr:

1. Überbewusstsein
2. Bewusstsein
3. Unterbewusstsein

Bewusstsein

Als Menschen sind wir alle »kleine Götter«,verfügen wir doch als einzige Wesen auf der Erde über die Fähigkeit, mit unserem Bewusstsein zu erschaffen. Aber solange wir uns dieser Kräfte und Gesetzmäßigkeiten nicht bewusst sind, wenden wir sie in der Regel auch nicht optimal und ausschließlich zu unserem Segen an. Folglich können sich unsere Wünsche in der materiellen Welt nur sehr langsam und sehr zögerlich manifestieren, ja in den meisten Fällen manifestieren sie sich sogar völlig anders, als wir es uns eigentlich gewünscht hatten.

Während unser Überbewusstsein der Teil von uns ist, den wir als Teilaspekt des »Feldes« bezeichnen können – ob wir es nun »Quantenfeld«, »Quellbewusstsein«, »morphogenetisches Feld« oder »Einheitsbewusstsein« nennen –, ist das Bewusstsein der Teil von uns, der über unseren Fokus, das Sprechen und Handeln unsere Realität erschafft. Während unser Überbewusstsein unser ganzes Potenzial beherbergt, verfügt unser Bewusstsein zunächst einmal nur über ein eingeschränktes Potenzial – was, wie Sie noch sehen werden, auch gut ist.

Das Bewusstsein sind Sie, die Person, die gerade dieses Buch liest, der Teil von Ihnen, der über sich sagt: »Ich ...« Schauen wir kurz die folgenden 10 Punkte an, die das Bewusstsein begreifbar machen:

Das Bewusstsein ist der Teil von uns, ...

1. ... der die Realität erlebt.
2. ... den wir als Persönlichkeit wahrnehmen (spirituelle Lehren sagen dazu Ego).
3. ... der unsere Aufmerksamkeit fokussieren kann.
4. ... der uns in die Lage versetzt, zu sprechen und uns auszudrücken.
5. ... der uns in die Lage versetzt, in der Welt zu handeln.
6. ... der uns die Welt wahrnehmen lässt über unsere 5 Körpersinne: Sehen, Hören, Riechen, Schmecken, Fühlen.
7. ... der uns ein Gespür für uns und die Welt um uns herum ermöglicht.
8. ... der denken kann, d. h. logische, rationale und abstrakte Bewertungen und Beurteilungen vornehmen kann.

9. ... der Zeit wahrnehmen kann und in der Lage ist, mental in die Vergangenheit oder Zukunft zu reisen.
10. ... der Konzepte, Glaubensvorstellungen und ein Weltbild kreieren kann.

Alles ist eins

»Ich komme mir vor wie eine Fliege, die immer wieder vor die Fensterscheibe fliegt und sich wundert, warum sie nicht in die Freiheit gelangt.« Silvia sah erschöpft aus, als sie uns von ihrer Arbeit erzählte. Ihre Augen blickten uns müde an, während sie uns ihre Situation als hektisch, kräfteraubend und sinnlos beschrieb.

Im IT-Projektmanagement erlebte sie immer wieder Machtspielchen mit männlichen Kollegen und unrealistische Zielvorgaben der Unternehmen. Beides machte ihr zu schaffen, aber noch mehr litt sie unter der fehlenden Rückendeckung ihrer Auftraggeber. Der seelenlose Umgang untereinander raubte der Freelancerin von Jahr zu Jahr mehr Kraft: »Meine Arbeit macht keinen Spaß mehr. Irgendwie lande ich immer wieder in den falschen Unternehmen. Nicht einmal das Honorar reicht als Schmerzensgeld.«

Geht es Ihnen ähnlich? Viele, die mit größeren Unternehmen zusammenarbeiten, können das nachempfinden. Silvia ist kein Einzelfall.

Die Zeiten werden allgemein als turbulent erlebt, ob von großen oder kleinen Firmen, Freiberuflern oder Familienmanagerinnen, Existenzgründern oder Expansionsfreudigen. Unsere Wirtschaftswelt ist in Zeiten des Internets zu einem Dorf geworden. Der Druck ist enorm gestiegen. Änderungen am anderen Ende des Globus machen sich überall bemerkbar, selbst im entferntesten Winkel von Wipperfürth. Das sind Tatsachen. Aber es ist nicht die Wahrheit!

Denn Quantenphysiker sagen uns heute, dass es in Wirklichkeit nichts außerhalb von uns gibt. Nichts besteht isoliert von uns. Unsere Wirklichkeit ist vielmehr ein gigantischer geistiger Zusammenhang. Das, was uns als Wirklichkeit zur Verfügung steht, ist viel mehr, als wir im Alltag wahrnehmen. Das, worauf wir unseren Fokus lenken, ist immer nur ein kleiner Ausschnitt unserer potenziellen Möglichkeiten.

Selten machen wir uns Folgendes klar: So wie ein Maler die freie Wahl hat, was er auf die Leinwand bringt, liegt es an uns und unseren Entscheidungen, welche Wirkung wir in der Welt von uns sehen wollen. Hinter jeder sichtbaren Tatsache (Wirkung) steckt immer eine unsichtbare Wahrheit (Wirklichkeit). Sicher haben Sie den Spruch aus dem Talmud auch schon einmal gehört oder gelesen:

*Achte auf Deine **Gedanken**, denn sie werden Worte;*
*achte auf Deine **Worte**, denn sie werden Handlungen;*
*achte auf Deine **Handlungen**, denn sie werden Gewohnheiten;*
*achte auf Deine **Gewohnheiten**, denn sie werden Dein Charakter;*
*achte auf Deinen **Charakter**, denn er wird Dein Schicksal.*

Wenn Kunden wie Silvia zu uns ins Coaching oder Seminar kommen, dann ermutigen wir sie, als Erstes herauszufinden, wo ihre eigene *Wirk*lichkeit gerade feststeckt. Werkzeuge jeder Art helfen nur, wenn man weiß, welcher Engpass vorliegt und was man genau verändern möchte. Silvia hatte bisher nicht darüber nachgedacht, dass sie selbst die Farben, Formen und Figuren auf die Leinwand Ihres Lebens zeichnete. Das war ihr nicht klar. So wie vielen Menschen.

Bisher fehlte die Unterweisung in der *Kunst der bewussten Lebensführung.* Und die ist mühelos, wenn auch nicht immer leicht. Damit kommen wir zu einem ersten Werkzeug, das auch Ihnen ermöglicht, Ihren vergangenen Erfahrungen auf die Schliche zu kommen, um nicht länger im Hamsterrad wiederkehrender Erfahrungen gefangen zu sein.

Dein Fokus ist die Blickrichtung deines Bewusstseins.
Daniel Ackermann

Sie erinnern sich: So wie Phil Connors, der Held aus dem Streifen *Und täglich grüßt das Murmeltier*, seine Zeitschleife beendet hat, können auch Sie sich durch neue Einsichten neue Erfahrungen ermöglichen. Ob Sie befürchten in der Höher-schneller-weiter-Welt zu unterliegen, Sie trotz harter Arbeit nur magere Erfolge erzielen, Ihnen der Sinn an der Arbeit abhandengekommen ist oder Ihnen etwas anderes den Spaß am Beruf vermiest, ist es in jedem Fall sinnvoll, Ihre vorherrschenden Überzeugungen zu überprüfen.

Übung:

Gewohnheiten erkennen

Nehmen Sie sich 15-20 Minuten Zeit, einen Stift und Block. Atmen Sie tief durch und beantworten Sie folgende Fragen:

- Was denke ich gewohnheitsmäßig über mich und meine Arbeit?
- Was sage ich gwohnheitsmäßig über mich, meine Arbeit und Erfolge?
- Was mache ich gewohnheitsmäßig? (Aktion/Rückzug/ Widerstand)
- Welches Schicksal erlebe ich aktuell? (Erfolg/Misserfolg)
- Was würde ich lieber erleben? (Träumen Sie!)

Wollen wir unsere Realität erfüllender gestalten, müssen wir lernen, behutsamer mit unserer Aufmerksamkeit – unserem kostbarsten Schöpfungswerkzeug – umzugehen. Wollen wir unser Business beflügeln, ist Selbststeuerung der Schlüssel dazu und Quantensprünge werden möglich. Der Königsweg für eine erfüllende, erfolgreiche und nachhaltige Unternehmensführung liegt somit als Saat in uns. Diese Saat brauchen wir nur zum Blühen zu bringen.

Welche potenzielle Zukunft wir ansteuern, wird ausschließlich davon bestimmt, worauf unsere Aufmerksamkeit, das heißt der Fokus unserer bewussten Wahrnehmung, gerichtet ist.
Jörg Starkmuth

Die IT-Projektmanagerin Silvia, die Sie zu Beginn dieses Kapitels kennengelernt haben, hat diese Zusammenhänge inzwischen so verinnerlicht, dass sie heute eine ganz andere Arbeitswelt erlebt.

Silvia erkannte, dass sie selbst die Missstände in ihrem Leben ermöglichte. All ihre Gedanken, Worte und Verhaltensweisen lieferten die magnetische Anziehungskraft, um dazu passende Mitspieler einzuladen. Sie war so sehr daran gewöhnt, sich auf die Erfahrungen zu konzentrieren, die schmerzhaft und unangenehm waren, dass sie die schönen Seiten ihrer Arbeit überhaupt nicht mehr wahrnahm, obwohl es viele davon gab.

Allein die bewusste Ausrichtung ihrer Aufmerksamkeit auf die Dinge, die gut liefen, veränderte ihre Resonanz, Ausstrahlung und Wirklichkeit enorm. Herausforderungen gehören natürlich weiterhin zu ihrem Leben. Nur fühlt sie sich inzwischen nicht mehr als Opfer der Umstände. Im Gegenteil, sie ist dankbar über die Wahlfreiheit, die sie durch die bewusste Steuerung ihres Fokus hat.

Als sie zu uns kam, wollte sie wieder mit Sinn und Spaß arbeiten. Beides hat sie erreicht. Zusätzlich genießt sie mittlerweile einen wertschätzenden Umgang mit Kunden, Kollegen und Kooperationspartnern.

Bei unserem letzten Gespräch sagte sie: »Meine Arbeit empfinde ich nicht mehr als Arbeit, es ist viel mehr so, als ob ich für mein Hobby Geld bekäme.« Nachdem sie sich für eine bewusste Businessentwicklung entschieden hat und ihre allumfassende *Intelligenz* lebt, hat sich ihr Leben um 180° gedreht.

Neue Leichtigkeit

Wer sich beschwert, macht sich das Leben schwer, weil er Ereignisse und Realitäten anzieht, die damit korrespondieren. Wer sich freut, macht sein Leben freudvoll, weil er Ereignisse und Realitäten anzieht, die damit korrespondieren. Das klingt einleuchtend, oder?

Die Beziehung zwischen dem emotionalen Gehirn und dem
»kleinen Gehirn« des Herzens ist einer der Schlüssel zur
emotionalen Intelligenz.
David Servan-Schreiber

Unser Tipp: Verbringen Sie nie mehr als 10-15 Prozent Ihrer Zeit mit Dingen, die Sie energetisch nach unten ziehen. Fragen Sie sich lieber schon bei einem sanften Unwohlsein bewusst: »Was nervt?«, »Was belastet mich?«, »Welcher Wunsch wächst gerade in mir?«

Wenn Ihr Energiepotenzial zu niedrig oder diffus ist, um eine gute Lösung zu finden, probieren Sie die nächste Übung aus. Durchlaufen Sie die Fragen und schauen Sie sich Ihr ›Problem‹ erst wieder an, wenn Sie energetisch entspannter sind. In vielen Fällen liegt die Lösung plötzlich auf der Hand.

Die Übung ist simpel und dennoch sehr wirkungsvoll. Gerade wenn Sie sorgenvoll und energielos sind, sollten Sie sie unbedingt machen. Sanft verändert sie Ihren Fokus und hebt damit Ihre Energie an. Durch die energetische Veränderung werden Sie wieder mit freudvolleren Erfahrungen in Resonanz gehen. Wie ein Fernsehsender nach einiger Zeit schon mal seine Sendefrequenz verändert, um bessere Resultate zu erzielen, können auch Sie ihre Sende- und Empfangsfrequenz verändern. Ganz einfach.

Übung:

»I like-Liste«

Nehmen Sie einen Block und schreiben Sie auf, wofür Sie dankbar sind. Erstellen Sie eine ›Positiv-Liste‹. Schreiben Sie: »Ich bin wirklich dankbar für ...«

Wenn Ihnen das angesichts Ihres Unwohlseins schwerfällt, formulieren Sie Ihre Frage(n) so: »Auch wenn ich mich gerade wegen XY unwohl fühle, was erkenne ich gleichzeitig an schönen und erfreulichen Dingen in meinem Leben? Wofür bin ich wirklich dankbar?«

1. Benennen Sie alle Dinge, die Sie besitzen, auch Ihre Kompetenz und Ihren Erfahrungsschatz.

2. Schreiben Sie alle Erfahrungen auf, die Sie derzeit schätzen, genießen und für die Sie dankbar sind (alleine und mit anderen Menschen). Das kann auch freie Zeit sein, die Sie erst dadurch haben, weil ein Großauftrag geplatzt ist – selbst wenn Sie glauben, genau das sei das Problem. Seien Sie ehrlich mit sich! Achten Sie auf Ihre Gefühle.

3. Definieren Sie, was Sie so sehr mögen, dass es sich unter gar keinen Umständen verändern sollte.

Schreiben Sie alles auf, bis Sie merken, dass Sie sich entspannen und erleichtert durchatmen. Lesen Sie sich die Auflistung anschließend noch einmal durch. Baden Sie in dem Gefühl der Dankbarkeit für das Gute, Schöne und Freudvolle in Ihrem Leben – machen Sie das am besten so oft wie möglich. Je mehr Sie das Gefühl der Dankbarkeit in Ihrem Leben etablieren, umso mehr Erfahrungen treten in Ihr Leben, für die Sie dankbar sein können. Freuen Sie sich darauf!

Sie können diese Liste natürlich auch im Kopf erstellen, falls Sie gerade nichts zu Schreiben zur Hand haben, aber schriftlich formuliert wirkt sie besser. Aufgeschrieben haben Ihre Erkenntnisse zudem den Vorteil, dass Sie sie immer wieder lesen können. Zaubern Sie sich doch so oft wie möglich ein entspanntes Lächeln aufs Gesicht.

Wir empfehlen Ihnen, diese Liste an Ihr Bett zu legen, dort hat sie die größte Wirkung. Morgens vor dem Aufstehen und abends vor dem Einschlafen in Dankbarkeit zu baden, verändert Ihre Resonanz enorm. So wie Sie Ihren Körper morgens und abends pflegen, können Sie mit dieser kleinen Übung Ihre Seele pflegen.

Probieren Sie es doch mal in den nächsten 21 Tagen aus. Wir Menschen sind ›Gewohnheitstiere‹. Bereits nach drei Wochen beginnt das Gehirn, wiederholtes Verhalten im Unterbewusstsein zu verankern. Sie werden merken, wie Sie danach automatischer nach Dingen Ausschau halten, für die Sie dankbar sein können.

Wir Menschen sind also Opfer und Täter,
oder positiv ausgedrückt, Schöpfer und Schöpfung zugleich.
Peter Kummer

Unterbewusstsein

»Können Sie mir sagen, warum ich seit Jahren ein Strategie-Seminar nach dem nächsten besuche, ständig Bücher aus dem Bereich »Erfolgreiche Unternehmensführung« verschlinge und trotzdem immer wieder die gleichen Knüppel zwischen die Beine geworfen bekomme? Warum immer ich?

Verständlich, dass der Inhaber einer Werbeagentur sich das fragt, wenn er zum dritten Mal seine hart erarbeiteten Gewinne verliert, Betrug erlebt, Ablehnung erfährt und seine Existenz gefährdet sieht. Und es ist einleuchtend, dass er das Gefühl bekommt, als würde das Leben nichts als üble Scherze für ihn parat halten. »Wieso ich und nicht die anderen?«, kann man sich fragen, wenn man in so einer Situation steckt und einem auffällt, dass der Hauptkonkurrent einen Erfolg nach dem nächsten verbucht, scheinbar mühelos bei Kunden Aufträge platziert, Halt und Unterstützung durch Mitarbeiter, Kooperationspartner und Familienangehörige erhält und ein scheinbar sicheres Leben voller Freude und Leichtigkeit genießt.

In solchen Momenten versuchen wir Kunden Folgendes zu vermitteln: Neben den aktuellen Worten und Taten gibt es auch noch etwas anderes, nämlich unser Unterbewusstsein. Und das Unterbewusstsein erschafft zu einem großen Teil unsere Realität – also das, was geschieht.

Unterbewusstsein heißt es, weil wir keinen direkten Zugang zu ihm haben. Die Muster, die wir aus der Vergangenheit – der eigenen oder derjenigen der Eltern – in uns tragen, sind der Schlüssel zu allem. Sie sind der Grund dafür, dass zwischen unseren Wünschen und der Wirklichkeit oft ein großer Unterschied ist.

Die folgenden 8 Punkte helfen, das Unterbewusstsein besser zu verstehen:

1. Es speichert alle gemachten Erfahrungen (von der Zeugung bis heute).
2. Es speichert alle erlernten Fähigkeiten (Sprache, Bewegung, Autofahren ...).
3. Es speichert alle erlebten Gefühle (Liebe bis Angst – in allen Schattierungen).
4. Es speichert alle Glaubensmuster (Überzeugungen, Konzepte, Weltbilder).
5. Es speichert alle Vorlieben und Abneigungen.
6. Es legt Automatismen aus früheren Erfahrungen an, die wie Softwareprogramme zuverlässig ablaufen
   (Gehen, Sprechen, Zähneputzen, Routinearbeiten ...).
7. Es liefert uns stets Informationen und Emotionen aus früheren Erfahrungen, stellt Verknüpfungen zu ähnlichen Situationen her.
8. Es erschafft, was ›passiert‹, es sorgt für Situationen im Außen.

Wir können uns das Unterbewusstsein wie eine riesige Erinnerungsdatenbank im Internet vorstellen. Gemeinsam mit dem Überbewusstsein hat das Unterbewusstsein die Absicht, uns zu höchstmöglicher Freude, Erfüllung und Liebe zu führen.

Dazu konfrontiert es uns immer wieder mit Erfahrungen aus der Vergangenheit, an die wir noch Bewusstsein gebunden haben. Was wir dann als schmerzhafte Schicksalsschläge empfinden, sind in Wirklichkeit liebevolle Re-Inszenierungen. Sie wollen uns nicht schaden, sondern im Gegenteil: Wiederholte Erfahrungen wollen unser Bewusstsein erweitern.

Jede Schöpfung kehrt wieder zurück zu ihrem Schöpfer, ihrer
Quelle, so auch wir. Unsere Quelle heißt: LIEBE.

Robert Betz

Eine Grundregel lautet: Alles was in Ihrem Leben ist, will angenommen und gefühlt werden. Sie wollten diese Erfahrung machen,
sonst wäre sie nicht in Ihrem Leben. Ihr Bewusstsein, also Sie
selbst, hat sie herbeigeführt – auch wenn Ihr Verstand gegen diese
Vorstellung rebelliert. Sie ist nicht einfach zu akzeptieren, ist unser
Weltbild doch mehr auf Widerstand ausgerichtet.

»Wer erkennt und anerkennt, was das Leben ihm alles schenkt,
und aufhört das Leben/Gott/Schicksal etc. zu beschimpfen, nimmt
das, was er hat und täglich erhält, dankbar an und macht das Beste
daraus. Wer sich oft beschwert und reklamiert und glaubt, das
Leben schulde ihm etwas, erzeugt Schwere, Mangel und oft auch
Schulden in seinem Leben«, erklärt der Diplom-Psychologe Robert
Betz die Zusammenhänge.

Bewusstsein zurückgewinnen

Bewusstsein erschafft Realität – nur Bewusstsein, das im Unterbewusstsein gebunden ist, steht uns nicht zur freien Verfügung. Je
mehr Bewusstsein an vergangene Ereignisse gebunden ist, weil
Gefühle verdrängt wurden oder an Erfahrungen haften, desto
weniger Energie steht uns für die bewusste Fokussierung zur
Verfügung.

Je mehr Bewusstsein gebunden ist, desto weniger fokussiert
können wir unseren Weg gehen. Erst durch das bewusste Erleben
bestimmter Erfahrungen und/oder Annehmen von Gefühlen
können wir gebundenes Bewusstsein zurückgewinnen. Es ist so,
als würden Sie große Geldbeträge von gesperrten Konten zurück-
holen und damit Ihre Liquidität erhöhen. Ohne flüssige Mittel ist
es immer viel schwerer zu investieren und Wachstum zu ermöglichen.

Die gute Nachricht lautet: Je mehr Bewusstsein Sie aus
Erfahrungen zurückgewinnen, desto mehr Schöpferkraft steht
Ihnen zur Verfügung. Je mehr Schöpferkraft Ihnen zur Verfügung
steht, desto schneller, leichter und besser werden sich Ihre
wesentlichen Absichten verwirklichen. Sie sind dann vermögend.

Die weniger gute Nachricht lautet: Der Prozess der Rückgewinnung gebundenen Bewusstseins geht ausschließlich über das bewusste Akzeptieren der eigenen Verantwortung und das bewusste Annehmen der gebundenen Gefühle – was unangenehm sein kann. Zumindest im Moment der Transformation.

Einsicht meint das Zusammenführen von Landkarten der
Vergangenheit mit Erfahrungen in der Gegenwart und mit
Erwartungen, die auf die Zukunft bezogen sind.
Dr. Daniel Siegel

Heute ist der Inhaber der Werbeagentur froh von dem ›Fluch des Betruges‹ frei zu sein. Er hat viel an sich und seiner Vergangenheit gearbeitet, um das zu erreichen. Fünf war er, als er miterlebte, wie sein Vater um das Überleben des elterlichen Familienbetriebs kämpfen musste. Der Onkel, zugleich engster Mitarbeiter seines Vaters, hatte ihn hintergangen. Gelder und Aufträge waren plötzlich verschwunden. Der Betrug brachte die Familie über Jahre in eine schwierige finanzielle Situation.

So etwas wollte der kleine Junge auf keinen Fall am eigenen Leib erfahren. Seine Gefühle von Schmerz, Kummer, Traurigkeit und Wut konnte er damals als Fünfjähriger nicht ausleben. Der Vater tat es schließlich auch nicht. Die Gefühle wurden unterdrückt, die Erfahrung verdrängt. Zumindest bis zu dem Zeitpunkt, als die Realität wieder in sein Leben trat.

Alles, was Jahrzehnte über im Dunklen lag, war plötzlich wieder da. Alle Gefühle kamen mit der eigenen Erfahrung des Betruges wieder ans Tageslicht. Jahrzehnte lagen dazwischen, trotzdem war die spirituelle Aufforderung deutlich erkennbar: Die Erfahrung war eine Einladung seines Unterbewusstseins, um gebundenes Bewusstsein zurückzugewinnen.

Alle Gefühle bringen dich nach Hause zur Großen Liebe.
Arjuna Ardagh

Erst als sich unser Kunde seinen schmerzhaften Gefühlen stellte und seine Überzeugungen erkannte, die er aus der Zeit seiner Kindheit in sich trug, bekam er wieder Zugang zu seinem gebundenen Bewusstsein. Erst durch die Rückgewinnung seines Bewusstseins konnte er seine unbewussten Verhaltensweisen einstellen, die ihn immer wieder in diese schwierigen Situationen geführt hatten. Erst dadurch war er in der Lage, sich von den Fesseln der Vergangenheit zu befreien.

Im Nachhinein sagte er:»Ich hätte nie gedacht, dass Erfahrungen meiner Kindheit einen so großen Einfluss auf spätere berufliche Erfolge haben.« Geht es Ihnen auch so? Damit sind Sie nicht alleine. Der »innere Raum« des Unterbewusstseins ist ein unbekannter Ort voller einschüchternder Erfahrungen und schmachtender Sehnsüchte. Seine Sprache ist nicht leicht verständlich. Es drückt sich symbolhaft aus: durch Träume, Visionen und Projektionen (unseren Schatten).

Verstehen hilft

Das Unterbewusstsein erschafft unsere erste Einstiegserfahrung in das Leben.

Ob wir uns nun vorher unsere Eltern ausgesucht haben – wie manche spirituellen Schulen lehren – oder ob wir unabsichtlich in unserem Elternhaus gelandet sind, wissen wir nicht. Was wir aber wissen ist, dass wir alle von der Zeugung bis zum heutigen Tag unzählige Erfahrungen gesammelt haben. Alle Erfahrungen sind an Gefühle gekoppelt, manche mehr und manche weniger.

Wenn Sie zurückdenken, gab es sicher viele Erfahrungen in ihrem Leben an die Sie sich gerne erinnern: Glücksmomente, Erfolge, Highlights, Sternstunden … Ebenso gab es wahrscheinlich auch Erfahrungen, an die Sie lieber nicht erinnert werden möchten: Misserfolge, Tiefpunkte, Verluste, peinliche Situationen …

Trauer, Kummer, Schmerz und Neid gehören zum Leben dazu. Wir alle kennen bittere Erfahrungen, Kränkungen und Enttäuschungen. Sie sind Teil des Lebens. Die Frage ist nur, wie wir damit umgegangen sind. Oftmals und ohne zu wissen, welche Konsequenzen das haben wird, haben wir Gefühle verdrängt, unterdrückt oder abgelehnt und sind so im Laufe der Zeit zu unbewussten Widerstandskämpfern geworden.

Jede Realität, die Sie erleben, haben Sie vorher erschaffen
(bewusst und unbewusst).
Daniel Ackermann

Weil die meisten von uns bis vor Kurzem vergessen hatten, dass wir schöpferische Wesen sind, die sich hier auf der Erde erleben wollen, haben wir merkwürdige Konzepte entwickelt. Weil wir nicht verstanden haben, dass die Polarität nur das Spielfeld ist – das uns ermöglicht Liebe, Macht und Einheit zu sein –, haben wir auf Gefühle von Unzufriedenheit mit Schmerz, Scham oder Schuldgefühlen reagiert: Viele Reiz-Reaktions-Muster sind entstanden.

Wir haben nicht verstanden, dass das irdische Leben Angst nur als Gegenpol für die Liebe braucht, damit wir Freude, Glück und Einheit erfahren können. Wir haben Gefühle der Angst und Trennung persönlich genommen und daraus Geschichten gesponnen. Wir haben anderen die Verantwortung für unsere Gefühle gegeben. Eltern, Partner, Geschäftskollegen sollen uns glücklich machen. Gleichzeitig haben wir ihnen auch die Schuld für schlechte Gefühle gegeben. Kollektiv haben wir uns angewöhnt, nach Schuldigen zu suchen, wenn wir uns unwohl fühlen.

Gleichzeitig haben wir uns darauf geeinigt, dass Erfahrungen, die angenehme Gefühle auslösen, gut sind, und Erfahrungen, die unangenehme Gefühle auslösen schlecht sind. Je mehr wir Konzepte entwickelt haben, wie die Welt zu sein hat und was wir erleben und nicht erleben wollen, desto mehr haben wir versucht, die Welt um uns herum zu kontrollieren. Aus Erfahrungen und Gefühlen wurden so mit der Zeit immer mehr Glaubenssätze und Geschichten.

Wir alle tragen diverse Geschichten in uns. Diese Geschichten können heilen oder zerstören. Sie sind es, die unser Leben steuern. Heilende Geschichten vereinen. Zerstörerische Geschichten trennen. Beide finden täglich statt. Während wir heilende Geschichten als unsere Schöpfungen gerne akzeptieren, schieben wir zerstörerische Geschichten gerne dem Schicksal, Gott oder anderen in die Schuhe.

Zerstörerische Geschichten haben die Eigenart, sich so lange zu wiederholen, bis wir erkennen, dass wir selbst es sind, die sie durch Widerstand aufrechterhalten.

Wenn wir unseren Widerstand erkennen, können wir ihn aufgeben.

Widerstand zeigt sich durch:

- den Glauben, diese Erfahrung garantiert nicht gewollt zu haben;
- die Gewissheit, diese Erfahrung auf keinen Fall selbst erschaffen zu haben;
- den Drang, auf die Situation und die Gefühle reagieren zu müssen;
- den Wunsch, die unangenehmen Gefühle durch Ablenkung ausblenden zu wollen (Aktionismus, Essen, Fernsehen ...);
- den Wunsch, die Situation verändern zu wollen (sie weghaben zu wollen);
- Schuldzuweisung und Verantwortungsübergabe an andere;
- Rechthabenwollen (meist mit Schuldzuweisung verbunden);
- den Wunsch, sich, andere oder die Umstände verändern zu wollen;
- die Suche nach Rettung im Außen (Telefonat mit Freunden, Konsum einer Lösung wie Beratung, Coaching etc.).

Die Dinge, die in unserem Leben passieren, hängen somit ausschließlich von den Informationen ab, mit denen wir in jedem Moment mit dem Quantenfeld kommunizieren. Muster, die wir in der Vergangenheit geprägt haben, zeigen sich so lange, bis wir die Verantwortung für sie übernehmen.

Nichts im Universum existiert als tatsächliches »Ding« unabhängig von unserer Wahrnehmung. Wir erschaffen unsere Welt in jeder Minute eines jeden Tages.
Lynne McTaggart

Liebe, Lust und Leidenschaft

Erfolg und Erfüllung sind somit nicht nur das Ergebnis unserer Arbeit. Sie sind vielmehr die Früchte unserer energetischen Balance. Viel wichtiger als die Verfolgung von Zielen und die Fokussierung auf bestimmte Ergebnisse ist es, das Fließen der eigenen Energie wieder zu erlauben. Wir haben die Erfahrung gemacht, dass es keinen Sinn macht, leidvolle Erfahrungen zu verdrängen: Kündigungen, Revierkämpfe, Mobbing, Pleiten ...

Von vielen Menschen wissen wir, dass leidvolle Erfahrungen oft dazu führen, sich vom Ursprung der schmerzhaften Empfindungen zurückzuziehen. Das ist verständlich. Doch der Preis ist hoch. »Ich will das nicht mehr fühlen, das ist vorbei. Ich schau nur noch nach vorne. Den Schmerz lasse ich hinter mir.« Sie haben recht. Die Situation ist vorbei, der Schmerz aber oft noch vorhanden – ins Unterbewusstsein verdrängt.

Viele Körpersignale werden dadurch nicht mehr wahrnehmbar. Oder, wenn sie auftauchen, werden sie betäubt. Beides führt selten zum Erfolg. Das Unterbewusstsein vergisst nichts! Deshalb ist es sinnlos, die Signale des Körpers und der Seele zu ignorieren.

Einige von euch sagen: »Freude ist größer als Leid«,
und andere sagen: »Nein, Leid ist größer.«
Aber ich sage euch, sie sind untrennbar.
Khalil Gibran: *Der Prophet*

Freude und Leid vereinen

Wie wollen wir in Resonanz mit unserem vollen Bewusstsein kommen, wenn wir nichts mehr fühlen? Der Verstand glaubt, wenn er ein unangenehmes Gefühl verdrängt, sei es verschwunden. Er denkt, er müsse kontrollieren, steuern und unterdrücken: »Ein Indianer kennt keinen Schmerz, also weg damit!« Doch das ist so, als würden Sie regelmäßig Bomben in einem See versenken und glauben, sie seien unschädlich, nur weil ihr Sprengstoff nicht mehr sichtbar ist. Jedem von uns wäre klar, dass alleine der Steinwurf eines Kindes einen Tsunami auslösen könnte, würde der Stein auf scharfe Munition treffen.

Wenn uns unser *Leben um die Ohren fliegt*, begreifen wir diese Zusammenhänge hingegen oft noch nicht. Dabei brauchen wir nur verstehen: Unterdrückte Gefühle sind und bleiben so lange Sprengstoff, bis sie entschärft werden. Und wenn Unglück zuschlägt, ermöglicht es uns, auf eine neue Entwicklungsstufe zu gelangen.

Ken Wilber beschreibt in seinem Buch *Wege zum Selbst*, dass erst ein gesundes Gewahrsein des Leib-Seelen-Gefüges uns ermöglicht, zur eigenen Quelle hinabzusteigen. Dazu führt er aus: »Wenn das Ich den Ursprung des Schmerzes tötet, tötet es zugleich den Ursprung der Lust. Kein Leiden mehr ... und auch keine Wonne.«

Weiter verweist er auf Alexander Lowen, den Begründer der *Bioenergetischen Analyse*, der erkannte:»Man muss die Starrheit der eigenen Ich-Herrschaft aufgeben, sodass Empfindungen aus der Tiefe des Körpers wieder an die Oberfläche gelangen können.« Oder wie Eckhart Tolle es formuliert:»Aus der Asche der alten Welt kann so eine neue Welt geboren werden.«

Körperfühlung und Gewahrsein sind die beiden Zauberworte, um schmerzhafte Gefühle zu entschärfen und sinnvoll zu nutzen. Was so einfach klingt, ist für viele Menschen schwierig geworden. Ermutigend ist, dass Körperfühlung und die Schulung des Gewahrseins leicht zu erlernen sind. Außerdem lohnt es sich, schließlich dienen sie nicht nur der Schadensbegrenzung. Im Gegenteil, Gefühlsempfindsamkeit ist Gerüst und Grundlage im Leben, um Licht und Schatten zu vereinen. Ein gesundes Gewahrsein ermöglicht uns, mühelos und natürlich unseren Körper zu beseelen und unsere Seelenabsichten zu verwirklichen. In Wirklichkeit ist Erfolg einfach, wenn wir aufhören, ständig etwas im Außen zu tun, und stattdessen erst einmal wieder bei uns im Innen ankommen.

»Hier bei mir«, so scheint es, kann für Menschen
auf der ganzen Welt mehr Weisheit und Sinn vermitteln
als irgendwas »da draußen«.
Dr. Lance Secretan

Übung:

Body-Scan-Meditation

Nehmen Sie sich ca. 10-15 Minuten Zeit für diese *Reise durch den Körper*. Wiederholen Sie die Übung so oft, bis Sie sich in Ihrem Körper wieder ganz zuhause fühlen.

Wir haben den Text so geschrieben, dass Sie ihn sich von einer anderen Person vorlesen lassen können. Noch einfacher und praktikabler ist es aber für die meisten, sich den Text für den Eigenbedarf selbst aufzunehmen – Smartphones machen es leicht. Lassen Sie beim Aufnehmen nach jedem Satz ein paar Sekunden Pause, damit Sie während der Meditation ausreichend Zeit für Ihre Körperwahrnehmungen haben, denn in der Ruhe liegt die Kraft.

Meditationstext

Setze dich aufrecht hin und schließe die Augen ... Achte auf deinen Atem und spüre, wie er von alleine kommt und in deine Lungen strömt ... und den Bauch bewegt ... Beobachte ein paar Atemzüge lang, wie der Körper ganz von selbst alles tut, damit es dir gut geht ...

Richte deine Aufmerksamkeit schrittweise auf jeden Teil deines Körpers, als würdest du mit einer Taschenlampe alles beleuchten, was sonst im Dunklen liegt ...

Nimm wahr, wie sich dein Körperempfinden verändert, einfach nur weil du diesen Stellen deine volle Aufmerksamkeit schenkst ... Verweile jeweils ein paar Sekunden an jedem Ort ... Schaue dir jede Zone an und spüre hinein, bevor du deine Aufmerksamkeit weiterziehen lässt ... Nimm wahr, was ist, und bewerte nichts als gut oder schlecht ... Nimm einfach alles an und schau, wie sich Empfindungen verändern, einfach weil du sie wahrnimmst ... Wann immer du spürst, dass deine Aufmerksamkeit durch Gedanken abgelenkt wird, hole sie einfach zurück ...

Beginne bei deinem rechten Fuß ... Fühle deine Zehen und wandere schrittweise über den Fußspann und die Sohle bis zur Ferse ... weiter den Unterschenkel hinauf ... über den Oberschenkel bis zum Gesäß ...

Frage dich immer wieder: »Wie fühlt sich diese Stelle an? ... Ist sie entspannt oder angespannt? ... Warm oder kühl? ... Weich oder fest? ... Müde oder energievoll? ... Schwer oder leicht? ...«

Fühle anschließend das linke Bein ... Beginne bei deinem linken Fuß ... Fühle deine Zehen und wandere schrittweise über den Fußspann und die Sohle bis zur Ferse ... weiter den Unterschenkel hinauf ... über den Oberschenkel bis zum Gesäß ... Stück für Stück nimmst du mehr wahr, was ist ...

Widme dich dann dem Rumpf ... Wandere mit deiner Aufmerksamkeit langsam von unten nach oben ... Spüre zuerst deinen Unterleib ... dann den Bauchraum ... den Rückenbereich ... den Brustkorb mit Rücken ...

Konzentriere dich danach auf deinen rechten Arm ... Beginne bei den Fingern ... und wandere über die Hand .... den Unterarm ... den Oberarm bis in die Schulter ...

Danach folgt der linke Arm ... Starte wieder bei den Fingern ... und wandere über die Hand ... den Unterarm ... den Oberarm bis in die Schulter ...

Frage dich: »Tut irgendetwas weh? ... Gibt es einen Unterschied zwischen rechts und links?«

Richte deine Aufmerksamkeit nun auf deinen Hals und Nacken ... Wandere langsam weiter aufwärts bis zum Schädel .... Frage dich: »Wie locker ist der Kiefer?« ... »Wie weich liegen die Lippen aufeinander?« ... »Wie entspannt liegen die Lider auf den Augen?« ... »Wie fühlt sich die Stirn an?« ... Erlaube dir, dass sich im Gesichtsbereich, Verspannungen alleine dadurch lösen, dass du sie bemerkst ...

Fühle zum Schluss den ganzen Körper ... von den Fußsohlen bis zum Scheitel .... Bevor du am Ende die Augen wieder öffnest, kannst du dir die Absicht setzen, einen Teil deiner Aufmerksamkeit im Körper zu belassen ... Versuche, von Mal zu Mal mehr Gespür für dein Inneres zu bekommen ... Erlaube dir, von Mal zu Mal feinfühliger und durchlässiger zu werden ...

Haben Sie bemerkt, wie oft Ihre Aufmerksamkeit abgewandert ist? Ist Ihnen aufgefallen, wie schnell Gedanken Ihren Fokus *rauben*? Das ist normal. An solch einer kleinen Übung zeigt sich, was im Alltag normal ist. Nicht Sie bestimmen Ihren Fokus, sondern Ihre Gedanken. Sie sind nicht bei sich, sondern im Außen. Das ist normal. Zumindest so lange, bis Sie gelernt haben, Ihren Fokus bewusst zu steuern – und das ist, wie alles im Leben, eine Frage des Trainings.

Wenn wir einmal das Wunder entdeckt haben, unsere Gefühle wirklich zuzulassen, ändert sich die Richtung unseres gesamten spirituellen Lebens.
Arjuna Ardagh

Lohnenswert

Wenn es Ihnen gelingt, sich nach einiger Zeit ständig über Ihre Körperempfindungen bewusst zu sein, werden Sie drei Phänomene erleben:

1. Sie werden Signale des Unterbewusstseins erkennen, wenn Sie auf eine alte Erinnerung treffen. Weil Sie jetzt wach sind, können Sie auf jede Re-Inszenierung mit neuen Entscheidungen reagieren. Sie gewinnen dadurch Bewusstsein zurück und beenden negative Erfahrungsschleifen.

2. Sie werden Signale des Überbewusstseins leichter wahrnehmen, weil Sie Ihr seelisches Wohlgefühl und die leise Stimme in Ihrem Inneren immer deutlicher registrieren. Nebenbei werden Sie immer energievoller und entspannter. Erfreuen Sie sich an den Veränderungen.

3. Sie werden den Fokus Ihres Bewusstseins besser halten können, wenn Sie mit Ihren Empfindungen verbunden sind. Weil Sie sofort spüren, wenn Sie durch Angst ins Außen abgelenkt werden, können Sie sich sofort neu justieren.

Aus dieser Perspektive lässt sich das Dreieck von Geist, Beziehungen und Gehirn als etwas betrachten, bei dem das eine nicht auf das andere reduziert werden kann, sondern bei dem die einzelnen Teile voneinander abhängig sind. Man könnte alle drei auch als unterschiedliche Manifestationen eines Energie- und Informationsflusses betrachten.
Dr. Daniel Siegel

Übersicht

Bewusstsein erschafft Realität und wenn Sie ihre Realität bewusst steuern wollen, ist es hilfreich, alle drei Ebenen mit ihren Unterschieden und Werkzeugen zu kennen. Drei Dinge werden dann möglich: bewusster zu werden, Bewusstsein zurückzugewinnen und Bewusstsein zu erweitern.

Überbewusstsein	Bewusstsein	Unterbewusstsein
Zuständigkeit ...	**Zuständigkeit ...**	**Zuständigkeit ...**
- göttlicher Aspekt - unsere Seele - ICH BIN	- interagiert mit der irdischen Welt - »Ich ...« – unsere Persona - unsere Rolle in der Gesellschaft	- erschafft was passiert - re-inszeniert Ereignisse - erschafft Automatismen (Autofahren, Essen, Zähneputzen ...)
Verantwortlich für ...	**Verantwortlich für ...**	**Verantwortlich für ...**
- unsere Form (Körper) - Leben der Seelenbestimmung - SEIN, was man ist: Bewusstsein, Liebe und Macht - Zurückfinden zum höchsten Potenzial - Ausdruck des SELBST	Erfahrungen durch unsere Schöpfungs-Werkzeuge: - Fokus - Sprechen - Handeln	- Selbst-Transformation - Selbsterkenntnis - Befreien gebundenen Bewusstseins - Auflösen von Schatten
Ermöglicht ...	**Ermöglicht ...**	**Ermöglicht ...**
- unser Zusammenspiel mit anderen Menschen, weil es die »Drehbücher« aller kennt	- Erleben der Welt über unsere 5 Körpersinne	- Abrufen aller passenden Informationen und Emotionen aus früheren Erfahrungen
Der Aspekt, der ...	**Der Aspekt, der ...**	**Der Aspekt, der ...**
- eine individuelle Ausprägung des »großen Feldes« ist	- irdischen Gesetzmäßigkeiten unterworfen ist: 1. Illusion der Angst 2. Illusion der Trennung	alles speichert - alle Erfahrungen - alle Emotionsladungen - Schatten (= die riesige Erinnerungsdatenbank

Überbewusstsein	Bewusstsein	Unterbewusstsein
	- über Außen gelenkt wird: 1. Wünsche 2. Ängste - die Welt erfährt durch: 1. Polarität (Plus + Minus) 2. Zeit (linearer Ablauf) 3. Raum (3D)	voll gebundenen Bewusstseins)
Unabhängig ... - von Raum und Zeit	**Abhängig ...** - von Raum und Zeit	**Unabhängig ...** - von Raum und Zeit

Die Summe allen Bewusstseins ist eins.

Zusammenfassung

Bewusstseinsebenen: Unser wahres Wesen

Es gibt eine Vollkommenheit tief inmitten allem Unzulänglichen.
Es gibt eine Stille tief inmitten aller Ratlosigkeit.
Es gibt ein Ziel tief inmitten aller weltlichen Sorgen und Nöte.
Buddha

1. Wir sind Bestandteil eines sehr komplexen Energiesystems, das unmittelbar mit uns und unserem Leben verbunden ist.
2. Das »Feld«, das fundamentale physikalische Quantenfeld, ist die einzige Realität – und wir sind ein göttlicher Aspekt davon.
3. Geisteskraft ist die Quelle aller Materie.
4. Alles ist mit allem verbunden.

5. Jede Erfahrung ist Ausdruck von Beziehungsmustern und ständig eins mit allem, was ist – das ist das göttliche Prinzip.
6. Die Realität der Erfahrung basiert auf den drei großen Illusionen von Angst, Trennung und Zeit.
7. Im Gewahrwerden des reinen Bewusstseins sind wir verbunden mit dem Quantenfeld.
8. Zugang zum Überbewusstsein (Quellbewusstsein) bekommen wir, wenn wir die Lücke zwischen den Gedanken nutzen.
9. Das Überbewusstsein kann für jeden von uns zu einer übergeordneten Instanz werden.

Jetzt haben Sie Gelegenheit, sich eigene Notizen zu diesem Kapitel zu machen:

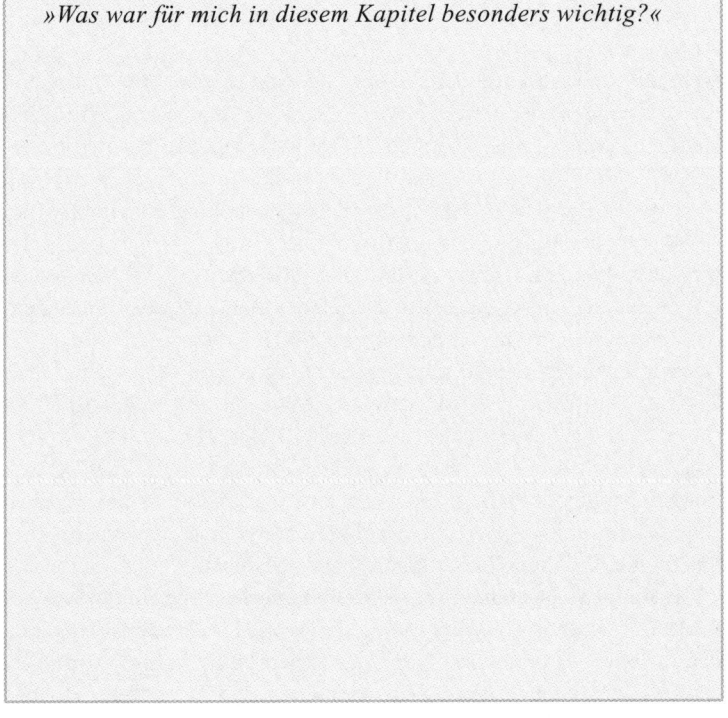

»Was war für mich in diesem Kapitel besonders wichtig?«

Erfolg:
Im Einklang mit dem Selbst

Erfolg und seine Sonnenseite

Erfolg ist wunderbar. Er kann uns beflügeln, erfüllen und bereichern. Manchmal auch überfordern. Wenn wir unseren Erfolg beflügeln wollen, müssen wir uns zunächst einmal darüber klar werden, was Erfolg für uns bedeutet. Fragen Sie sich, was Sie damit verbinden:

- Ganz viel Geld verdienen?
- Anerkennung, Bekanntheit und Image?
- Macht und Einfluss?
- Selbstverwirklichung?
- [...]

Nehmen Sie sich kurz Zeit, lassen Sie die Frage wirken und wenn Sie Lust haben, dann stellen Sie doch mal eine »Meine Erfolge!«-Liste zusammen, um erkennen zu können, was Sie als Erfolg ansehen.

Unsere Berufswelt ist vom Streben nach Erfolg geradezu besessen. In der Regel verbinden wir mit Erfolg, ein gesetztes Ziel erreicht zu haben. Häufig gelingt das. Manchmal nicht. Wir freuen uns, wenn wir unsere Ziele erreicht oder sogar übertroffen haben, und ärgern uns, wenn wir es nicht geschafft haben.

Wir haben die Erfahrung gemacht, dass viele Menschen sich Ziele setzen, die mit Geld, Ansehen, Autorität und Bekanntheit zu tun haben. Fast jeder, der ein solches Ziel schon einmal erreicht hat, hat auch gemerkt, dass es nicht wirklich dauerhaft glücklich macht. Vielleicht haben auch Sie das schon einmal am eigenen Leib erfahren. Zweifelsohne beruhigen all diese Dinge enorm, aber häufig bleibt dennoch eine innere Leere bestehen.

Erfolg, egal welchen wir anstreben, hat letztlich immer nur ein Ziel: Wir wollen glücklich sein, wir wollen zufrieden, stolz und erfüllt leben. Bob Dylan bringt es auf den Punkt: »Ein Mensch ist erfolgreich, wenn er zwischen Aufstehen und Schlafengehen das tut, was ihm gefällt.« Das ist es, was wir alle wollen. Wir wollen sinnvoll leben!

Erfolg und seine Schattenseite

Wenn wir mit Menschen über Erfolg sprechen, dann haben viele ein Problem damit. Immer wieder hören wir: »Erfolg hat nur, wer sich im harten Wettbewerb gegen Widerstände durchkämpft. Das ist nichts für mich!« Sicherlich verbinden wir heute mit beruflichem Erfolg oftmals harte Arbeit, Wettbewerbskampf, Entbehrungen. Und natürlich auch die Gefahr, Fehler zu machen. Da kommt schnell die Angst auf, etwas falsch zu machen und sich selbst in den Ruin zu bringen.

»Selbstständigkeit ist doch nichts für mich. Ich gehe wieder in einen Job, da kann mir nicht so viel passieren«, sagte eine Existenzgründerin nach dem ersten Jahr der Selbstständigkeit. Sie hatte zu viele Freiberufler und Firmeninhaber kennengelernt, die überarbeitet, gestresst und ohne Freizeit und Familienzeit um ihre Existenzsicherung kämpften. Plötzlich erschien ihr eine erfolgreiche Selbstständigkeit nicht mehr sinnvoll und erstrebenswert.

So wie sie schrecken viele Menschen vor Erfolg zurück, weil sie fürchten, dafür etwas Wertvolles aufgeben zu müssen. Doch genau das Gegenteil ist der Fall. Unsere Werte bei der Arbeit zu vernachlässigen, bringt uns vielleicht Geld, Sicherheit, Beschäftigung und bestenfalls noch Anerkennung – aber keinen Erfolg. Unsere Werte zu leben, das macht uns erfolgreich.

Wir wissen, dass Erfolg für jeden etwas anderes bedeutet. Vor allem in der heutigen Zeit, in der altes Denken uns nicht weiterbringt und neues Denken im Business mehr Individualität und Integrität ermöglicht und erfordert.

Angeregt, durch verschiedene Pioniere neuer Unternehmensführung haben auch wir unser Erfolgsverständnis immer wieder hinterfragt. Nachhaltig beeinflusst haben uns die Leadership-Leitlinien von Dr. Lance Secretan, die er in seinem Buch *Ganz oder gar nicht!* veröffentlich hat. Ihn wie auch uns treibt die Frage an, wie man Unternehmen vom Sand im Getriebe befreit. Sein und unser Ziel ist es, alte Strategien, die auf Konkurrenz und Korruption, Einzelkämpfertum und Egoismus basieren, zu beenden. Wenn wir es schaffen die Illusionen unseres heutigen Denkens zu überwinden, entsteht Raum für das Verständnis unseres Einsseins. Was also verstehen wir unter Erfolg?

Erfolg kommt »vom SELBST«

Wir denken, dass Erfolg, der nur auf wirtschaftliche Sicherheit und persönlichen Vorteil ausgerichtet ist, heute viel zu klein gedacht ist. Viele inspiriert etwas anderes – uns auch.

Immer mehr Menschen merken: In der Businesswelt geht es nicht nur ums Arbeiten. Im Business geht es um viel mehr. Es geht darum, uns als Teil eines evolutionären Prozesses einzubringen – zum Wohle des Ganzen. Und so lässt sich unsere Vorstellung von Erfolg in einem kurzen Satz ausdrücken: Erfolg ist »Sein, wer du wirklich bist – und das zum Wohle aller!«

Was bedeutet das genau? Es bedeutet, ganzheitlichen Erfolg im Einklang mit Körper, Geist und Seele zu erzielen. Das umfasst körperliches Wohlbefinden, bereichernde Beziehungen und ein umfassendes Verständnis für sich selbst und den eigenen Einfluss. Und es ist nicht nur eine schöne Theorie. Es ist viel mehr. Ganzheitlicher Erfolg ist normal – und das Natürlichste auf der Welt.

Im nächsten Kapitel werden wir intensiver auf die einzelnen Prinzipien eingehen. Vieles wird sich bis zum Ende des Buches klären. Die folgenden 7 Prinzipien führen uns zur Einheit mit uns selbst zurück. Zur Einheit mit allem, was ist. Das ist der Erfolg, um den es in diesem Buch geht:

1. **Erfolgsprinzip: Verbundenheit**
   Lebenslust und Loslassen

2. **Erfolgsprinzip: Integrität**
   Ordnung und Stärke

3. **Erfolgsprinzip: Weisheit**
   Urteilsvermögen

4. **Erfolgsprinzip: Liebe**
   Liebe und Mitgefühl

5. **Erfolgsprinzip: Initiative**
   Macht und Unternehmenslust

6. **Erfolgsprinzip: Verantwortung**
   Imagination und Willenskraft

7. **Erfolgsprinzip: Wahrhaftigkeit**
   Wissen und Glaube

Diese 7 Erfolgsprinzipien bringen Synchronizität ins Leben. Und um Aufträge, Geld, Anerkennung und all die anderen Dinge müssen Sie sich immer weniger sorgen. Sie werden immer häufiger zur richtigen Zeit am richtigen Ort sein, die richtigen Menschen und Entscheidungen treffen. Wie gefällt Ihnen dieser Gedanke?

Auch wenn diese 7 Erfolgsprinzipien sich vielleicht noch fremd und theoretisch anhören, so werden Sie in den nächsten Kapiteln sehen, dass sich ganz leicht neue pragmatische Anwendungen aus dem 7x7-Tage-Programm ergeben.

Zusammenfassung
Erfolg: Im Einklang mit dem Selbst

> *Arbeit ist sichtbar gemachte Liebe.*
> Khalil Gibran

1. Erfolg hat immer nur ein Ziel: Wir wollen glücklich sein, zufrieden, stolz und erfüllt leben.
2. Unsere Werte zu leben macht uns erfolgreich.
3. In der Businesswelt geht es nicht um Arbeit. Es geht vielmehr darum, unsere Bestimmung zu leben und einen Beitrag für die Welt zu leisten.
4. Erfolg heißt: »Sein, wer du wirklich bist!«
5. 7 Schritte und Erfolg kommt »vom SELBST«: Verbundenheit, Integrität, Weisheit, Liebe, Initiative, Verantwortung und Wahrhaftigkeit.

»*Was war für mich in diesem Kapitel besonders wichtig?*«

Teil II

Innere Transformation erschafft Erfolg

Mut ist nicht die Abwesenheit von Angst, sondern die Einsicht, dass es um etwas geht, das wichtiger ist als Angst.
Ambrose Redmoon

Geisteskräfte

Geistreich – der Schatz im Inneren

Viele unserer Aktivitäten im Businesskontext sind Kompensationsstrategien, um schlechtes Denken auszugleichen. Vieles von dem, was wir tun, tun wir aus Angst. Denn alles, was wir aus Angst machen, zeigt unser fehlendes Vertrauen in uns SELBST.

Es beweist, dass wir nicht daran glauben, ein liebevolles Überbewusstsein zu haben, eine übergeordnete Instanz, die die grundlegenden Ereignisse im Leben steuert. Was wir aus Angst tun, zeigt unser mangelndes Verständnis für unsere spirituelle Intelligenz und das Zusammenspiel unserer drei Bewusstseinsebenen. Wenn uns unsere Arbeit ermüdet, erschöpft oder enttäuscht, dann deshalb, weil wir unsere Geisteskräfte, die im Unbewussten arbeiten, nicht kennen und sie somit gegen uns arbeiten. Erst wenn wir das erkennen, können wir es ändern.

Geisteskräfte – das klingt fast wie ein Zaubermittel aus dem Märchen. Diese mystische Energie des Geistes, diese Zuversicht der Kraft. Geisteskräfte – dieses Wort kann eine Sehnsucht erwecken und Bilder vor dem inneren Auge lebendig werden lassen von einem Leben in Fülle und Freude. Mit Blick auf eine freudvolle Zukunft schauen wir uns die Geisteskräfte im Folgenden näher an.

Sie können sich das so vorstellen: Wir alle haben zwei Körper – einen physischen und einen feinstofflichen. Während wir den physischen Körper kennen, ist uns der feinstoffliche Körper selten bewusst. Wir alle sind es gewohnt, unserem äußeren Körper Aufmerksamkeit zu schenken, ihn im Spiegel zu betrachten, ihn zu nähren und zu pflegen. Der innere Körper hingegen ist vielen von uns fremd.

Innerer Körper, was ist das genau? Aus unzähligen Untersuchungen weiß man, dass alle unsere ca. 100 Billionen Zellen ständig an unseren Erfahrungen beteiligt sind. Als Bewusstseins-Punkte nehmen sie unsere Vorlieben und Wünsche wahr. Als Bewusstseins-Punkte speichern sie alles, was wir erleben. Jede Zelle ist mit dem Nerven-, Verdauungs- und Atmungssystem verbunden. Aus diesem Grund ändert sich auch unsere Atmung, ob wir nun gestresst, erfreut oder entspannt sind.

Alles, was uns umgibt – Menschen und Tiere, Himmel und Erde, Natur und Materie –, ist pulsierendes, lebendiges Bewusstsein. Jede unserer Zellen steht in einem ständigen Informationsaustausch mit der Welt um uns herum. Wir senden und empfangen unablässig, was mit uns in Resonanz geht. Zusätzlich zu diesem normalen Zellbewusstsein gibt es noch besonders verdichtete Energiezentren, Chakras genannt.

In seinem *Chakra Praxisbuch* beschreibt Kalashatra Govinda sie so: »Chakras sind Bewusstseins-Zentren im menschlichen Körper – energetische Zentren, keine materiellen oder anatomischen.« Sie dienen zum einen der Befreiung von Leiden, zum anderen eröffnen sie unser Potenzial und ermöglichen uns, Wege zu finden, uns selbst zu verwirklichen. Chakras sind Geisteskräfte und gehören zu den subtilsten Ordnungskräften im Universum. Sie haben ihren Sitz in unserem Körper. Chakras sind wichtige Energiezentren, die unsere Anteilnahme am Leben steuern. Die Chakra-Lehre entstammt dem ältesten System zur Entwicklung des Menschen – dem mindestens 5.000 Jahre alten Yoga.

Das Wissen um Geisteskräfte ist somit nicht neu. Die Art der Definition unterscheidet sich gelegentlich. Im Kern meinen aber alle Experten, ob Seher aus früheren Zeiten, Aristoteles, Paracelsus oder heutige Metaphysiker dasselbe, wenn sie von »kosmische Zentren«, »Energiekernen«, »Chakras« oder »Geisteskräften« sprechen. Diese psychoenergetischen Zentren steuern unsere Gefühle und Gedanken und beeinflussen so alle Zellen, Organe und den gesamten Hormonhaushalt.

Unser nicht physischer Körper aktiviert somit ständig Konfrontationen mit Erfahrungen im Außen. Sie erinnern sich: Unser Unterbewusstsein erschafft, was passiert – viel mehr als unser Bewusstsein. Unsere Resonanz bestimmt über unsere Erfolge und Erfahrungen – viel mehr als unser tägliches Tun.

Und das hat einen guten Grund: Normalerweise findet durch die kontrastreichen Erfahrungen, die wir machen, ein natürlicher Klärungs- und Entwicklungsprozess statt. Unwohlsein und Wohlsein wollen uns helfen, unseren ganz eigenen Weg zu finden und zu gehen. Je achtsamer wir sind, desto mehr können wir diese Gefühle nutzen, um unsere Absichten zu verwirklichen. Unser Körper ist dabei nicht nur unser Tempel, sondern auch die Zentrale jeder Manifestation.

7 Chakras – Basis für
7 Erfolgsprinzipien

1. **Verbundenheit:** Beruht auf *Lebenslust* und der Kraft *loszulassen.*
   Nur so können wir als verkörperte Seele unser ganz eigenes Leben gestalten.

2. **Integrität:** Beruht auf *Ordnung* und *Stärke.*
   Nur so haben wir das Durchstehvermögen, nicht weniger als das Beste von uns und dem Leben zu erwarten.

3. **Weisheit:** Beruht auf *Urteilsvermögen.*
   Nur so haben wir ein Gespür dafür bzw. die Gewissheit darüber, was wir verwirklichen wollen.

4. **Liebe:** Beruht auf bedingungsloser *Liebe.*
   Nur so haben wir die Kraft, unser Herz für alles zu öffnen.

5. **Initiative:** Beruht auf *Macht* und *Unternehmenslust.*
   Nur so haben wir die Kraft, unser Inneres auch zu äußern.

6. **Verantwortung:** Beruht auf *Imagination* und *Willenskraft.*
   Nur so haben wir die Klarheit über unsere natürliche Vision und die Kraft sie umzusetzen.

7. **Wahrhaftigkeit:** Beruht auf *Wissen* und *Glauben.*
   Nur so haben wir den Mut, unserer inneren Führung zu folgen – einfach nur zu SEIN.

Man könnte salopp sagen: Geisteskräfte verleihen uns Flügel. Sind sie frei, fließt unsere Energie und wir haben Kraft, unseren Fokus zu halten – unser Überbewusstsein kann uns dann leiten.

Sind Sie blockiert, stagniert unsere Energie und wir haben kaum Kraft, unsere Absichten zu verwirklichen – unser Unterbewusstsein übernimmt dann die Steuerung und das Leben wird zum mühsamen Marsch.

Über Geisteskräfte zum Erfolg

Je mehr Sie (freies) Bewusstsein zur Verfügung haben – also Unterbewusstsein gelöst haben –, desto leichter, müheloser und absichtsvoller erzielen Sie Erfolge. Ziel der nächsten Kapitel ist es deshalb, nicht nur bewusster zu werden, sondern auch Bewusstsein zu transformieren, indem Sie ...

... vom Tun zum Sein gelangen
... vom Opfer zum Schöpfer werden
... von harter Arbeit zu müheloser Arbeit wechseln
... vom Intellekt zur Intelligenz übergehen

Allerdings brauchen wir zuvor eins: Mut! Mut, Werte infrage zu stellen, die für unsere Eltern, eine ganze Epoche, einen ganzen Kulturkreis, ja sogar für viele Teile der Welt gegolten haben. Erst der Mut, Altes zu hinterfragen und sich für Neues zu öffnen, ermöglicht neue Weisheit und schafft gesundes Wachstum – zum Wohle des Ganzen.

Der Mensch ist das wunderbarste Geschöpf der Natur.
Es kann nicht begreifen, was Körper ist, weniger noch, was Geist
ist, und am wenigsten, wie ein Geist mit einem Körper verbunden
sein kann; es ist dies der Gipfel der Schwierigkeit; und doch
besteht eben darin sein Wesen.
Blaise Pascal

Unternehmensgeist

Der Geist hat eine gewaltige Macht. Das wurde schon in den vorherigen Kapiteln deutlich. Er verändert alles: den Fokus, die Art und Weise des Sprechens und Handelns von Menschen, ihre Präsenz, ihre Resonanz und damit auch ihre Erfolge.

Seit vielen Jahren arbeiten wir mit Selbstständigen und Unternehmern aus verschiedensten Branchen zusammen. Wenn uns jemand fragt, was aus unserer Sicht ein erfolgreicheres Unternehmen auszeichnet, dann brauchen wir nicht lange zu überlegen, denn wir sind davon überzeugt: Viel mehr als alles andere ist es der Geist des Unternehmens, der besondere Ergebnisse erzielt.

Nie wurden Erfolge durch eine Geschäftsidee oder die Qualität der Dienstleistungen oder Produkte alleine bestimmt. Vielmehr war es immer die einheitliche Ausrichtung des Geistes – der sich in Gedanken, Gefühlen und Glaubensvorstellungen äußerte –, der zu kraftvollen Worten, Handlungen und Durchbrüchen führte.

Aus unserer Sicht ist es also vor allem die Stimmigkeit, im Einklang mit sich selbst zu sein, die energieschonende Erfolge ermöglicht. Das Zusammenspiel der 12 geistigen Energien – die Wirkung aus passivem und aktivem SEIN.

6 MÄNNLICHE ENERGIEN	6 WEIBLICHE ENERGIEN
Glaube	**Liebe**
Vertrauen in sich und das Leben statt Haltlosigkeit und Erschöpfung	Bedingungslose Liebe statt Misstrauen, Verbitterung oder Überheblichkeit
Willenskraft	**Stärke**
Der Wille, Berge zu versetzen, statt Willenlosigkeit oder Verbohrtheit	Weigerung, sich mit weniger als dem Besten zufriedenzugeben, statt Selbstmitleid, Stress und Finanzproblemen
Wissen	**Urteilsvermögen**
Gesundes Unterscheidungsvermögen, das hilft, sich auf die Welt einzulassen und abzugrenzen, statt Selbstverurteilung und Wertlosigkeit	Individuelles Bewusstsein für den eigenen Lebensplan und Integrität statt Stimmungstiefs und Sinnlosigkeit
Imagination	**Ordnung**
Individuelle Perspektiven statt Plan- und Erfolglosigkeit	Gefühl für »göttliche« Ordnung statt Verwirrung und Ungewissheit

Macht	Loslassen
Kraft des Selbstausdrucks statt Schüchternheit oder Ohnmachtsgefühle	Geistige Entspannung und materieller Fluss statt Bewegungslosigkeit und krampfhaftes Festhalten an Überholtem
Unternehmenslust	**Lebenslust**
Gelebter Selbstausdruck, der Hirn und Herz vereint, statt Antriebslosigkeit und Zurückhaltung	Natürliche Lust, sich kraftvoll in diesem Leben Ausdruck zu verschaffen, statt Halt- und Energielosigkeit

Viele Jahre haben wir beobachten dürfen, wie Gründer und Geschäftsleute ihren Weg zum Erfolg »von SELBST« gehen, wenn sie mit ihren 12 Geisteskräften im Einklang sind. Effizienter kann man Erfolg nicht gestalten, denn das Quantenfeld wird auf diesem Weg zu einem treuen Diener.

Der Spirit des Unternehmens ist der
Differenzierungsfaktor Nr. 1.
Klaus Kobjoll

Ganzheitlicher Erfolg entsteht durch Handeln aus dem Sein. Es geht also weniger um wildes Tun, als um ein kohärentes Zusammenspiel der 12 Geisteskräfte.

Ganzheitlicher Erfolg entsteht durch Präsenz im Sein und die 7 Erfolgsprinzipien: Verbundenheit, Integrität, Weisheit, Liebe, Authentizität, Verantwortung und Wahrhaftigkeit. Doch dazu später mehr.

Jetzt sind Sie erst einmal dran: Die folgenden zwölf Fragen und Ihre persönlichen Bewertungen helfen Ihnen zu erkennen, wie Ihr Spirit Sie derzeit unterstützt. Ihre Antworten geben Ihnen Aufschluss, wo eventuell Potenziale schlummern und wie Sie sich selbst in Zukunft noch besser unterstützen können.

Am besten gehen Sie die Fragen ganz entspannt durch. Nehmen

Sie Ihre Selbsteinschätzung ohne langes Nachdenken vor – mehr aus Ihrem Bauchgefühl heraus. Dabei geht es nicht um richtige oder falsche Antworten, sondern allein um Ihre Selbsterkenntnis.

Schreiben Sie sich pro Frage die jeweilige Zahl in das entsprechende Antwortfeld und addieren Sie die Zahlen am Ende. Die Auswertungen finden Sie am Ende der Fragen. Wir wünschen Ihnen viel Spaß.

Testen Sie die Geisteskraft in Ihrem Unternehmen

	Stimmt nicht »1«	Stimmt kaum »2«	Stimmt eher »3«	Stimmt genau »4«
1. **Glaube:** Egal was passiert, ich habe das absolute »Gottvertrauen«, dass sich alles zum Guten wendet.				
2. **Wissen:** Ich habe ein gesundes Verständnis darüber, wie ich mich auf die Welt einlassen kann und mich abgrenzen möchte.				
3. **Imagination:** Meine Visionen sind mein Leitstern und ich habe stets wünschenswerte Perspektiven vor Augen – mein Horizont weitet sich beständig.				
4. **Willenskraft:** Wenn ich etwas wirklich will, bin ich meist auch in der Lage, es zu erreichen – ich kann Berge versetzen.				

	Stimmt nicht »1«	Stimmt kaum »2«	Stimmt eher »3«	Stimmt genau »4«
5. **Macht:** In Gesprächen kann ich meine Kompetenz, meinen Nutzen und meine Zuverlässigkeit recht schnell unter Beweis stellen.				
6. **Unternehmenslust:** Wenn mein Hirn und mein Herz erst einmal Ja zu etwas sagen, lege ich los und lasse mich durch nichts mehr aufhalten.				
7. **Liebe:** Selbstliebe und Mitgefühl prägen meine Beziehungen – zu mir und anderen. Ich gehe offen auf andere Menschen zu und lasse mich vorbehaltlos auf sie ein.				
8. **Urteilsvermögen:** Ich habe genau den Beruf, bei dem mein Fähigkeitsprofil mit meinen Aufgaben übereinstimmt, sodass mein Beruf meine Berufung ist.				
9. **Ordnung:** Meine Gedanken zu ordnen und mich innerlich und äußerlich immer wieder neu zu strukturieren, ist für mich normal.				

	Stimmt nicht »1«	Stimmt kaum »2«	Stimmt eher »3«	Stimmt genau »4«
10. **Stärke:** Ich fühle mich stark genug, um mich als Fachmann auf meinem Gebiet zu behaupten.				
11. **Loslassen:** Ich trenne mich leicht und regelmäßig von überholten Ideen, Gedanken und Dingen.				
12. **Lebenslust:** Mein Selbstausdruck fällt mir ganz leicht, weil ich mich in mir zu Hause fühle – ich liebe das Leben.				
Summe:				
Gesamtsumme:				

Ergebnis:
Nutzung Ihrer Geisteskräfte

12-30 Punkte: Gedrosselte Geisteskräfte

Sie neigen eher zu Gefühlen der Überforderung, Unentschlossenheit und Angst. Ihr Vertrauen schwankt: in sich selbst, in Ihre Erfolge und in Ihr unternehmerisches Wachstum. Dadurch sind Sie nicht durchgängig durchsetzungsstark.

Weil Ihr Vertrauen (noch) nicht stabil ist, wagen Sie sich lieber an einfache als schwierige Projekte heran. Sollte etwas nicht sofort gelingen, verlieren Sie schneller das Interesse an den Herausforderungen und geben eher auf als Menschen mit einem höheren Wert. Sie brauchen vielfach länger, um sich von Misserfolgen zu erholen, als andere.

31-48 Punkte: Gut entwickelte Geisteskräfte

Das Zusammenspiel Ihrer Geisteskräfte stärkt Ihre fachliche Kompetenz und Ihr persönliches Auftreten. Je höher Ihre Werte sind, desto entschlossener treffen Sie Ihre Entscheidungen, sind zufriedener, setzen sich höhere Ziele und wagen sich auch an Projekte mit größeren Herausforderungen heran. Je stabiler und stimmiger Ihre Geisteskräfte zusammenspielen, desto »unternehmenslustiger« bleiben Sie an Ihren Ideen dran. Je höher Ihre Werte sind, desto weniger schnell geben Sie auf. Außerdem erholen Sie sich schneller von Misserfolgen als Menschen mit einem geringeren Testergebnis.

Hand aufs Herz: Haben Sie jetzt Sorge, dass Sie irgendwelchen Idealen nicht entsprechen? Vergessen Sie bitte jegliche selbstkritischen Gedanken. Ideale entsprechen den wenigsten Menschen. Vielmehr handelt es sich bei jeder Lebensplanung, Existenzgründung und Unternehmensführung immer um ein Wechselspiel zwischen menschlichen Stärken und Schwächen. Niemand ist perfekt!

Wie bei jedem Test, der Angaben über Sie selbst erfordert, sollten Sie sich auch hier vor Augen halten, dass diese Werte *nicht stimmen*, sondern immer nur ein Spiegel Ihrer momentanen Selbsteinschätzung sind. Gleichzeitig sagen Ihre Werte viel über Ihre aktuelle Selbstwirksamkeit aus. Denn nichts bestimmt Ihren Erfolg so sehr wie der Glaube an sich selbst.

Was dieser Test zeigt, ist Folgendes: Je höher wir uns selbst einschätzen, desto stärker ist unser Vertrauen in uns selbst. Unser Vertrauen in uns und unsere Geisteskräfte stärkt und beflügelt uns. Je gefestigter unsere innere Ausrichtung ist, desto erfolgreicher können wir mit den täglichen Herausforderungen umgehen.

Und sollten Sie mit Ihren aktuellen Testwerten (noch) nicht zufrieden sein, dann probieren Sie doch noch etwas anderes aus: Gehen Sie die Fragen ein zweites Mal durch. Allerdings sollten Sie vorher einen Perspektivwechsel vornehmen.

Perspektivwechsel

Erinnern Sie sich beim zweiten Durchlauf an eine Zeit, in der Sie sehr erfolgreich waren. Fragen Sie sich:»Damals, als ich so erfolgreich war, was hätte ich damals geantwortet?« Beantworten Sie die Fragen und schauen Sie sich die Antworten in Ruhe an. Fragen Sie sich:»Welche Erkenntnisse kann ich für meine momentane Situation daraus ableiten?«

Spüren Sie: Geistesgegenwart beflügelt! Sie hat eine stärkende und eine schützende Funktion und ist die Quelle einer ungeahnten Kraft: Sinn, Mut, Initiative, Klarheit und Durchsetzungsvermögen nehmen enorm zu. Dabei ist der Geist eines Unternehmens kein Dauerzustand, sondern eher eine sich entwickelnde und ständig verändernde Grundenergie. Wiederholen Sie den Test deshalb ruhig von Zeit zu Zeit – und Sie werden Erstaunliches entdecken.

Um klar zu sehen, genügt oft ein Wechsel der Blickrichtung.
Antoine de Saint-Exupéry

Zusammenfassung

Geisteskräfte:
Geistreich – der Schatz im Inneren

In eurer Sehnsucht nach eurem höchsten Ich liegt eure Güte:
und diese Sehnsucht ist in allen von euch.
Khalil Gibran

1. Neben unserem normalen Zellbewusstsein verfügen wir auch über verdichtete Energiezentren, Chakras genannt.
2. Chakras sind Geisteskräfte und gehören zu den subtilsten Ordnungskräften im Universum.
3. Diese psychoenergetischen Zentren steuern unsere Gefühle und Gedanken und damit all unsere Handlungen.
4. Unser nicht physischer Körper aktiviert ständig Konfrontationen mit Erfahrungen im Außen.
5. Unser Körper ist nicht nur unser Tempel, sondern auch die Zentrale jeder Manifestation.

6. Alles, was wir in der Vergangenheit erlebt haben – von der Kindheit bis heute –, ist in unserem Körper gespeichert.
7. Geisteskräfte verleihen uns Flügel: Sind sie frei, fließt unsere Energie und wir haben Kraft unseren Fokus zu halten.

Jetzt haben Sie Gelegenheit, sich eigene Notizen zu diesem Kapitel zu machen:

»Was war für mich in diesem Kapitel besonders wichtig?«

Die Harmonisierung der Erfolgsprinzipien

Die wichtigste Frage lautet nun: Wie können wir unsere Geisteskräfte für unser Business einsetzen? Wie können wir wieder einen Zugang zu ihnen bekommen? Wie können wir persönlich von den Geisteskräften profitieren?

Einen Weg, um die Intelligenz der Geisteskräfte zu nutzen, finden Sie in den zuvor genannten 7 Erfolgsprinzipien. Diese Prinzipien basieren auf der Theorie der menschlichen Bewusstseinsentwicklung. Mit ihrer Hilfe können Sie sich genauer anschauen, welche Potenziale Sie schon gut nutzen und wo Sie noch Ressourcen aktivieren können. Sie können die Prinzipien jederzeit als praktischen und pragmatischen Leitfaden für den Alltag nutzen, um drei Dinge zu bewirken:

1. Bewusster zu werden
2. Bewusstsein zurückzugewinnen
3. Bewusstsein zu erweitern

Dass uns das Gespür für unsere Geisteskräfte und die damit verbundene Kraft und Intelligenz verloren gegangen ist, liegt an unserem einseitig rationalen Verständnis der Wirklichkeit. Dabei sind Geisteskräfte in jedem von uns als hochenergetische Intelligenz- und Wissenszentren vorhanden.

Sie können sich das so vorstellen, dass parallel zu Ihrem Rückgrat zusätzlich eine energetische Achse verläuft, an der unsere Geisteskräfte sich als Bewusstseinszentren angesiedelt haben. So wie unsere Wirbelsäule für unseren aufrechten Gang sorgt, sorgen die Geisteskräfte für unsere aufrichtige Haltung im Leben.

So wie uns die Wirbelsäule vom Becken zum Kopf stabilisiert, so stabilisiert uns die vertikal aufgebaute Linie der Geisteskräfte zwischen Himmel und Erde. Sie bestimmt unser Selbstgefühl und unsere Beziehung zur Welt. Sie beeinflusst, ob wir den Kopf in den Wolken haben, kopflos durch das Leben gehen oder leichtfüßig unseren Weg gehen und mit beiden Beinen auf dem Boden der Tatsachen stehen.

In dem Maße, in dem wir unsere Geisteskräfte öffnen, öffnen wir uns für unsere vorhandene und oftmals noch ungenutzte

Intelligenz. Siglinda Oppelt beschreibt es in ihrem Buch *Quantensprung im Business* so: »Der Mensch ist mit einem Full-Service ausgestattet: Er verfügt über fünf Intelligenzen: seine rationale, emotionale, intuitive, kreative und spirituelle Intelligenz. In der Vergangenheit neigten wir dazu, vier Fünftel aller Intelligenzen in der Wirtschaft brachliegen zu lassen.«

Der Grad, in dem wir unsere Geisteskräfte ausschöpfen, steht in direktem Zusammenhang mit der wirtschaftlichen Entwicklung unseres Unternehmens.

Sie brauchen dazu nicht viel zu tun. Sich für seine Geisteskräfte zu öffnen, heißt, sich mit bestimmten Lebensthemen auseinanderzusetzen und seine eigene Resonanz zu spüren. Alleine durch diese Absicht und Bereitschaft lassen sich festsitzende Energien befreien – und Unterbewusstsein löst sich auf. Diese bewusste Auseinandersetzung mit fundamentalen Themen ermöglicht eine vollständige energetisch-spirituelle Transformation. Begrenzende Überzeugungen und überholte Verhaltensweisen werden transformiert.

Je mehr Sie Ihrer inneren Führung erlauben, Ihre Entscheidungen zu bestimmen, je mehr Sie auf Ihr Herz hören und Ihrem eigenen Gewissen folgen, desto mehr arbeiten Sie im Einklang mit sich SELBST. Je mehr Sie eins sind mit sich SELBST, desto weniger haben Ängste, Sorgen, Minderwertigkeitsgefühle und Hoffnungslosigkeit die Chance, sich in Ihrem Geist auszubreiten.

Ist das »emotionale Gehirn« im Gleichklang,
wachsen uns ungeahnte Kräfte.
David Servan-Schreiber

1. Erfolgsprinzip: Verbundenheit

Geisteskräfte:
Lebenslust & Loslassen

Materieller Wohlstand, ein gefülltes Bankkonto und eine freudvolle Geschäftsentwicklung – all das wächst und gedeiht auf dem Boden unserer Verbundenheit. Verbundenheit mit uns selbst und dem Leben. Sie liefert die Wuchskraft, auf der unsere Lebensfreude zur Fülle heranreift. Sie verleiht uns die innere Stabilität und Sicherheit, um uns als Mit-Schöpfer mutig an der Expansion der Evolution zu beteiligen.

»Mich wirft so schnell nichts um.« Würden Sie das von sich sagen? Bezeichnen Sie sich selbst als jemand, der mit beiden Beinen fest auf dem Boden steht? Genießen Sie Ihr Leben, mit allen Höhen und Tiefen? Fühlen Sie sich eins mit allem, was ist? Nicht viele Menschen können diese Fragen uneingeschränkt bejahen. Die schnelllebigen Veränderungen machen vielen zu schaffen. Nur wenige Menschen fühlen sich mit dem Leben verbunden. Die meisten kämpfen.

Verbundenheit klingt im ersten Moment nach einem altmodischen Wort in der heutigen Zeit, aber betrachtet man die einzelnen Aspekte, die es umfasst – Anziehung, Verbindung, Zusammenhang, Zusammengehörigkeit –, gewinnt es gleich wieder an Aktualität.

Wenn wir uns das Leben anschauen, übt ständig etwas eine Anziehung auf uns aus, ist etwas in Verbindung mit uns, erleben wir Zusammenhänge und fühlen uns zugehörig. Wir können gar nicht anders, als in jedem Moment geistig, emotional und spirituell mit etwas verbunden zu sein. Nur oft fehlt uns die Verbindung mit uns selbst: unseren Wurzeln, unserer Lebensfreude, unserem natürlichen Lebenslauf mit unserem Wohl-Sein.

Ist die Verbundenheit zu uns selbst geschwächt, fehlt uns unsere »Ich-Stärke«. Zukunfts- und Existenzsorgen begleiten unseren Weg, berufliche Schwierigkeiten werfen uns aus der Bahn und wir haben das Gefühl, schnell den Boden unter den Füßen zu verlieren. Wir sind halt- und orientierungslos.

So wie die Wurzeln eines Baumes dafür sorgen, dass er auf der einen Seite in den Himmel wachsen kann und auf der anderen Seite bei Sturm kraftvoll gehalten wird, so sorgt Verbundenheit für unsere energetische Erdung. Sie schenkt uns Halt, vor allem in stürmischen Zeiten. Haben wir hier Blockaden, fehlt es uns an Energie, um unsere »innere Essenz«, unser »wahres Ich«, unsere »Seele« zu verwirklichen.

Fehlende Verbundenheit

Wenn wir das Gefühl haben, kein Bein auf den Boden zu bekommen, nicht unseren Mann bzw. unsere Frau stehen zu können, dann macht es Sinn, sich mit der eigenen Verbundenheit und dem *Wohl-Sein-im-Leben* zu beschäftigen.

Diese Aussage möchten wir anhand unserer Begegnung mit dem Inhaber eines Familienunternehmens bekräftigen. Völlig verzweifelt wollte dieser wissen, warum einige Mitarbeiter nicht die Ergebnisse erzielten, die er ihnen zutraut.

»Wissen Sie, meine Mitarbeiter sind alle großartig und kompetent, sonst hätte ich sie nicht eingestellt. Trotzdem scheint es etwas zu geben, was Menschen mit gleicher Qualifikation unterscheidet: Da gibt es die einen, die kaum etwas erschüttert. Selbstsicher und kraftvoll stürzen sie sich in Projekte und meistern selbst schwierigste Herausforderungen. Das sind die, die ständig Vollgas voraus neue Idee verwirklichen und von allen anderen Kollegen beneidet werden.

›Der hat es gut ...‹, sagen neidische Mitarbeiter, wenn andere neue Aufgaben von mir kriegen. In den Augen der Kollegen sind sie meine Lieblinge. ›Du Glückspilz, bist wohl ein Sonntagskind ...‹, hörte ich kürzlich eine Mitarbeiterin zu einem unserer Top-Mitarbeiter sagen. Ihn und die anderen hervorragenden Mitarbeiter scheinen solche Bemerkungen wenig zu interessieren. Sie kümmern sich kaum darum, was andere sagen. Viel zu sehr sind sie damit beschäftigt, sich selbst auszuleben. Ich glaube, sie lieben sich und das Leben.«

Wir sahen ihm an, wie sehr ihn die Zusammenarbeit mit diesen Mitarbeitern beflügelt. Dann wurde sein Gesicht ernster, Sorgenfalten kräuselten seine Stirn.

»Dann gibt es die anderen, die kaum ein Projekt reibungslos durchgezogen bekommen. Ich verstehe das nicht. Sie sind genauso kompetent, teilweise sogar besser ausgebildet. Trotzdem sind die Umstände meistens schwierig. Häufig stöhnen sie mir vor, warum etwas nicht realisierbar ist. Irgendetwas passiert immer. Ich glaube, die trinken zum Frühstück etwas, dass sie latent problemauslösend sein lässt.«

Er lachte:»Obwohl, es gibt auch Ausnahmen. Es gibt tatsächlich kurze Zeiträume, in denen sie gut drauf sind. Sie wirken dann zuversichtlicher und vertrauensvoller. Meist, wenn sie sich gerade für eine neue Idee interessieren.«

Jetzt wurde er wieder ernster:»Aber selten sind sie mutig, begeistert und aktionsfreudig genug, um Ideen nachhaltig umgesetzt zu bekommen. Schnell kippt ihre Stimmung wieder. ›Du hast es gut …‹, sagen sie zu anderen und meinen damit: ›Bei meinem Projekt lief alles viel schwieriger als bei dir.‹

Selten übernehmen sie die Verantwortung für das, was schiefläuft. Meist sind andere schuld. Ich habe das Gefühl, sie stehen sich selbst im Weg. Ich glaube, sie lieben sich selbst und ihr Leben nicht. Außerdem habe ich den Eindruck, als wäre die Welt ein wenig zu groß und bedrohlich für sie.«

Warum erleben manche das Berufsleben als freudvolle Herausforderung und andere als überwältigenden Stress? Fehlt es manchen einfach nur am erforderlichen Biss?

Aus unzähligen Erfahrungen wissen wir: Jede Idee und jedes Handeln (Projekt, Existenzgründung, Unternehmensführung, Expansion) kann nur Früchte tragen, wenn Sie bzw. es von einer *verkörperten Seele* initiiert wird. Visionen können nur erfolgreich verwirklicht werden, wenn Sie geerdet sind – und dazu braucht es echte Verbundenheit. Fehlt es uns an Verbundenheit zu uns selbst, so fällt es uns schwer, zu uns zu stehen, beruflich über die Runden zu kommen oder als Selbstständige unsere Preise durchzusetzen.

Wenn wir geboren werden, sind wir vollkommen verbunden mit uns. Wir sind eins mit uns und Allem-Was-Ist. Die Grundlage von Allem-Was-Ist ist Wohl-Sein. Als kleine Kinder wussten wir noch mit untrüglicher Sicherheit, was uns guttut, was uns entspricht und was unserer Natur zuwiderläuft. Wir hatten ein feines Gespür dafür.

Erst im Laufe unserer Erziehung und der Anpassung an Normen und Werte unserer Umgebung, haben wir begonnen, die Verbundenheit mit uns selbst zunehmend zu missachten. Anfangs haben wir dem Wissen anderer vertraut und unserem eigenen inneren Wissen misstraut. Später haben wir unsere tiefe innere Verbindung einfach nicht mehr wahrnehmen wollen und im extremsten Fall sogar ignoriert. Das Fatale daran ist: Damit haben wir uns von unserer zentralen Quelle – unserer inneren Sicherheit – abgeschnitten.

Im Gegenzug haben wir das Weltbild unserer Eltern, Erzieher, Lehrer, Ausbilder, Professoren und Arbeitgeber übernommen und zu dem unseren gemacht. Zu einem Weltbild getrennter Objekte, mechanischer Zusammenhänge, vieler Gut-und-schlecht-Konzepte, einer Welt, in der einem etwas geschehen kann und in der wir durch Stress auf einen Überlebensmodus eingestellt sind.

Das Gesagte ist durchaus verständlich, war das Leben unserer Vorfahren doch geprägt von existenziell bedrohlichen Erfahrungen. Viele der Menschen, die unser Weltbild geprägt haben, sind Kinder des Krieges. Wir, die wir heute vierzig Jahre und älter sind, sind die Kinder, Enkel und Urenkel von Menschen, die lebensbedrohliche Zeiten am eigenen Leib erfahren haben. Sie wussten nichts vom Quantenzeitalter und von den Zusammenhängen zwischen dem Beobachter und dem Beobachteten.

»So lassen sich etwa die meisten Leidensmuster, die uns im Alltag das Leben schwer machen und entsprechenden Einfluss auf unsere Realitätsgestaltung haben, über mehrere Generationen gestörter Eltern-Kind-Beziehungen zurückverfolgen«, schreibt Jörg Starkmuth in seinem Buch *Die Entstehung der Realität.*

Der Möglichkeitenraum der Realität

Wenn wir hier von einem Erfolgsprinzip sprechen, dann meinen wir damit die bewusste Verbundenheit mit dem Wohl-Sein, der Ur-Kraft, die durch jeden von uns fließt. Diese Verbundenheit ist bei den meisten von uns blockiert – viel zu viele Konzepte und Emotionen haben den Zugang versperrt.

Verbundenheit ist also eine Einstellung, die unsere bewusste Entscheidung braucht. Unsere Einstellung beeinflusst, wie wir unsere Arbeit ausführen, ob wir unserer höchsten Freude folgen und …

... mit unserer Arbeit unserer Mission folgen.

... eine Vision als Leitstern haben.

... unsere Werte verwirklichen.

... Bestleistungen bringen.

... Prozesse optimieren.

... Mitarbeiter fördern und fordern.

... Kundenerwartungen erfüllen.

... unsere Führungsrolle ausfüllen.

Verbundenheit zeigt sich zum einen dadurch, dass durch sie die Quelle der Lebenslust zum Sprudeln gebracht wird, um uns vom Strom des Wohl-Sein führen zu lassen. Zum anderen aktiviert sie die Kraft des Loslassens, die uns ermöglicht, Überholtes zu transformieren und nicht länger an Vergänglichem zu haften. Ist das nicht großartig: Lebenslust ist der Beginn dieser Transformations-Reise.

1. Geisteskraft:
Lebenslust

Lassen Sie uns an einem simplen Beispiel aufzeigen, was wir damit meinen.

Fast zwanzig Jahre ist es her, da gab es eine Phase, in der ich (Astrid-Beate), von der ganzen Welt sehr enttäuscht war. Erst durchlebte ich eine sehr schmerzhafte Trennung, dann verlor ich kurz darauf auch noch meine geliebte Arbeitsstelle. Als wäre das nicht schon schlimm genug gewesen, zog ich nach kurzer Zeit eine neue Stellung in mein Leben, bei der ich nicht nur Mobbing, sondern auch noch Bossing erlebte.

Ich war als Führungskraft eingestellt worden und erlebte, dass mein Chef Ergebnisse von mir erwartete, die er selbst durch seine widersprüchliche Kommunikation mit mir und meinen Mitarbeitern unmöglich machte. Ich hatte das Gefühl, alle fielen mir in den Rücken. Das war zu viel: Ich konnte nicht mehr. Ich war am Ende.

Eines Abends geschah etwas Merkwürdiges. Todtraurig, mutterseelenallein und entmutigt ging ich von der Arbeit nach Hause. Ich war gerade auf Höhe des Friedhofs, als meine Weltuntergangsstimmung den Höhepunkt erreicht hatte. Es war Winter und der dunkle Himmel spiegelte meine Stimmung. Plötzlich schoss mir ein Gedanke durch den Kopf: »Nimm dir das Leben!« Ich erschrak. »Was? Ich soll mir das Leben nehmen?« Und wieder: »Nimm dir das Leben!« Ich war verwirrt.

Plötzlich dämmerte mir: Es ging nicht um Suizid. Im Gegenteil. Es ging um MEIN Leben. Ich entspannte mich. »Nimm dir das Leben!« Das war die Lösung! Ich merkte, wie ich aufatmete.

»Wunderbare Idee«, dachte ich. Und dann erklang die Stimme noch einmal, laut, streng und nachdrücklich: »Dann nimm es dir doch endlich!« Das saß!

Schlagartig wurde mir klar, dass mein Leben zu einer Aneinanderreihung vieler Kompromisse geworden war. Es fiel mir wie Schuppen von den Augen, dass all die schmerzhaften Erfahrungen mit meinem Ex-Partner, meinem Chef und Mitarbeitern sämtlich Hinweise darauf waren, wie weit ich von mir selbst abgekommen war.

Ich war plötzlich so dankbar. Ihr Verhalten war nur der Spiegel meines Inneren: Ich hinterging mich, ich war mir selbst in den Rücken gefallen, ich beraubte mich meines Potenzials. Es waren nicht die anderen. Nicht sie verletzten mich – ich selbst war es: mit kleinmachenden Gedanken, demütigenden Geschichten, erniedrigenden Glaubensmustern.

Ich hatte mich nach der Trennung klein und elend gefühlt und den erstbesten Job genommen. Ich hatte nichts vom Leben gefordert und so bekam ich auch nichts. Alles um mich herum signalisierte: »So nicht!« Nur ich war taub und verstand die Botschaften nicht. Ich hatte die leise Stimme nicht gehört, die sagte: »Lebe nicht unter deinem Niveau.« Meine Angst hatte die Verbundenheit mit mir blockiert.

Wenn Sie in der Vergangenheit arglistig hintergangen oder beruflich über den Tisch gezogen wurden, dann sind Sie in Resonanz dazu. Wenn Sie immer wieder Mobbing-, Kündigungs-, Ablehnungserfahrungen sammeln, dann nur, weil sie diese Erfahrungen anziehen. Alle Erfahrungen sind Reflexionen Ihrer Resonanz. Spiegelbilder des Inneren. Es macht keinen Sinn, von unserem Spiegelbild ein Lächeln zu erwarten, wenn unser Gesicht düster in dem Spiegel schaut.

Schwierige Situationen, große und kleine Krisen sind zum Wachstum da, zu nichts anderem.
Silvie Katz

Folge deiner Freude

»Worauf hast du denn Lust?«, fragte mich Christoph, als ich ihm von dem Vorfall am Friedhof erzählte. Sie hätten mein Gesicht sehen sollen. »Lust? Darum geht es doch wohl nicht«, erwiderte ich. »Ich *muss* schließlich Geld verdienen.«

Heute kenne ich diese Totschlag-Argumente von vielen unserer Kunden. Zum Glück lud mich Christoph damals auf ein kleines Experiment ein. »Beschreibe doch bitte mal, wie es sich anfühlt, Geld verdienen zu *müssen*. Was passiert in deinem Körper?«

Ich überlegte einen Moment. Mit gesenktem Blick und leiser Stimme sagte ich: »In mir zieht es sich zusammen. Mir wird kalt. Alles wird eng ... Ich werde traurig ...«

»Total schwunglos? Würdest du sagen, dass diese beiden Worte es auf den Punkt bringen?«, wollte er wissen. »Ja«, schoss es aus mir heraus. Ich strahlte und fühlte mich verstanden. Erstaunt schaute ich ihn an.

Nein, er war kein Hellseher. Heute weiß auch ich: Wenn Menschen Entscheidungen treffen, die für sie und andere nicht gut sind, empfinden sie das als ein Gefühl des Zusammenziehens.

Das ist einleuchtend: Das Universum entsteht durch uns. Tun wir etwas, was nicht unserer Bestimmung entspricht, handeln wir gegen die Ausdehnungstendenz des Kosmos.

Was auch bedeutet, wir bringen die Evolution voran: durch unsere Wünsche, Vorlieben und Freuden – durch das Ausleben unserer Talente, Neigungen und unserer Lebensaufgabe. Durch all die Dinge, die Liebe, Wertschätzung, Dankbarkeit, Freude, Faszination und Ekstase in uns auslösen. Diese Energie öffnet unser Bewusstsein: Ideen sprudeln, Tatendrang wird geweckt und kaum etwas kann uns davon abhalten, diese Absichten in die Welt zu bringen. Neues entsteht.

Verschwinden Liebe, Freude und Wertschätzung aus unserem Leben, spüren wir das durch das Gefühl des Zusammenziehens: Lebensenergie verschwindet, Elan versiegt und Enge entsteht. Unsere Lebenslust stirbt. Wir haben nur noch die Kraft, Dinge zu tun, die wir schon kennen und können. Können nur noch tun, was »man tut« – pflichtbewusst zu arbeiten. Nichts Neues entsteht. Dafür fehlt die Kraft. Erfolg und Erfüllung finden auf diesem Energieniveau nicht statt.

All das erklärte mir Christoph und wir führten unser Experiment fort: »Wofür lohnt es sich zu leben? Was entspricht deinem Naturell? Wobei empfindest du die meiste Lebensfreude?

Natürlich ging es bei diesen Fragen vor allem um mein Berufsleben und nicht so sehr um irgendwelche Urlaubsträume oder Vermeidungsstrategien – das war mir klar.

Keine drei Atemzüge brauchte ich und dann sprudelte neue Energie in mir.

»Ich bin immer total begeistert, wenn ich … Am liebsten würde ich wieder …« Immer mehr Projekte fielen mir ein, bei denen mir klar wurde, was ich beruflich liebe, was mich begeistert und wofür es sich zu leben lohnt: »Mit Menschen gemeinsam wachsen, schöne Seminare, Heilungsarbeit …« Viele Aspekte kamen auf den Tisch. Und zum Schluss sagte ich: »Weißt du, auf der Welt gibt es schon so viele halbe Sachen. Im Grunde habe ich darauf keine Lust.«

Was für eine Erkenntnis! Es hatte keine 20 Minuten gedauert und mir war klar: Meine Seele wollte keine Nullachtfünfzehn-Arbeit mehr, sondern dass ich mich entwickle und andere dabei unterstütze. Ich hatte gespürt, was ich im Grund wollte. Genau das Gegenteil von der Arbeit, die ich zu der Zeit ausführte.

Erinnern wir uns: Was unser Bewusstsein wahrnimmt, wird mittelbar Realität. Heute arbeiten wir gemeinsam nach unserem eigenen Konzept. Unsere Kunden sind begeistert, weil wir ihnen Lösungen anbieten, die sonst kaum einer anbietet. Meine Liebe zum Leben ist voll da. Ich tue nicht mehr, »was man tut«, sondern das, was »ich will«. Statt für den kollektiven Gehorsam habe ich mich für mein individuelles Gewissen entschieden.

Ja:
»Ich kann« & »Ich will« da sein

Aus unserer Erfahrung wissen wir: Lebenslust müssen wir nicht erst suchen, sie ist ständig präsent. Sie ist die pure Daseinsfreude. Sie ist die vollständige Bejahung des Lebens – so wie es ist. Ja, Sie haben richtig gelesen. Die Lebenslust liebt alles. Nicht nur das Leben, das wir gerne hätten. Nein, sie bejaht, was ist, und hilft uns zu erkennen, was sich für uns gut anfühlt. Die Lebenslust ist weise. Sie weiß, dass wir nur über die Spannung zwischen den Polen des Positiven und des Negativen herausfinden können, was für uns stimmig, richtig und gut ist.

Deshalb unterstützt sie uns dabei, aus den spannenden Erfahrungen des Lebens ständig neue Wünsche zu erkennen. Sie liebt es, wenn wir freudvolle Absichten formulieren. Sie genießt, wenn sie uns dabei unterstützen kann, unsere Wünsche zu leben. Die Lebenslust ist es, die uns dieses unbeschreibliche Wohlgefühl schenkt, das wir spüren, wenn wir mal wieder über uns selbst hinausgewachsen sind.

Kontinuierlich und ausdauernd teilt sie uns mit, was uns Freude bereitet, bzw. bereiten würde. Sie ist die pure Daseinsfreude, die sich mit ihren Ich-will- und Ich-kann-Ideen einfach nur austoben will. Sie ist die vollständige Bejahung des Lebens und kann nur wachsen und gedeihen ohne Verbitterung, Gekränktheit, Neid, Zweifeln, Widerwillen und Niedergeschlagenheit. Sie ist die Aufforderung, uns dem Fluss des Lebens hinzugeben, uneingeschränkt JA zu sagen zu allem, was ist!

Die Lebenslust fordert uns gleichzeitig auf, die Aufmerksamkeit von dem wegzuleiten, was *von anderen kommt*. Von dem, was Branchenkenner, Mitarbeiter, Kollegen, Familienangehörige, Freunde oder Partner sagen. Ihre Lebenslust will, dass Sie sich auf das konzentrieren, was *von Ihnen kommt*. Sie will, dass Sie ihr zuhören, hineinspüren und sich darüber Gedanken machen. Nur so entwickeln Sie ein Gefühl für *MEINS*. Das ist 100 % Energie, Power, Kraft – aus sich SELBST.

Freude ist nur möglich, wenn wir auch in der Lage sind,
Dinge loszulassen.
Thich Nhat Hanh

2. Geisteskraft:
Loslassen

Wenn Sie so denken wie die meisten Menschen, die wir kennen, sind Sie wahrscheinlich nie auf die Idee gekommen, Ihre Vergangenheit zu würdigen, oder? Vor allem nicht, wenn schmerzhafte Kindheits- und Berufserfahrungen für Selbstzweifel, Selbstentfremdung, Leiden, Wut und Hemmungen gesorgt haben.

Wahrscheinlich hat man auch Ihnen beigebracht, dass es nur natürlich ist, an Wut festzuhalten, wenn Sie im Job gegen einen jüngeren Kollegen oder eine attraktivere Kollegin ausgetauscht wurden. Man hat Ihnen erzählt, dass es gerechtfertigt ist gegen

Gott und die Welt zu kämpfen, wenn Sie ungerecht behandelt wurden. Außerdem sind wir so groß geworden, dass wir bisher immer noch häufig glauben, andere seien für unsere Gefühle zuständig: Du hast mich verletzt. Du bist schuld, dass ich mich schlecht fühle.

Das ist altes Denken. Das ist überholt. Niemand außer uns selbst ist für unsere Innenwelt verantwortlich.

**Echte Verbundenheit kann nicht entstehen,
solange wir glauben:**

- Ich habe allen Grund, verbittert zu sein,
  weil ich hintergangen wurde.

- Ich habe allen Grund, gekränkt zu sein,
  weil mein Partner mich bestohlen hat.

- Ich habe allen Grund, verzweifelt zu sein,
  weil meine Kindheit schwer war.

- Ich habe allen Grund, neidisch zu sein,
  weil immer andere bevorzugt werden.

- Ich habe allen Grund ... (was auch immer Sie glauben).

**Echte Verbundenheit entsteht,
wenn wir glauben:**

- Ich habe allen Grund, dankbar zu sein, egal was ich
  erlebe, weil es mein Leben ist.

- Ich habe allen Grund, andere zu wertschätzen,
  weil sie mir ermöglichen, mich zu erfahren.

- Ich habe allen Grund, jeden Moment zu würdigen,
  weil er von mir erschaffen wurde.

- Ich habe allen Grund, mein Leben zu lieben,
  weil es ist, wie es ist!

Auch wenn Ihnen die Vorstellung noch schwerfallen mag: In unserem Menschen-Spiel brauchen wir andere Menschen, um uns zu erfahren. Sie glauben uns nicht? Versuchen Sie einmal, sich selbst zu kitzeln. Komisch, oder? Das geht gar nicht. Deshalb ist Selbst-Kitzeln gar nicht komisch. Erfahrungen können Sie nur machen, weil Sie sich durch Ihre 3 Bewusstseinsebenen Mitmenschen und Situationen geschaffen haben, um sich zu erleben.

Wir nehmen an, dass Sie dieses Buch lesen, um nie wieder Opfer der Umstände zu werden. Auch gehen wir davon aus, dass es Sie interessiert, wie Sie Experte Ihrer Erfahrungen werden. Denn das ist die Vorstufe, um Meister der Manifestation zu werden. Wenn wir Kritik an unseren eigenen Kreationen üben, haben wir noch nicht die Verantwortung dafür übernommen – die Verantwortung für das, was ist.

Alles sind unsere Schöpfungen und deshalb können auch nur wir selbst weitere Inszenierungen erschaffen. Der erste Schritt, um weiter schmerzhafte Erfahrungen zu verhindern, besteht darin, anzuerkennen, was ist. Würdigen, was war. Wertschätzen, was ist – auch wenn das in manchen Momenten nicht leicht ist.

> *Ein menschliches Wesen ist Teil des Ganzen, das wir*
> *»Universum« nennen, ein in Raum und Zeit begrenzter Teil.*
> *Es erfährt sich selbst, seine Gedanken und Gefühle als etwas*
> *von den übrigen Wesen Getrenntes ... eine Art optische*
> *Vorspiegelung seines Bewusstseins.*
> Albert Einstein

Loslassen durch Würdigung & Wertschätzung

Wenn unsere Verbundenheit geschwächt ist, weil uns Scham, Schuld oder Schmerz davon abhalten, erfolgreich zu sein, macht es Sinn, sich diese Konzepte anzuschauen. Wir können heute zwar nichts mehr am äußeren Bild der Vergangenheit ändern, aber unsere innere Vorstellung lässt sich jederzeit entspannen.

Solange wir Menschen verfluchen, verteufeln oder verleugnen, lehnen wir nicht nur sie ab – sondern uns selbst. Solange wir uns nicht vollständig annehmen, mit all unseren Sonnen- und Schattenseiten, sind wir wie ein Vierzylindermotor, der nur auf drei »Töpfen« läuft.

Indem Sie Gefühle und Gedanken mühelos akzeptieren
und keine Energie darauf verschwenden, über sie zu urteilen,
machen Sie sich buchstäblich frei davon.

Dr. Roy Martina

Vergangenheit würdigen

Akzeptieren wir es doch einfach: Unsere Vergangenheit können wir nicht ändern. Unsere Zukunft können wir jedoch bewusster gestalten – aus dem Hier und Jetzt. Nur in der Gegenwart können wir die Weichen für die Zukunft stellen. Nur in der Gegenwart können wir uns von den Lasten der Vergangenheit befreien.

Und das ist gar nicht so schwer – wenn wir bereit sind, zu »würdigen, was ist«, und zu »lieben, was werden will«.

Beides, die *Würdigung des eigenen Lebens* und die *Kraft des Loslassens,* sind zusammengenommen nicht nur echte Erfolgsbeschleuniger und Energielieferanten, sondern auch Magneten für eine freudvolle Entwicklung – beruflich und privat. Das Einzige, was wir dazu tun müssen, ist uns frei zu machen von Gefühlen und Gedanken, die wir aus unserer Vergangenheit noch in uns tragen und die unsere heutigen Erfolge verhindern.

Emotionen, die Erfolg verhindern

Zweifelsohne, Angst gehört zum Spiel dazu, aber Angst ist eine Illusion – aufgebaut auf dem Konzept, vom Außen getrennt zu sein. Angst trennt uns von uns selbst und vernichtet Erfolg. Stattdessen nährt sie Abhängigkeit und Bedürftigkeit – das Gegenteil von Schöpferkraft. Wohin das führen kann, haben Sie gerade an meinem Beispiel gesehen.

Widerstand gegen das Leben oder die Ablehnung und Verachtung seiner selbst oder anderer Menschen behindert jede gesunde Entwicklung.

Auch auf der Basis von Scham, Schuld, Trauer, Angst, Hass, Wut, Arroganz und Verachtung kann nichts Gutes gedeihen – sei es im Beruf oder in Beziehungen.

Emotionen, die Erfolg fördern

Klar ist, die Liebe zum Leben ist das Tor zur Fülle. Liebe ermöglicht Freiraum und Freiheit. Liebe schenkt dem, der liebt, die Freude am Leben. Sie schafft eine heitere Gelassenheit und eröffnet damit ganz neue Möglichkeiten – beruflich, privat, gesundheitlich. Auf der Basis von Verbundenheit und Verantwortungsbewusstsein kann Liebe zum Richtungsgeber für machtvolle Schöpfungen werden.

Allein unsere Einstellung entscheidet darüber,
ob unser Potenzial positiv oder negativ eingesetzt wird.
Diese Einstellung hat viel mit unserem inneren Frieden zu tun.
Dalai Lama

Wertschätzung ausdrücken

Vermutlich sind Sie überrascht, dass wir hier auch noch auf Ihr Elternhaus zu sprechen kommen. Doch das Elternhaus spielt eine große Rolle, wenn es um beruflichen Erfolg geht.

»Der Apfel fällt nicht weit vom Stamm«, sagt ein weises Sprichwort. Und aus unseren Businessaufstellungen wissen wir, dass Berufung, Beziehungen, Erfolg und Erfüllung sehr viel mit der Kraft durch die Ahnen zu tun haben. Auch, oder gerade, wenn die Kindheit nicht so verlief, wie man es sich gewünscht hätte, sind Wertschätzung und Würdigung wichtig. Wahre Wunder geschehen. Alles beginnt mit der einfachen Veränderung Ihrer Aufmerksamkeit.

Wir hören immer wieder, dass Sicherheit, Stabilität und Geborgenheit zum Leben wachsen, sobald die Energie, die vorher für das Festhalten an die Vergangenheit gebunden war, endlich frei fließen kann.

Wenn Sie Heilarbeit kennen, dann wissen Sie, dass das Loslassen in Gedanken auch der Befreiungsschlag für blockierte Energien im Inneren ist. Um die Kraft Ihrer Lebenslust wieder zum Fließen zu bringen, brauchen Sie sich nur geistig zu entspannen. Öffnen Sie Ihr Herz und vergeben Sie sich und anderen. Würdigen Sie, was ist.

Übung:

Selbstcoaching zur Stärkung der Verbundenheit

Worte sind wirksame Werkzeuge. Sie ermöglichen, die Lebenslust wieder frei fließen zu lassen, wenn wir uns von alten Verletzungen lösen: Enttäuschungen, Ärger, Wut, Zorn, Verzweiflung ...

Der Schmerz darin wandelt sich in Weisheit, wenn wir diese Erfahrungen würdigen – selbst wenn sich uns der Sinn im Moment noch nicht erschließt. Sobald wir durch würdigende Worte mit den tieferen Schichten unserer Seele in Kontakt treten, lösen sich Blockaden.

Ganz leicht können Sie gebundenes Bewusstsein befreien, wenn Sie sich mit Themen beschäftigen, die Ihnen im Leben große Mengen von Energie geraubt haben. Das Eltern-Kind-Verhältnis ist in der Regel solch ein Lebensbereich. Jeder von uns hat aus der Beziehung zu Mutter oder Vater ein Päckchen zu tragen. Vielleicht geht es Ihnen ähnlich wie vielen unserer Kunden und ein Elternteil lebt nicht mehr, dennoch können Sie hier und heute Ihre Wurzeln stärken – das Quantenfeld macht es möglich.

Sie brauchen nicht wirklich mit Ihren Eltern in Kontakt treten, um Energien zum Fließen zu bringen. Sie brauchen sich nur emotional auf den Prozess in Ihrem Inneren einlassen: auf Würdigung, Wertschätzung und Weiterentwicklung der Eltern-Kind-Beziehung.

Vielen Kunden hat der folgende Brief sehr geholfen, um sich von festsitzenden Vorstellungen (Bilder, Glaubensmuster, Geschichten) aus der Vergangenheit zu lösen.

Würdigungs-Brief an die Eltern

Liebe Mama/Lieber Papa,

du hast mir das Allerwichtigste geschenkt: mein Leben! Dafür danke ich dir.
Oft habe ich dein Leid gesehen, oft habe ich dein Leid gespürt. Einiges davon habe ich übernommen. Aber es ist nicht meins. Deshalb gebe ich es an dich zurück. Ich bin dein Kind. Du bist meine Mutter/mein Vater. Ich achte und anerkenne dich und würdige dein Schicksal.
Danke für mein Leben, den Rest mache ich jetzt selbst.

Mama/Papa, damit dein Leid nicht umsonst war, widme ich meine Erfolge auch dir! Ich bin heute erwachsen. Du hast deinen Teil getan. Jetzt bitte ich dich, liebevoll auf mich zu schauen, wenn ich meinen Weg gehe.

Dein(e) dich liebende(r) Tochter/Sohn

1. Schreiben

Schreiben Sie den oben stehenden Brief möglichst wörtlich ab. Am besten einmal für Ihre Mutter und einmal für Ihren Vater.

Die Worte sind bewusst gewählt, sie haben eine starke Wirkung. Fühlen Sie, was die Worte in Bewegung bringen. Sie werden feststellen, dass Sie zu beiden unterschiedliche Emotionen in sich tragen. Vielleicht öffnen die Worte etwas in Ihnen und Sie wollen zusätzliche Dinge aufschreiben. Tun Sie es!

Erlauben Sie sich, Ihr Inneres zum Ausdruck zu bringen. Wenn Sie schreiben, tun Sie das möglichst aus der Ich-Perspektive: »Ich habe damals …« Versuchen Sie, Ihre Gefühle zu äußern, ohne Vorwürfe zu machen. »Hättest du damals …«, bringt Sie heute nicht weiter. Achten Sie darauf, den Brief mit einem Gefühl der Anerkennung, Achtung und Dankbarkeit abzuschließen. Fühlen Sie sich erwachsen!

2. Loslassen

Lassen Sie den Brief los. Normalerweise ist er nicht dazu gedacht, ihn abzuschicken. Sie können ihn natürlich aufheben und nach einiger Zeit noch einmal lesen. Sie können ihn aber auch direkt loslassen.

Wir haben unsere Briefe verbrannt: Ein feuerfestes Gefäß und unser Garten waren dafür optimal. Es geht aber auch in der Spüle, im Park oder an einem kleinen Fluss. Wenn Sie den Weg des Feuers wählen, werden Sie vielleicht überrascht sein, wie energievoll das Ritual sein kann. Viele haben uns schon davon berichtet, wie berührt sie waren, als der Rauch ihre Zeilen in den Himmel trug. Sollten Ihre Eltern oder ein Elternteil noch leben, werden Sie wahrscheinlich bemerken, dass sich etwas in der Beziehung harmonisiert haben wird – ohne dass Sie über diesen Brief sprechen müssen.

Versöhnung mit der Vergangenheit

Wertschätzung stärkt zum einen unsere Wurzeln und zum anderen kommt wieder Bewegung in das Leben – Energien kommen ins Fließen. Geistige Entspannung schafft somit auch die Basis für materiellen Fluss! Worte bewirken auf diesem Weg Wunder – probieren Sie es aus.

Das folgende Gebet ermöglicht Ihnen, sich für eine tiefe Versöhnung mit der Vergangenheit und eine neue Verbundenheit mit dem Leben zu öffnen.

**Gebet für
Versöhnung & Verbundenheit**

*In Verbundenheit und Achtung
würdige ich alle meine Vorfahren.*

*In Verbundenheit und Achtung
würdige ich dieses Land und alle Generationen,
die es für uns aufgebaut haben.*

*In Verbundenheit und Achtung
bitte ich all jene um Vergebung, denen ich jemals
Schmerz, Kummer und Traurigkeit zugefügt habe.*

*In Verbundenheit und Achtung
versöhne ich mich mit allen, die mir jemals
Schmerz, Kummer und Traurigkeit zugefügt haben.*

*In Verbundenheit und Achtung würdige ich ALLES,
was ist.*

Ich bin eins mit allem!

Ohne falsche Vorstellungen in Bezug auf die Vergangenheit kann die natürliche Lebenslust sich voll entfalten – Sicherheit, Stabilität und Geborgenheit können entstehen.

Nutzen Sie das 7x7-Tage-Programm für Ihre innere Transformation. Die **Meditation** zum Erfolgsprinzip Verbundenheit finden Sie auf **Seite 243**. Wir wünschen Ihnen viele gute Einsichten und viel Freude dabei.

Zusammenfassung

1. Erfolgsprinzip:
Verbundenheit

Wir sind das Feld. Die Matrix. Urgrund der Materie.
Das Nullpunktfeld. Das Quantenfeld. Reines Potenzial.
Siglinda Oppelt

1. Eine freudvolle Geschäftsentwicklung gedeiht nur auf dem Boden unserer Verbundenheit.
2. Verbundenheit ist eine Einstellung, die unsere bewusste Entscheidung braucht.
3. Verbundenheit wächst, je mehr die Quelle der Lebenslust in uns sprudelt und wir uns vom Strom des Wohl-Seins führen lassen.
4. Verbundenheit wächst, je mehr wir die Kraft des Loslassens aktivieren, um Überholtes zu transformieren.
5. Wir bringen die Evolution voran: durch unsere Wünsche, Vorlieben und Freuden – durch das Ausleben unserer Talente, Neigungen und unserer Lebensaufgabe.
6. Lebenslust müssen wir nicht suchen, sie ist ständig präsent – sie ist die pure Daseinsfreude.
7. Beides, die Würdigung des eigenen Lebens und die Kraft des Loslassens, sind zusammengenommen nicht nur echte Erfolgsbeschleuniger und Energielieferanten, sondern auch Magneten für eine freudvolle Entwicklung – beruflich und privat.
8. Die Liebe zum Leben ist das Tor zur Fülle.
9. Geistige Entspannung schafft materiellen Fluss.
10. Die Kraft, die durch unsere Eltern zu uns kommt, ist die reine Lebenskraft.

»Was war für mich in diesem Kapitel besonders wichtig?«

2. Erfolgsprinzip: Integrität

Geisteskräfte: Ordnung & Stärke

Was Integrität mit den beiden Geisteskräften Ordnung und Stärke zu tun hat? Integrität – was ist das überhaupt? Und wieso ist Integrität wichtig? Sie sehen, es gibt viele Fragen zu beantworten.

Bevor wir ins Detail gehen, können wir Folgendes vorwegnehmen: Integrität bestimmt, ob wir eine starke Ausstrahlung und attraktive Anziehungskraft auf *unsere* Kunden ausüben oder nicht. Integrität bestimmt über unseren materiellen Erfolg.

Kennen Sie Sarah Wiener, österreichische Unternehmerin, Fernsehköchin und Autorin diverser Kochbücher? Wahrscheinlich. Immer wieder sieht man sie im Fernsehen, liest in einer Zeitschrift oder Zeitung von ihr oder steht in einer Buchhandlung vor einem ihrer Werke.

Gut gelaunt und glasklar erlebten wir Frau Wiener vor drei Monaten. Wir waren zu einer Podiumsdiskussion nach Bochum eingeladen worden, bei der sie als Referentin auftrat. Für ihre Antwort auf die Frage »Was müssen wir heute in Bezug auf unsere Ernährung anders machen?«, erntete sie großen Applaus.

Ohne Zögern verkündete sie: »Als Erstes müssen wir neu denken. Wir müssen verstehen, worum es wirklich geht. Erst wenn wir verstehen, was wir tun, und unser Denken ändern, werden wir unser Verhalten ändern.«

Authentisch gestand sie, dass sie selbst bis vor 10 Jahren noch kein Verständnis dafür hatte, was mit unseren Lebensmitteln wirklich passiert. »Wir haben uns so sehr daran gewöhnt, dass heute alles normiert, pasteurisiert, konserviert, raffiniert und foliert wird. Aber all das hat nichts mehr mit einem Lebensmittel zu tun. All das hat nichts mehr mit einer gesunden Ernährung zu tun«, offenbarte sie.

Seit Jahren tritt sie für regionale, saisonale und frische Kost ein – selbst zubereitet, das ist ihr wichtig. »Nur damit nähren wir wieder Qualität statt Ausbeutung. Die Lebensmittelherstellung ist krank, die Konsumenten werden es zunehmend auch. Wenn wir Genmanipulation, Landwirtschaft mit Chemie und Ausbeutung zustimmen, dann verursachen wir enorme Schäden auf Mutter Erde,

deren Auswirkungen wir heute noch gar nicht absehen können.«
Sie bezieht Position. Ihr leidenschaftliches Plädoyer für eine
»vernünftige« Küche und persönliches Verantwortungsbewusstsein
macht viele nachdenklich. Ihr Engagement für ein neues Bewusstsein im Umgang mit Lebensmitteln und gesunder Ernährung ist
echt. Sie bricht Tabus.

Wenn Millionen von Menschen eine Dummheit behaupten,
wird sie deswegen nicht zur Wahrheit.
Rolf Dobellin

Sinngemäß sagte sie: »Wenn Lebensmittelkonzerne nur noch
darauf aus sind, größere Gewinne zu erzielen, indem sie Menschen
dazu verführen, mehr zu essen, als gesund ist, und gesunde
Lebensmittel zu übertecuerten und leblosen Produkten verarbeiten,
dann stimmt etwas nicht. Diabetes, Rheuma ...«
    Der Zuspruch der Zuhörer war unübersehbar. Ihre Echtheit und
ihre Erfolge sind es auch. Ihr Verdienst ist die eine Seite ihres
Erfolges, ihr Dienst für die Menschheit die andere – die Sarah-
Wiener-Stiftung belegt das. Sie steht für gelebte Integrität.

Integrität:
Was ist das überhaupt?
Integrität hat für uns mit Aufrichtigkeit, Ehrlichkeit, Vertrauens-
würdigkeit und Charakterfestigkeit zu tun. Integrität setzt eine
gesunde Selbsterkenntnis und Gewissensbildung voraus.
    Sie basiert auf unserer Verbundenheit mit uns und dem Leben.
Integrität ermöglicht uns, unsere persönlichen Grenzen zu kennen,
Dinge zu hinterfragen und uns frei zu entscheiden, ob wir geltende
Werte und Normen anerkennen oder gegebenenfalls zivilen Unge-
horsam praktizieren. Sie entscheidet, ob wir Tabus brechen oder
dem Mainstream folgen.
    Integrität ist somit das Gegenteil von Überanpassung, Unter-
würfigkeit, Selbstaufgabe und Selbstverleugnung. Sie ist das Gegenteil von Sichkleinmachen. Sie zeigt sich dadurch, dass wir ...

    ... wissen wer wir sind;
    ... zu uns stehen;
    ... Herausforderungen annehmen;

... Probleme lösen;
... ggf. auch unbequeme Wege in Kauf nehmen.

Integrität bedarf der Wahrnehmung von uns selbst: unserer Passion, Talente, Fähigkeiten und Fertigkeiten. Nur wenn wir anerkennen, wozu wir hier sind, was wir können und was unsere Position in diesem Spiel ist, nur dann können uns andere als Experten auf unserem Gebiet anerkennen. Nur wenn wir uns nicht damit zufriedengeben, einfach über die Runden zu kommen, werden wir uns voll und ganz entfalten.

Integrität bildet die Grundlage für:

1. Gewinnung von Klarheit über den eigenen Weg
2. Fokussiertes Denken, Sprechen und Handeln
3. Größtmögliche Durchsetzungsfähigkeit
4. Sinnerfülltes Arbeiten
5. Attraktive Ausstrahlung
6. Klare Kommunikation
7. Authentizität

Integrität beruht auch auf der Bereitschaft, das Beste aus dem Leben zu machen: die Seele mit dem Körper zu verbinden, die eigenen Absichten zu verwirklichen und das Einssein mit der eigenen Kraft zu erlauben.

Das hat nichts damit zu tun, seine Schwächen zu verbergen – im Gegenteil. Integrität ist Ehrlichkeit: Wer integer ist, weiß um seine Vollkommenheit in der Unvollkommenheit. Er weiß um sein Licht und seinen Schatten, seine Verantwortung und Verletzlichkeit.

Haben wir ein entsprechendes Selbstwertgefühl, werden wir vollkommen andere Herangehensweisen und Strategien haben als dann, wenn es uns an Selbstwertgefühl mangelt.
Dr. Roy Martina

Fehlende Integrität

Wenn Integrität fehlt, ist das so, als hätte man ein Haus auf Sand gebaut. Das kann eine Zeit lang solide aussehen und standfest wirken.

Menschen und Unternehmen, die so aufgestellt sind, können aber auch wie ein Kartenhaus in sich zusammenfallen. Ihnen fehlt Bodenständigkeit und Umsetzungskompetenz. Um zu verstehen, was wir damit meinen, schauen wir uns im ersten Schritt an, welche Parameter bei fehlender Integrität typisch sind. Im nächsten Schritt können wir dann beleuchten, was sie stärkt.

7 Erkennungszeichen fehlender Integrität:

1. Das Leben steckt voller Verlockungen, deshalb fühle ich mich oft verzettelt.
2. Ich bin häufig hin- und hergerissen und habe meine Position in manchen Lebensbereichen noch nicht gefunden (Beruf, Beziehung ...).
3. Eigentlich wäre alles in Ordnung, wäre da nicht die Unzufriedenheit/Sehnsucht nach etwas anderem.
4. Dort, wo ich lebe/arbeite, fühle ich mich noch nicht am richtigen Platz.
5. Zuspruch und Anerkennung anderer sind mir derzeit wichtiger als meine Selbstverwirklichung.
6. Meinen Standpunkt zu vertreten fällt mir schwer, sobald andere anderer Meinung sind.
7. Meine Aufmerksamkeit auf die Dinge zu lenken, die ich will, macht mir Probleme – ich schweife ständig ab.

Man könnte es auch mit den Worten des Schriftstellers Ödön von Horváth sagen: »Eigentlich bin ich ganz anders – ich komme nur viel zu selten dazu.«

Wenn Integrität fehlt, fehlt es nicht nur an Bodenständigkeit, sondern auch an dem genussvollen Gefühl, sein Bestes gegeben zu haben. Irgendwie bleibt bei aller Freude an der Arbeit ein schaler Beigeschmack. Selten fühlt man sich richtig sicher. Meist schwingt das Gefühl mit, nicht gut genug zu sein, etwas falsch zu machen oder nicht zu genügen.

Integrität basiert auf zwei Geisteskräften:
Erstens dem Gefühl, dass »alles gut ist« – einem Gefühl für **Ordnung** im eigenen Leben. Dieses Gefühl entsteht, wenn wir unseren Platz im Leben finden und einnehmen. Gleichgültig, wie die Umstände gerade sind, haben wird dann die unumstößliche Gewissheit, dass alles stimmig ist, so wie es ist.

Zweitens der **Stärke**, die uns emotional, psychisch und spirituell Halt und Kraft schenkt, wenn wir unseren Weg gehen und ab und zu auch unserer Angst ins Auge schauen müssen. Vor allem, wenn wir auch einmal gegen den Strom schwimmen und aus dem Mainstream ausscheren. Stärke ermöglicht uns, auch in herausfordernden Phasen an uns zu glauben und Hürden zu meistern.

1. Geisteskraft:
Ordnung

Wenn wir Angst haben und uns Anerkennung durch andere wünschen, dann ist es oft nicht so leicht, unseren Platz auf diesem Planeten einzunehmen. Ganz schnell sind wir dann bereit, das was andere in Ordnung finden, auch zu unserer Ordnung zu machen.

Gott sei Dank gibt es Gefühle: Unzufriedenheit, Frust und Traurigkeit – wann immer sie auftauchen, sind sie eine Aufforderung, uns zu fragen: »Was ist nicht mehr in Ordnung?«

Nutze Negativität als Zeichen, das dich daran erinnert,
gegenwärtiger zu sein.
Eckhart Tolle

Birgit war frustriert: Ihre Kinder waren groß und auf dem Weg ins Studium. Und jetzt, wie sollte es weitergehen? Die Diplom-Sozialpädagogin arbeitete schon seit einiger Zeit als Freelancer in der Erwachsenenbildung. Für eine Akademie war sie das Mädchen für alles geworden. Jedes Seminar, für das andere Dozenten keine Zeit hatten oder auf das keiner Lust hatte, bekam Birgit zugeschustert.

Eigentlich wäre alles in Ordnung gewesen, hätte es da nur nicht die latente Unzufriedenheit gegeben. Beständig boykottierte sie Birgits Wohlbefinden.

Viele Gedanken waren ihr in den letzten Jahren durch den Kopf gegangen, wie ihre berufliche Zukunft aussehen könnte. Aber keiner war so richtig zu Ende geführt worden. Durch den Versuch,

Halt im Außen zu finden, war sie froh, den Erwartungen der Akademie und ihrer Familie gerecht geworden zu sein. »Eigentlich könnte es so weitergehen«, dachte sie. Doch der Frust ihrer Seele war ab einem gewissen Punkt nicht mehr zu überhören.

Wie die meisten von uns hatte auch Birgit im Laufe des Lebens die Erfahrung gemacht, dass sie sich am sichersten fühlte, wenn sie gemocht wurde. Verständlich, dass es ihr anfangs unglaublich schwerfiel sich einzugestehen, dass es gar nicht in Ordnung war, dass sie zugeschoben bekam, was für andere uninteressant war.

Auf viele Seminarthemen hatte auch sie keine Lust. Jedes Mal musste sie sich mit viel Aufwand in völlig neue Themen einarbeiten – für wenig Lohn und Dank. Das Verhältnis von Geben und Nehmen war unausgeglichen. Weder die Inhalte beherrschte sie, noch mochte sie diese besonders. Alle Seminare, die nicht ihrem Naturell entsprachen, stressten sie enorm: »Ich hatte immer Angst, nicht bestehen zu können«, verriet sie uns. Kein Wunder: Wenn ein Ungleichgewicht im Leben unsere innere Ordnung zerstört, empfinden wir das Leben als sehr anstrengend.

Wann sind wir besonders fruchtbar? Wenn wir uns am richtigen Platz im Leben befinden – an unserem *Rightplace*. Das ist der Ort, an dem wir unsere besondere Begabung, unser einzigartiges Talent einbringen können – zum Wohle des Ganzen. Dort, wo unsere Gabe passend ist, dort können wir sie effektiv geben.

Übung:

Selbstreflexion zur Geisteskraft der Ordnung

Wenn es Ihnen ähnlich geht, beantworten Sie folgende Frage: »Angenommen, alles ist in Ordnung und Sie sind völlig eins mit sich – was ist dann?«

Fragen Sie sich dabei Folgendes:

1. Wo, an welchen Orten bin ich?
2. Welche Themen sind es, über die ich spreche?
3. Was genau tue ich?
4. Welche Werte vertrete ich?
5. Wem fühle ich mich zugehörig?
6. Wozu tue ich das?

Ohne Konzentration, Überlegung und Planung
werden wir nach dem Zufallsprinzip zwischen
Vergnügen und Frustration hin- und hergerissen.
David Servan-Schreiber

Was in unserer Kindheit und als Angestellte überlebenswichtig war
– den Vorstellungen anderer zu entsprechen –, kann für uns als
Selbstständige und Unternehmer zum Verhängnis werden. Wir
machen uns und anderen das Leben unnötig schwer, wenn wir uns
damit begnügen, über die Runden zu kommen. Zum einen fehlen
wir an unserem Rightplace und zum anderen geben wir Unzufriedenheit, Frust und Angst ins kollektive Gedankenfeld.

Wir machen das Leben für uns und andere sehr viel lebenswer-
ter, wenn wir unseren optimalen Platz im Leben finden und
einnehmen. Und dazu brauchen wir Stärke.

2. Geisteskraft:
Stärke

Geht es Ihnen ähnlich wie Birgit, verspüren auch Sie den Wunsch,
Ihren Platz im Leben zu finden und einzunehmen?

Dann kann es sein, dass Sie, wenn Sie sich auf den Weg
machen, mit jedem weiteren Schritt immer mehr Ihrer Angst
begegnen. Viele Menschen vermeiden es, Position zu beziehen,
weil plötzlich Angst auftaucht:

* Angst vor Festlegung, weil man anderes ausschließt
* Angst vor Mangel, weil man nicht genug bekommen könnte
* Angst vor Fehlentscheidungen, weil man aufs falsche Pferd
  setzen könnte
* Angst vor Angriffen, weil andere unsere Entscheidungen nicht
  gutheißen
* Angst vor Ausgrenzung, weil andere nichts mehr mit uns zu
  tun haben wollen

Doch keine Sorge: Ihre Ängste schwinden, je mehr ordnende
Antworten Sie auf die folgenden Fragen gefunden haben:

* Wohin passe ich? Welche Menschen warten auf mich?
* Wo fühle ich mich erwünscht? Wer teilt meine Werte?

- Wer genau sind meine Gleichgesinnten?
- Worauf will ich meinen Fokus, meine Worte und Taten ausrichten?
- Was verdient meine volle Wertschätzung und will jetzt beendet werden?

Lass dich nicht unterkriegen. Sei frech und wild und wunderbar.
Astrid Lindgren, *Pippi Langstrumpf*

Birgit tat sich anfangs schwer damit, Weichen zu stellen. Wie viele unserer Kunden glaubte auch sie, sich festzulegen käme einer Einschränkung gleich. Doch wie viele andere Selbstständige und Unternehmer hat auch sie inzwischen gespürt, dass es stark macht, einen Standpunkt zu vertreten: emotional, psychisch und spirituell.

Als Coach für Persönlichkeitsentwicklung hat sie sich inzwischen selbst gefunden und ist überglücklich damit. Stärke brauchte sie, um sich von der Akademie zu lösen und ihren eigenen Weg zu gehen. Stärke brauchte sie, um den eigenen Ängsten ins Auge zu sehen und im anfänglichen Sturm standfest zu bleiben. Ordnung und Stärke lassen sie heute felsenfest verwurzelt ihren Weg gehen.

Erst die Stärke ermöglicht, chaotische, ungeordnete und unaufgeräumte Gedanken zu ordnen, um sich innerlich und äußerlich neu zu strukturieren. Stärke ermöglicht, Dinge, die wir anfangen, gut zu Ende zu bringen. Stärke lässt uns auch in kritischen Situationen selbstsicher und souverän bleiben.

Wenn Sie ähnlich wie Birgit denken, dann klingt es sicher noch ungewohnt: Echtsein ist effektiver als harte Arbeit. Wenn wir uns dem Strom des Lebens anvertrauen, werden uns Verbundenheit und Integrität zusammen ganz neue Erfahrungen ermöglichen.

Wir können wie Birgit erkennen, dass wir durch die Akzeptanz der eigenen Ordnung und Stärke bessere Ergebnisse erzielen können. Doch zuvor ist Folgendes wichtig:

1. Unzufriedenheit wahrnehmen (sanftes Unwohlsein)
2. Persönliche Vorlieben erkennen (klarer Wunsch)
3. Neuausrichtung (Wohlgefühl)

Übung:

Selbstreflexion zur Geisteskraft der Stärke

Wenn es uns schwerfällt, unsere Ideen tatkräftig umzusetzen, dann macht es Sinn, uns zu fragen, warum wir nicht stark sein wollen, bzw. können oder dürfen. Die folgenden Anregungen ermöglichen Ihnen achtsam Resonanzen in Ihrem Inneren zu prüfen. Was lösen die Zeilen in Ihnen aus?

Lesen Sie die Zeilen und spüren Sie, was passiert. Fühlen Sie Zustimmung oder Widerstand? Erlauben Sie allen Gedanken und Gefühlen aufzutauchen. Nehmen Sie wahr, was ist – widerstandslos. Mehr brauchen Sie nicht zu tun. Lassen Sie sich Zeit.

Nicht stark sein wollen/können/dürfen
Muss ich schwach sein, um damit etwas sicherzustellen?
Muss ich schwach sein, um damit jemandem zu gefallen?
Muss ich schwach sein, um erwünscht zu sein?
Muss ich schwach sein, um geschützt zu sein?
Muss ich schwach sein, um tun zu können, was ich will?
Muss ich schwach sein, damit andere tun, was ich will?

Wenn ja, entscheiden Sie neu!
Ich will integer, geordnet und stark sein!
Ich kann integer, geordnet und stark sein!
Ich darf integer, geordnet und stark sein!

**Wenn Sie mögen, vervollständigen Sie
die folgenden Sätze:**
Wenn Integrität mein Leben leitet, ...
... kann ich endlich ...
... kann ich nicht mehr ...
... werde ich ...
... werde ich nicht mehr ...
... sollte ich damit rechnen ...

Stärke: ein 3-fach starkes Stück

Erstens: emotional und physisch. In der Form schenkt sie uns die Freiheit von Schwäche und verleiht uns Kraft und Energie, um voller Ausdauer und Durchstehvermögen unseren Weg zu gehen.

Zweitens: Geistig gibt sie uns die Fähigkeit etwas zu vollbringen und ein Fachmann auf unserem Gebiet zu sein.

Drittens: Seelisch lässt sie uns festhalten an dem Glauben an das Gute. Sie ist die Weigerung, uns mit weniger als dem Besten zufriedenzugeben!

Aber Stärke ist nicht einfach da, sie gedeiht erst mit der Zeit. Je häufiger wir sie aktivieren, desto größer wird sie – erklärt Catherine Ponder in ihrem Buch *Heilungsgeheimnisse der Jahrhunderte*. Sie war es, die uns zu der Aktivierung der Geisteskräfte inspirierte.

Nutzen Sie das 7x7-Tage-Programm für Ihre innere Transformation. Die Meditation zum Erfolgsprinzip Integrität finden Sie auf Seite 246 Wir wünschen Ihnen viele gute Einsichten und viel Freude dabei.

Zusammenfassung

2. Erfolgsprinzip:
Integrität

Denke nicht nur mit deinem Kopf,
denke mit deinem ganzen Körper.
Eckhart Tolle

1. Integrität bestimmt über unseren materiellen Erfolg.
2. Integrität setzt eine gesunde Selbsterkenntnis und Gewissensbildung voraus.
3. Nur wenn uns klar ist, wozu wir hier sind, können uns andere als Experten auf unserem Gebiet anerkennen.
4. Integrität beruht auch auf der Bereitschaft, das Beste aus dem Leben zu machen.
5. Das Gefühl, dass alles in Ordnung ist, entsteht, wenn wir unseren Platz im Leben finden und einnehmen.
6. Stärke lässt uns auch in kritischen Situationen selbstsicher und souverän bleiben – integer sein.

Jetzt haben Sie Gelegenheit, sich eigene Notizen zu diesem Kapitel zu machen:

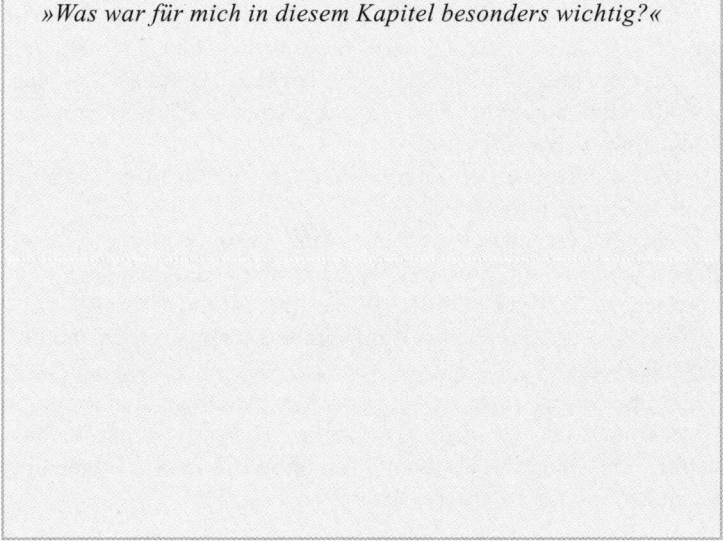

»Was war für mich in diesem Kapitel besonders wichtig?«

3. Erfolgsprinzip: Weisheit

Geisteskraft: Urteilsvermögen

Eine Frau, gerade 36 Jahre alt geworden, wurde zur Direktorin eines der größten Bankhäuser in der Schweiz ernannt. Nie hätte sie damit gerechnet, so schnell Karriere zu machen. Nie wäre ihr in den Sinn gekommen, dass sie jemals Direktorin werden würde – und schon gar nicht in so jungen Jahren.

Eines Tages bot sich ihr die Chance zu einem Gespräch mit dem langjährigen Vorsitzenden der Kommission, der ihre Ernennung zur Direktorin angeregt hatte.

»Eine große Verantwortung haben sie auf meine Schultern gelegt«, sagte die frischgebackene Direktorin. »Große Herausforderungen warten auf mich. Natürlich werde ich mein Bestes geben, um diese Herausforderungen zum Wohle aller zu erfüllen.«

Sie schaute ihren Befürworter an. »Ich bin Ihnen sehr dankbar und möchte Sie bitten, mir ein paar Tipps mit auf meinen Weg geben.«

Der alte Mann blickte sie ruhig an und nach einer Zeit des Schweigens sagte er: »Richtige Entscheidungen.«

Die junge Direktorin hatte etwas anderes erwartet, darum hakte sie nach: »Vielen Dank, ich weiß Ihr Vertrauen und Ihren Rat sehr zu schätzen, aber können Sie mir vielleicht etwas konkretere Tipps geben? Ich brauche Ihre Unterstützung, um die richtigen Entscheidungen treffen zu können.«

Der Vorsitzende der Kommission war ein Mann der wenigen Worte. Er sagte nur: »Erfahrung.«

»Genau«, erwiderte die junge Frau, »das ist der springende Punkt. Ich bitte um Ihren Rat, da ich vermute, dass ich noch nicht ausreichend Erfahrung besitze. Wie sammelt man Erfahrung?«

Ihr Protegé lächelte und antwortete: »Durch verkehrte Entscheidungen.«

Meine Mutter sagte immer: »Aller guten Dinge sind drei.« So ist das auch bei den Erfolgsprinzipien. Gemeinsam mit Verbundenheit und Integrität bestimmt Weisheit als Dritte im Bunde über die materielle Ebene unseres Seins.

Diese Trias entscheidet darüber, mit wie viel Selbstdisziplin, Willens- und Schaffenskraft wir unseren Weg gehen. Anders ausgedrückt: Sie ist die Basis für Fülle, Geld und Wohlstand in unserem Leben.

Weisheit ist eine große Herausforderung. Gleichzeitig ist sie eine enorme Kraft. Sie ermöglicht uns, aushalten zu können, dass wir nicht immer auf den Rat anderer bauen können, sondern unsere eigenen Erfahrungen machen müssen. Sie ist die Fähigkeit, der Intuition zu folgen, den eigenen Weg zu gehen und sich couragiert im Leben durchzusetzen – oder salopp gesagt, bewusst die Dinge zu entscheiden, die man für richtig hält, und seine Absichten beherzt in die Tat umzusetzen. Also den eigenen Weg einzuschlagen und durchzuhalten.

Weisheit ermöglicht uns ...
... unseren Lebensplan zu erfüllen
... unsere Energie effektiv einzusetzen
... unsere Zeit sinnvoll zu verbringen - Prioritäten zu setzen
... unsere Absichten als Aktionen zu planen
... unsere Ziele zu verfolgen

Wir empfangen die Weisheit nicht. Wir müssen sie
für uns selbst entdecken im Verlauf einer Reise, die niemand für
uns unternehmen oder uns ersparen kann.
Marcel Proust

»Jein ... jein ... jein ...«, klingt es aus dem Autoradio. »Soll ich's wirklich machen, oder lass ich's lieber sein?« Die Verzweiflung des Sängers ist unüberhörbar, »Jein. (Ja-ja oder nein) ... Soll ich's wirklich machen, oder lass ich's lieber sein?«

Weisheit ist etwas sehr Flüchtiges. Manchmal haben wir unendlich viel davon, dann können wir gewissenhafte, kluge und reife Entscheidungen treffen und kraftvoll handeln. Doch manchmal verlieren wir den Zugang zu unserer Intuition, unserem gesunden Menschenverstand, unserer Lebenserfahrung, Klugheit und Reife. Unzufriedenheit, Frust und die Lust auf Neues signalisieren zwar den Wunsch nach einer Veränderung, aber die Angst hält uns davon ab, das Bestehende loszulassen.

Sicher kennen Sie das: Je mehr unsere Gefühle verrücktspielen, desto mehr verlieren wir unsere Energie. Was für uns stimmig und richtig ist, bekommen wir dann gar nicht mit. Wir sind wütend auf uns, neidisch auf andere oder haben einfach Angst, an unseren eigenen Zielen zu scheitern. Der Song der Band *Fettes Brot* macht es deutlich: Manchmal zweifeln wir, schlimmstenfalls verzweifeln wir. Mit solch einer Energie bringen wir meist nichts Neues auf den Weg, erreichen keine Ziele und verlieren schließlich den Glauben an uns selbst.

Stecken Entscheidungen fest, ist es so, als würde die Diamantnadel eines Plattenspielers immer wieder in die gleiche Rille der Platte springen: »Soll ich oder soll ich nicht?« Befinden wir uns in einer solchen Entscheidungsblockade, fühlen wir uns machtlos – und sind es auch. Ohne klare Entscheidungen bleiben konkrete Handlungen aus. Wir entwickeln keine Willenskraft und verspüren keinen Tatendrang.

In der Konsequenz können wir …
… keine klare Position finden, die wir bejahen
… keine Prioritäten setzen
… keinen konkreten Unternehmensaufbau vornehmen
… keine klaren Unternehmensaussagen treffen
… kein gezieltes Marketing vornehmen
… »unseren« Weg nicht gradlinig verfolgen
… nicht fokussiert handeln

Stattdessen …
… handeln wir verzettelt und zerstreut
… haben wir immer etwas zu tun, aber ohne durchschlagende Erfolge
… entscheiden wir je nach Lust und Laune
… fühlen wir uns häufig hin- und hergerissen
… bleiben wir ohne Erfüllung und Freude
… bewegen wir wenig und verzweifeln daran
… […]

»Noch nie konnten wir so viel entscheiden wie heute. Die vielen Möglichkeiten machen uns das Leben schwer«, stand schon in der Juni-Ausgabe der ZEIT 2011.

Wir sind sicher: Seither sind die Möglichkeiten noch um ein Vielfaches gestiegen.

Unendlich viele Unternehmensentscheidungen stellen Menschen täglich vor die Qual der Wahl. Kürzlich offenbarte uns eine Kundin:»Manchmal fühle ich mich so haltlos, als würde ich in zu großen Schuhen laufen!« Damit ist sie nicht alleine. Vielen Menschen geht es ähnlich. Die Autoren der ZEIT berichteten:»Es wirkt wie die große Freiheit. Aber es hat die Menschen nicht glücklicher gemacht. Im Gegenteil. Psychologen sprechen von einer ›Tyrannei der Wahl‹. Woran liegt das?«

»Du MUSST«, eins der häufigsten Mantras, die wir seit Kindertagen gehört haben, hat uns geprägt. Spätestens mit unserer Einschulung wurde es zu unserer zweiten Natur, den Erwartungen anderer zu entsprechen. Erinnern Sie sich, anfangs haben unsere Eltern versucht, uns die Anpassung an die Gesellschaft mit der Zuckertüte schmackhaft zu machen. Später haben sie, unsere Lehrer, Ausbilder und Professoren mehr die Peitsche eingesetzt. »Wenn du nicht …, dann …«

Wen wundert es, dass wir im Laufe unserer Erziehung und Ausbildung immer mehr getan haben, was von uns erwartet wurde. Das hatte seinen Preis. Denn gleichzeitig haben wir immer weniger das getan, was uns entsprach. Stattdessen wurden wir darauf konditioniert, die eigenen Gefühle zu ignorieren, zu verdrängen und zu verleugnen.

Unsere Eltern stehen vor der schwierigen Aufgabe,
ein Kind in die Welt zu begleiten, das ihnen einerseits ganz nah
und andererseits zugleich manchmal ganz fremd ist, weil seine
Seele auch auf etwas ganz und gar Eigenes zu hören hat,
was die Eltern nicht kennen.
Wilfried Nelles

Die Folge daraus ist: Jede Entscheidung, bei der wir gegen unsere eigene Bestimmung gehandelt haben, führte dazu, dass wir unsere geistigen Fähigkeiten mehr und mehr verloren haben.

Die Geisteskraft des Urteilsvermögens ist zunehmend auf der Strecke geblieben, je häufiger wir Entscheidungen getroffen haben, bei denen wir eine Disharmonie zwischen unserem Denken und Fühlen hatten. Wann immer wir glaubten:»Ich MUSS«, haben wir den Zugang zu unserer Intuition verschlossen. Wann immer wir statt »Ich WILL« eine Kopfentscheidung mit Bauchgrummeln getroffen haben, haben wir uns gegen unseren eigenen Lebensplan entschieden. Das Fatale ist: Fremdbestimmte Ziele machen immer auch Angst. Wir wissen, dass wir nicht den Weg unseres höchsten Potenzials gehen. Deshalb entwickeln wir die Sorge, den Erwartungen anderer nicht gerecht werden zu können – und damit verliert unser Leben an Dynamik, Kraft und Zielorientierung.

Wir haben den Sinn des Lebens verloren. Dabei ist der ganz einfach. Er besteht in zwei ganz einfachen Dingen: fühlen und entscheiden. Fühlen wir uns mit etwas wohl, ist es noch unser Weg und wir erfreuen uns daran. Fühlen wir uns mit etwas unwohl, ist es nicht länger unser Weg, deshalb treffen wir eine Entscheidung und handeln entsprechend. So sind wir ursprünglich geplant: Folge dem, was deine Energie zum Fließen bringt.

Viele Probleme lösen sich, wenn wir nicht länger an etwas festhalten, das wir schon längst hätten loslassen sollen. Viele Fehlschläge bleiben uns erspart, wenn wir keine Fehlentscheidungen treffen. Zielorientierung, Wille und Tatendrang stellen sich dann ein, wenn wir aufhören, mit dem Strom zu schwimmen, und uns stattdessen von unserem eigenen Lebensfluss leiten lassen.

Weisheit ist unübersehbar: Sie zeigt sich an dem Schwung und der Stimmigkeit, mit der ein Mensch sein Leben gestaltet. Die Dynamik und Durchsetzungsfähigkeit, die durch einheitliches Denken, Sprechen und Handeln entsteht, ist einfach mitreißend und inspirierend. Aber was genau macht das aus?

So wie unsere Gesellschaft auf den vier Grundfesten – Bildung, Religion, Wirtschaft und Politik – aufgebaut ist, basiert auch Weisheit auf vier Säulen: Urteilsvermögen, Entscheidungsfähigkeit, Entschlossenheit und der Bereitschaft, Erfahrungen zu sammeln.

Ich lerne, wenn ich gescheitert bin, und nicht, wenn ich Erfolg habe. Nach den erfolgreichen Momenten wissen wir nicht, warum wir Erfolg haben. Da spielt viel mehr Zufall mit als bei den gescheiterten Expeditionen.
Reinhold Messner

Der Zyklus der Weisheit

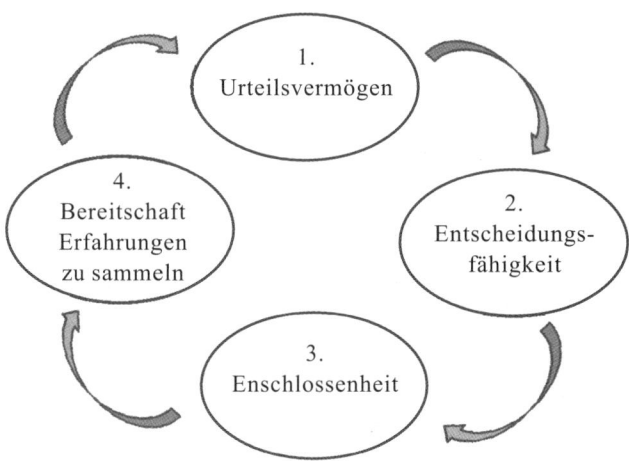

1. Urteilsvermögen
- Was WILL ich wirklich?
- Was fühlt sich richtig und was falsch an?

2. Entscheidungsfähigkeit
- Was erwarte ich von mir?
- Was erwarten andere von mir?
- Was wäre JETZT eine angemessene Entscheidung?
- Wie sehr ist diese Entscheidung im Einklang mit meinem derzeitigen Leben (Beruf, Bankkonto, Beziehungen, Work-Life-Balance ...)?

3. Entschlossenheit
- Welche Pläne ergeben sich daraus?
- Welche Prioritäten ergeben sich daraus?
- Wer oder was ist dabei hilfreich (Personen, Gegenstände, Umstände)?
- Wer oder was ist dabei hinderlich (Personen, Gegenstände, Umstände)?
- Welche Gespräche ergeben sich daraus (Bitten und Grenzen)?
- Was fördert mich, um mich nicht von Bequemlichkeit oder Ängsten bremsen zu lassen?

4. Erfahrungen sammeln

- Was erlebe ich derzeit und welche Schlüsse ziehe ich daraus?
- Was fühlt sich nach wie vor richtig an?
- Welche neuen Entscheidungen müssten getroffen werden?
- [...]

Intelligenz, die voll erwacht ist, ist Intuition,
und Intuition ist die einzig wahre Führung im Leben.
Krishnamurti

Weisheit fängt beim Urteilsvermögen an. Da fällt uns Jürgen ein: Als selbstständiger Kommunikationstrainer hat er ganze vier Jahre darüber nachgedacht, ob er unter der Fahne einer größeren Akademie auftreten oder sein Unternehmen ausbauen und Mitarbeiter einstellen sollte. Vier Jahre lang war er ständig hin- und hergerissen. Vor zwei Jahren war es dann soweit. Er war es leid, ständig zu arbeiten und trotzdem auf keinen grünen Zweig zu kommen.

In einem unserer Seminare hat er dann das »Modell der weisen Wahl« kennengelernt und für sich eingesetzt. Danach war er darin bestärkt, zwei Kräfte für seine Büro- und Marketingaktivitäten einzustellen und den Schritt vom Einzelkämpfer zum Unternehmer zu wagen. Heute ist er der Ansicht: »Im Nachhinein ärgere ich mich über mich selbst. Ich glaube, ich habe so viele gute Chancen verspielt, weil ich einfach viel zu viel Zeit im Homeoffice verbracht habe. Das liegt mir gar nicht. Gut bin ich, wenn ich unter Leuten bin.«

Seit der personellen Stärkung im Hintergrund laufen seine Trainings viel entspannter und erfolgreicher. Sein Konto spiegelt das wider. Inzwischen hat er sein Unternehmen so gut etabliert, dass er sich fragt, ob er im nächsten Schritt weitere freie oder festangestellte Trainer im Programm aufnehmen soll. Heute sagt er: »Wenn Entscheidungen anstehen, dann treffe ich sie zeitnah. Ich weiß, dass ich damit erst einmal allen meinen Ängsten begegne. Aber ich weiß auch, dass es sich lohnt, die Komfortzone zu verlassen!«

Manche Menschen beschreiben den Unterschied zwischen Ja und
Nein so, als würde man bei »nein« plötzlich auf die Bremse und
bei »ja« auf das Gaspedal treten.
Dr. Daniel Siegel

Wenn wir tun, was für uns stimmig und richtig ist, dann ...

... geraten wir in einen Schaffens- bzw. Tätigkeitsrausch.

... haben wir Lust zu handeln und sind durch nichts zu bremsen.

... fühlen wir uns den gestellten Aufgaben gewachsen.

... konzentrieren wir uns auf ein begrenztes, überschaubares Handlungsfeld.

... verschmelzen unsere Handlungen mit unserem Bewusstsein.

... gehen wir vollständig in unserer Tätigkeit auf.

... ist unser Tun uns Lob genug (Anerkennung anderer wird unwichtiger).

... verändert sich unser Zeitgefühl (wir haben keinen Stress).

Sollte Ihr Verstand ähnlich konditioniert sein wie der vieler unserer Klienten, dann ist er bei wichtigen Entscheidungen vergleichbar mit einem Sack junger Flöhe. Wir nehmen an, dass Sie dieses Buch lesen, weil Sie keine Freude daran haben, Ihre kostbare Lebenszeit mit nächtelangem Grübeln zu vergeuden, und dass Sie weder Ohnmachtsgefühle noch die Angst vor Fehlentscheidungen besonders mögen.

Wenn Sie hingegen Lust haben, jederzeit gute und gewissenhafte Entscheidungen treffen zu können, dann finden Sie jetzt ein wundervolles Werkzeug dafür: Das »Modell der weisen Wahl«.

Eine Wahl zu haben, ist schön. Wird die Wahl jedoch zur Qual, finden Sie mithilfe dieser Vorgehensweise schnell zu neuer Klarheit und Tatkraft. Wir behaupten nicht, dass Sie automatisch ein entscheidungsfreudiger Unternehmer werden, aber wir garantieren Ihnen, dass Sie einen besseren Zugang zu Ihrer inneren Weisheit finden und stimmigere Entscheidung treffen werden.

Im Coaching-Kontext haben wir mit diesem Modell exzellente Erfahrungen gemacht, weil es alle drei Bewusstseinsebenen vereint:

1. **Überbewusstsein,**
   das uns zum höchsten Potenzial führen will.

2. **Unterbewusstsein,**
   das uns ermöglicht, alle vorhandenen Fähigkeiten, Vorerfahrungen, Glaubensmuster mit einzubringen, ggf. Widersprüche zu erkennen (Konzepte, Ängste, Befürchtungen).

3. Bewusstsein,
   das uns rationale, emotionale und sinnvolle Entscheidungen
   treffen lässt und uns hilft, Pläne zu entwickeln und Prioritäten zu setzen.

Wir empfehlen, diese Vorgehensweise nicht nur durchzulesen, sondern auch aktiv anzuwenden. Warum? Mit diesem Selbstcoaching-
Modell sind Sie flexibel und können jederzeit sofort neue
Sicherheit und Souveränität aus sich selbst heraus gewinnen. Sie
werden nicht nur Ihr Selbstbewusstsein festigen, sondern sich auch
immer erfolgreicher durchsetzen können.

Viele unserer Kunden empfinden das als eine deutliche Ent-
lastung und Unterstützung in ihrem Berufsalltag. Einige sind der
Ansicht: Weil sie sich selbst besser verstehen, können sie sich auch
besser auf Beziehungen einlassen – was ein echter Segen für sie
und andere ist. In kürzester Zeit können Sie also durch diese
einfachen fünf Schritte viel Neues an sich entdecken und Ihren
Weg inspirierter und beflügelter gehen.

Jeden dieser Schritte möchten wir durch ein Beispiel genauer
erklären. Zunächst möchten wir Ihnen jedoch gestehen, dass mög-
licherweise nicht sofort alles einleuchtend sein wird, was Sie über
diesen Selbstcoaching-Prozess lesen, wenn Sie so etwas noch nie
selbst erlebt haben.

Es mutet vielleicht ähnlich komisch an, wie schwimmen oder
Rad fahren durch das Lesen eines Buches zu lernen. Deshalb
empfehlen wir: Lesen Sie das Kapitel im ersten Schritt bis zum
Schluss durch und setzen Sie sich anschließend Schritt für Schritt
mit dem Praxisteil auseinander. Schwimmen oder Rad fahren
lernen wir auch nur, wenn wir ein Gespür für das jeweilige
Element bekommen. Das macht Weisheit eben aus – die eigene
Erfahrung kann einem keiner abnehmen!

Das »Modell der weisen Wahl« in der Praxis

Vor einigen Monaten wurden wir gefragt, ob wir Lust hätten, eine
Video-Serie zum Thema Akquise und Kundengewinnung zu
drehen. Sofort waren wir Feuer und Flamme. Videos hatten wir
schon länger im Hinterkopf und nun kam eine Produktionsfirma,
die uns das kostenfrei ermöglichen wollte. Kostenfrei!

Der Geschäftsführer war für unser Thema »Empathische Verkaufskommunikation« offen und wir sahen die fertigen Videos schon vor unserem inneren Auge.

Wir freuten uns: Endlich würde uns jemand bei der Bekanntmachung unserer Lieblingsthemen unterstützen. Es gab ein längeres Erstgespräch und alles war klar. Wir sollten die Themen ausarbeiten, Termine für die Produktion vereinbaren und dann konnte das erste Video zeitnah in unserem Haus gedreht werden. Wir bekamen einen Vertrag zugeschickt und mit der Zeit schlich sich immer mehr ein komisches Gefühl ein. Was war los? Zweifel kamen auf. Wo war die anfängliche Begeisterung geblieben? Sobald wir die Zweifel bemerkten, entschieden wir: Dem gehen wir auf den Grund.

Das »Modell der weisen Wahl« ist für solche Situationen bestens geeignet, geht schnell, ist leicht anzuwenden und macht Spaß.

So gingen wir vor:

1. Thema wählen
Wir wählten eine klare Frage:
»Sollen wir den Vertrag unterschreiben und zu den Konditionen die vereinbarten Videos drehen?«

2. Bodenanker auslegen
Wir nahmen 4 weiße Zettel (ca. DIN A5) und legten sie im Abstand von etwa 50 cm auf dem Fußboden aus.
Wozu ist das gut? Bodenanker sind dafür da, sich fokussiert auf eine festgelegte Sache zu konzentrieren – und das mit allen Sinnen.

3. In 4 voneinander getrennten Schritten beleuchteten wir nun der Reihe nach die **Vor- und Nachteile** der **beiden** Optionen:
A) Videodreh zu den Konditionen
B) Kein Videodreh – alles so lassen, wie es zu der Zeit war

Die meisten Menschen machen den Fehler, die Vorteile der einen Option mit den Nachteilen der anderen Option zu vergleichen.

Kein Wunder, wenn einem die eigenen Entscheidungen nach kurzer Zeit nicht mehr gefallen.

3. 1. Vorteile von A sammeln

Im ersten Schritt stellte sich Christoph auf den 1. Zettel, der für den Vorteil von A stand – in unserem Fall war das der **Vorteil für den Videodreh**.

»Was sind die Vorteile, diese Videos jetzt zu drehen?«

Vorteile A: *»Was denke ich?«*
Diese Frage brachte Christophs Gedanken und Überlegungen ans Tageslicht:
»Der Geschäftsführer ist ein erfahrener Produzent, der uns ermöglicht, gleichzeitig mit zwei professionellen Kameras gefilmt zu werden – mit super Mikrofonen und toller Bildqualität. Außerdem kümmert sich die Produktionsfirma um die Nachbearbeitung: Schnitt, Vertrieb und Marketing. Alle Kosten trägt die Produktionsfirma, wir brauchen nur unsere Zeit zu investieren. Videos sind total im Trend und ...« Die Argumente sprudelten nur so!

Vorteile A: *»Welche Gefühle verbinde ich damit?«*
Diese Frage brachte Christophs Emotionswelt hervor:
Das Gefühl von Stolz und Vorfreude auf eigene Videos war in ihm geweckt worden. Außerdem beflügelte ihn die Lust an der neuen Herausforderung. Wie Hermann Hesse schon sagte: »Jedem Anfang wohnt ein Zauber inne ...« Ja, das spürte Christoph deutlich.

Um sich selbst zu fokussieren und mit der Energie des Themas zu verbinden, helfen Fragen. Klare Fragen haben die Tendenz, klare Antworten zu liefern. Manche Menschen verwundert das, weil die Antworten ja aus ihnen selbst kommen. Trotzdem werden bei dieser Vorgehensweise häufig noch neue Aspekte aufgedeckt, die man vorher nicht beleuchtet oder gespürt hat.

Wenn Sie diese Vorgehensweise zum ersten Mal durchführen, dann fühlt es sich anfangs vielleicht etwas befremdlich an, aber das ist normal.
Aber wir wissen, es dauert nicht lange, da bekommt man Übung und kann ganz schnell ganz viele Informationen abrufen.

Nachdem Christoph alle Informationen *mit allen Sinnen* aufgenommen hatte, trat er von dem Bodenanker und machte eine kleine Pause – einen Separator.

Dieser Seperator ist dafür da, mit einer neutralen und offenen Haltung weiterzumachen.

3. 2. Schritt:
Nachteile von A sammeln

Christoph stellte sich jetzt auf den 2. Zettel, der für den Nachteil von A stand – in unserem Fall war das der **Nachteil für den Videodreh**.

»Was sind die Nachteile, diese Videos jetzt zu drehen?«

Nachteile A: *»Was denke ich?«*
Christophs Gedanken wurden greifbar:
»Wir bräuchten wahrscheinlich relativ viel Zeit, um die Video-Konzepte zu schreiben. Die Aufarbeitung der Themen unterscheidet sich von allen unseren bisherigen Seminar- und Vortragskonzepten und wir könnten auf nichts Bestehendes zurückgreifen. Es ist fraglich, wie viele Videos verkauft werden und ob sich dieser Aufwand lohnt ...«

Nachteile A: *»Welche Gefühle verbinde ich damit?«*
In Christophs Bauchraum wurde es immer enger und schwerer. Je länger er sich auf die Nachteile konzentrierte, desto mehr legte sich eine bleierne Last über seine Schultern. Wir klärten:
Gab es überholte Ängste? Nein!
Gab es angemessene Befürchtungen? Ja.

Dieser Ablauf bleibt immer gleich: Klare Fragen, klare Antworten!

————————

Wenn wir nur die Sonnenseite einer Entscheidung betrachten, übersehen wir den Preis, den wir für sie zu zahlen haben. Wir gehen das Risiko ein, dass eine unüberlegte Entscheidung unser Leben umkrempelt und uns schlimmstenfalls den Boden unter den Füßen wegzieht.

————————

Ein großer Unterschied ist, ob uns eine Idee in unsere Wachstumszone befördert – dann ist sie wunderbar –, oder ob sie uns in unsere Panikzone bringt. Wenn wir nicht die Fähigkeiten und Energien haben, um mit der neuen Herausforderung umzugehen, werden wir weder daran reifen noch wachsen. Deshalb macht es Sinn, immer beide Seiten anzuschauen und abzuklopfen.

Christoph hatte die Befürchtung, viel Zeit in dieses Video-Projekt zu stecken, ohne sicher zu sein, dass sich der Aufwand lohnen würde.

Und wieder gab es eine kleine Pause – einen Separator – bevor es weiterging.

Weisheit bedeutet: Befürchtungen, die warnen, mahnen und beschützen, ernst zu nehmen.
Bremsende Ängste, die an überholten Konzepten kleben, hingegen liebevoll loszulassen.

3. 3. Schritt:
Vorteile von B sammeln

Sie wissen schon, was kommt: Christoph stellte sich auf den 3. Zettel, der für den Vorteil von B stand – in unserem Fall war das der **Vorteil für *Kein Videodreh*** – alles bleibt, wie es ist.

»Was sind die Vorteile, diese Videos NICHT zu drehen?«

Vorteile B: »*Was denke ich?*«
Christoph: »*Unser Tagesgeschäft könnte störungsfrei weiterlaufen. Wir könnten unsere aktuellen Projekte fokussiert bearbeiten und hätten einfach mehr Ruhe für die bestehenden Aufgaben ...*

Vorteile B: »*Welche Gefühle verbinde ich damit?*«
Christophs Brust weitete sich und er hatte das Gefühl, von einer Leichtigkeit getragen zu werden. Je mehr er sich in das Gefühl fallen ließ, umso beschwingter wurde er.

Sie wissen schon: Separator – und dann ging es auf den letzten Bodenanker.

Sie wissen schon: Klare Fragen, klare Antworten ...

Es macht Sinn, immer alle Fragen etwas wirken zu lassen und konzentriert in sich hineinzuspähen.
Ist das Vorgehen zu schnell, bringt es nur die Informationen zum Vorschein, die ohnehin schon bekannt waren. Sind wir hingegen entspannt und aufmerksam, teilt uns das Unterbewusstsein vieles mit.

Ähnlich wie bei der Suchfunktion des PC braucht es manchmal einen Moment und dann bekommt man alle passenden Dokumente zum Suchbegriff angezeigt.

3. 4. Schritt:
Nachteile von B sammeln
Christoph stellte sich auf den 4. Zettel, der für den Nachteil von B stand – in unserem Fall war das der **Nachteil für *Kein Videodreh.***

»Was sind die Nachteile, diese Videos NICHT zu drehen?«
... Sie kennen das jetzt schon!

Nachteile B: *»Was denke ich?«*
»Wir würden eine Chance verspielen und uns keine neuen Kundengruppen erschließen. Außerdem bliebe unser Wunsch, Videos zu haben, weiter offen. Wir würden vielleicht nicht weiter wachsen ...«

Nachteile B: *»Welche Gefühle verbinde ich damit?«*
Es fühlte sich einfach beklemmend an – wie in einer Ritterrüstung zu stecken. Eine angstmachende Stimme mahnte:
»Wenn ihr nichts macht, dann könnt ihr nicht weiter wachsen!« Und kurz danach legte sie noch einen drauf: »Wer weiß, ob es noch einmal so eine tolle Chance gibt!«
Christoph kannte nun seine Gedanken und Gefühle. Ohne ihnen einen besonderen Stellenwert einzuräumen, machte er eine letzte kleine Pause, bevor er zum Finale überging.

4. Weise Wahl erkennen

»Welche der beiden Entscheidungen ist JETZT richtig?«

... Sie kennen den Ablauf jetzt schon!

»Um seine Schwächen zu erkennen, bedarf es der Reflexion. In der ehrlichen Rückschau kommen Sie hinter Ihre Schwächen und indem Sie Ihre Schwächen ergründen, entdecken Sie Ihre Entwicklungspotenziale.«
Dr. Götz Werner

Sie wissen: Anders als bei anderen Entscheidungshilfen geht es bei dem »Modell der weisen Wahl« nicht nur um die Analyse

Um die Antwort auf diese letzte Frage zu erhalten, stellte sich Christoph in die Mitte der beiden Optionen und ließ sich intuitiv von seiner Körperweisheit zu der jetzt richtigen Alternative ziehen.

Dabei achtete er darauf, welche Option ihn anzog bzw. abstieß. Er nahm die Signale wahr, die sagten: »Das ist stimmig!«

einer Entscheidung, sondern auch um das Wissen, dass es eine höhere Instanz im Leben gibt, die am besten weiß, was richtig ist. Es ging also im letzten Schritt um die vertrauensvolle Hingabe an das, was sich JETZT richtig und stimmig anfühlte.

Nun, was denken Sie? Wie hat er sich entschieden?

Wir verraten es: Wir haben die Video-Produktion erst einmal abgesagt. Zu diesem Zeitpunkt fühlte sich das Angebot einfach nicht richtig an. Die Einführung eines Qualitätsmanagements hatte zuvor viel Zeit beansprucht und wir genossen es gerade, auch wieder mehr Zeit für Sport, Freunde und Freizeitaktivitäten zu haben.

Witzigerweise hat Christoph vierzehn Tage später zwei Kongressanfragen erhalten, bei denen er ohne große Vorbereitungszeit neue Kundengruppen kennenlernen konnte – und das fühlte sich sofort rundum stimmig an.

Unser Erfahrung ist: Je mehr wir Zugang zu unserem Überbewusstsein bekommen, desto mehr verfeinert sich unser Gespür dafür, was das Leben durch uns ausdrücken möchte. Je mehr wir Zugang zu unserem Unterbewusstsein haben, desto mehr verfeinert sich unser Gespür dafür, welche Gefühle wir unterdrückt, verdrängt oder nicht vollständig zugelassen haben. Werden alle Bewusstseinsebenen in Entscheidungen mit einbezogen, können wir unsere Komfortzone leichter verlassen und gleichzeitig Fehlentscheidungen vermeiden.

Anleitung:
»Modell der weisen Wahl«

Damit Sie auch gleich loslegen können, haben wir die Anleitung hier noch einmal für Sie notiert. Von dieser Vorgehensweise werden Sie dann am meisten profitieren, wenn Sie sich nicht im Einklang mit Ihrem Denken, Sprechen und Handeln fühlen und eine Möglichkeit Sie ständig hin- und herschwanken lässt.

Überblick über die Vorgehensweise:

1. Thema wählen
2. Bodenanker auslegen
3. In 4 Schritten die Vor- und Nachteile beider Optionen beleuchten
4. Bessere Wahl erkennen

So geht's

1. Thema auswählen

Wählen Sie ein Thema, bei dem Sie sich zwischen zwei Alternativen hin- und hergerissen fühlen oder einfach kein klares Ja zu einer Option finden. Tipp: Sie sollten beim ersten Durchgang kein Thema wählen, dessen Entscheidung eine große Tragweite für Sie hat. Machen Sie sich erst einmal mit der Vorgehensweise vertraut. Dennoch sollten Sie ein Thema nehmen, das Sie *nicht kaltlässt*.

2. Bodenanker auslegen

Nehmen Sie vier Zettel (kleine Blätter reichen) und beschriften Sie diese folgendermaßen:

1. Zettel: **Vorteile A**
2. Zettel: **Nachteile A**
3. Zettel: **Vorteile B**
4. Zettel: **Nachteile B**

Legen Sie Ihre vier Zettel mit etwas Abstand zueinander (circa 50 cm) auf den Boden, etwa so:

Diese Zettel sind Ihre Bodenanker und unterstützen Sie dabei, Ihre Optionen separat zu beleuchten und mehr über sie zu erfahren.

3. Vor- und Nachteile beider Optionen beleuchten

3.1. Vorteile A:

Stellen Sie sich auf den 1. Zettel (oder daneben).
Beschäftigen Sie sich im ersten Schritt nur mit den Vorteilen der Alternative A. Fühlen Sie in sich hinein und fragen Sie sich:

- *»Was sind die Vorteile dieser Option?«*
- *»Was denke ich?«*
- *»Welche Gefühle verbinde ich damit?«*

Lassen Sie alle möglichen Argumente und Empfindungen zu Wort kommen.

- Wie genau sehen diese Vorteile aus?
- Welche positiven Aspekte können Sie erkennen?
- Was fühlt sich bei dieser Alternative gut an?
- Was sagt Ihre innere Stimme dazu?
- Welche positiven Auswirkungen hätte diese Entscheidung für Sie und Ihr Umfeld?
- [...]

Wichtig: Hier und jetzt bitte **NUR die Pluspunkte** dieser einen Möglichkeit beleuchten. Versuchen Sie, alle anderen Perspektiven bewusst auszuklammern. Alle weiteren Parameter sehen Sie sich in den nächsten drei Schritten an.

Wenn Sie das Gefühl haben, alles Nennenswerte beleuchtet, gefühlt und erkannt zu haben, dann treten Sie einfach einen Schritt zur Seite und lösen Sie sich von diesem Bodenanker. Ein **Separator ist wichtig**, um völlig vorbehaltlos auf den nächsten Bodenankern klare Informationen gewinnen zu können.

3.2. Nachteile A:

Stellen Sie sich nun auf den 2. Zettel (oder daneben).
Beschäftigen Sie sich in diesem Schritt ausschließlich mit den Nachteilen von Alternative A. Spüren Sie in sich hinein, lassen Sie die Frage in sich schwingen:

- *»Was sind die Nachteile dieser Option?«*
- *»Was denke ich?«*
- *»Welche Gefühle verbinde ich damit?«*

Lassen Sie auch hier alle Ihre Sinne zu Wort kommen.

- Wie sehen diese Nachteile konkret aus?
- Welche negativen Aspekte erblicken Sie?
- Was genau fühlt sich bei dieser Alternative nicht gut an?
- Wovor warnt Sie Ihre innere Stimme? Was spricht dagegen?
- Welche negativen Auswirkungen hätte diese Entscheidung für Sie und Ihr Umfeld?

Wichtig: Auf diesem Feld bitte **NUR die Mankos** dieser einen Möglichkeit beleuchten. Versuchen Sie wieder, alle anderen Standpunkte bewusst auszuklammern. Alle weiteren Informationen zur zweiten Wahlmöglichkeit sehen Sie sich in den nächsten beiden Schritten an.

Vorher folgt natürlich wieder eine kleine gedankliche Ablenkung, um Ihren Geist frei zu machen: Was haben Sie denn heute Abend vor? ... (war nur ein kleiner Separator)

3.3. Vorteile B:

Stellen Sie sich nun auf den 3. Zettel (oder daneben).
Jetzt fühlen Sie sich in Alternative B ein. Befassen Sie sich wieder nur mit den Vorteilen. Fühlen Sie in sich hinein und fragen Sie sich:

- *»Was sind die Vorteile dieser Option?«*
- *»Was denke ich?«*
- *»Welche Gefühle verbinde ich damit?«*

Lassen Sie alle möglichen Argumente und Empfindungen zu Wort kommen.

- Wie genau sehen diese Vorteile aus?
- [...]

Sie sind jetzt schon Profi und wissen, worauf es ankommt – auf das Hinhören, Hinsehen und Hineinfühlen. Erlauben Sie allen Aspekten der Sonnenseite von B, ganz Besitz von Ihnen zu ergreifen. Wieder Separator!

3.4. Nachteile B:

Stellen Sie sich nun auf den 4. Zettel (oder daneben).
Sie wissen schon, jetzt geht es um die Nachteile von Alternative B:

- *»Was sind die Nachteile dieser Option?«*
- *»Was denke ich?«*
- *»Welche Gefühle verbinde ich damit?«*

Lassen Sie auch hier alle Ihre Sinne zu Wort kommen.

- Wie sehen diese Nachteile konkret aus?
- Welche Befürchtungen oder Ängste gibt es?
- [...]

Lassen Sie in diesem vierten und letzten Schritt alle Mängel, sicht- und spürbar werden. Und wieder Separator!

4. Das große Finale:
Die Lösung

Und jetzt geht es nicht mehr ums Denken und Analysieren, sondern um Ihre Hingabe und Ihr Vertrauen, dass es eine größere Instanz in Ihrem Leben gibt, die besser als jedes Sachargument oder Genussgefühl weiß, was wirklich wichtig und richtig für Sie ist – Ihre innere Weisheit.

Entspannen Sie sich, atmen Sie ein paar Mal tief in den Bauch und stellen Sie sich dann bitte in die Mitte der vier Felder (siehe Position 5 unten). Dafür brauchen Sie keinen Zettel oder Ähnliches.

Wichtig: Seien Sie frei von Erwartungen und Vorannahmen. Stellen Sie sich zwischen die Möglichkeiten und erwarten Sie klar und deutlich zu spüren, was derzeit die beste Wahl für Sie ist: A oder B?

Erlauben Sie, dass Ihre Körperweisheit sich eindeutig zur *richtigen* Seite hingezogen oder von der *falschen* Seite abgestoßen fühlt.

Vielleicht möchten Sie die Augen schließen, damit Sie sich noch besser auf Ihr Gefühl verlassen können? Welche Seite zieht Sie magisch an?

»Welche der beiden Entscheidungen ist JETZT richtig?«

Vertrauen Sie: Ihre eigene Energie führt Sie zur richtigen Lösung. Spielen Sie einfach mit diesem Modell. Probieren Sie verschiedene Themen aus. Finden Sie neue kreative Lösungen und gewinnen Sie Spaß dabei.

Anders als mit reinen Kopfentscheidungen sind Sie mit der Zuhilfenahme aller Bewusstseinsebenen weitaus besser in der Lage, ausgewogene Entscheidungen zu treffen. Anfangs sind viele erstaunt, wie schnell und sicher sich auf diese Art klare Entscheidungen treffen lassen.

Das Gute ist: Diese Vorgehensweise stärkt Ihre Weisheit!

Am besten ist, Sie machen sich immer direkt im Anschluss noch einen Plan, legen Prioritäten fest und freuen sich auf das, was werden will. Welche Projekte möchte ich beginnen oder beenden? Wen möchte ich dafür gewinnen? ...

Handlung	Zeitplan	Priorität
Was?	Geplanter Anfang	1: hoch
Wer?	Geplantes Ende	2: mittel
		3: niedrig

Wir brauchen Weisheit, wenn wir etwas in unserem Leben verändern wollen.

Die Arbeit des Glückstrainers Bodo Deletz befasst sich damit, wie widersprüchlich unsere Bedürfnisse oft sind. Er weist darauf hin, dass unser Wunsch nach Selbstausdruck häufig mit anderen Bedürfnissen kollidiert, z. B. mit unserem Bedürfnis nach Zugehörigkeit zu einer Gruppe oder Community:

- Wir wollen passend sein und nicht auffallen.
- Wir wollen gemocht werden, erwünscht und beliebt sein.
- Wir wollen uns sicher fühlen.

Wir haben also ständig den Spagat zu meistern, auf der einen Seite Anerkennung und Zuspruch durch andere zu wollen, und auf der anderen Seite uns selbst zu folgen. Wenn wir weder in ein Vermeidungsverhalten noch in eine Überanpassung geraten wollen, sollten wir uns bewusst machen, dass viele bremsende Gefühle an längst überholte Konzepte gekoppelt sind.

Schlechte Gefühle springen an, weil ...

... Instinkte unsere Gedanken steuern, die oft überholt sind.

... Erinnerungen unsere Gedanken steuern, die oft überholt sind.

... Emotionen unsere Gedanken steuern, die oft überholt sind.

... Vorstellungen unsere Gedanken steuern, die oft überholt sind.

Beachten wir: Neues macht immer Angst. Das ist normal und gut. Schließlich will uns Angst vor Gefahren und Risiken schützen. Die Frage ist nur: Ist sie angemessen oder überholt?

Wollen wir Neues wagen, müssen wir uns auf der einen Seite mit ihr konfrontieren und auf der anderen Seite aufpassen, dass wir uns nicht in ihr verlieren.

Diese emotionale Betrachtung hat noch einen Vorteil: Sie ermöglicht uns, einschränkende Konzepte, Vorerfahrungen, Bewertungen etc. zu erkennen und gebundenes Bewusstsein zu befreien.

Weisheit ermöglicht Ihnen dabei 7 Dinge:

1. Ihre Komfortzone achtsam zu erweitern
2. Mehr zu wagen, was für Sie ›stimmig‹ ist
3. Vorhandene Fähigkeiten stärker zu nutzen
4. Vorhandene Kompetenzen freudvoll auszubauen
5. In der Wachstumszone liegende Herausforderungen anzugehen
6. »Über sich selbst hinauszuwachsen«
7. Sich als Autorität im Leben durchzusetzen

Zusammenfassung

3. Erfolgsprinzip:
Weisheit

Fehler gehören zu den Verpflichtungen,
mit denen man für ein vollwertiges Leben bezahlt.
Sophia Loren

1. Weisheit fällt nicht vom Himmel. Wir erlangen sie, indem wir Entscheidungen treffen und Erfahrungen machen.
2. Weisheit besteht aus Urteilsvermögen, Entscheidungsfähigkeit, Entschlossenheit und der Bereitschaft, Erfahrungen zu sammeln.
3. Weisheit ist unübersehbar: Sie zeigt sich an dem Schwung und der Stimmigkeit, mit der ein Mensch sein Leben gestaltet.
4. Die Dynamik, die durch Weisheit entsteht, ist mitreißend und inspirierend.
5. Weisheit ist aus unserer Sicht die Fähigkeit, der Intuition zu folgen, den eigenen Weg zu gehen und sich couragiert im Leben durchzusetzen.
6. Wann immer wir Kopf, Bauch und Herz in Einklang bringen, können wir die richtige Wahl treffen.

»Was war für mich in diesem Kapitel besonders wichtig?«

4. Erfolgsprinzip: Liebe

Geisteskraft: Liebe

Das Erfolgsprinzip der Liebe steht für Selbstliebe, Nächstenliebe und die bedingungslose Liebe. Sie entspringt einem offenen Herzen (energetisch). Sie ist das Gegenteil von Lieblosigkeit, aber auch von Selbstverleugnung.

Sie schenkt uns die Kraft, uns voller Mitgefühl auf Beziehungen einzulassen – zu uns selbst und anderen. Liebe erlaubt uns, unsere Interessen zu vertreten und uns empathisch auf andere Menschen einzulassen. Sie bringt Licht in unsere Schattenwelt und löst Projektionen auf – wenn wir bereit sind, gewohnte Denkmuster immer wieder zu hinterfragen und uns zu verändern.

Frank, Inhaber einer Holzbaufirma, ist am Telefon und will unbedingt persönlich mit einem von uns sprechen: »Erinnern Sie sich, was ich damals geantwortet habe, als Sie mit dem Thema *Liebe im Business* ankamen?«

Natürlich erinnerte ich mich.

»Liebe? Meine Firma ist doch kein Vergnügungspark! Meine Mitarbeiter sollen nicht gehätschelt werden, die sollen arbeiten«, war seine Reaktion gewesen. Seine Worte hatten unmissverständlich geklungen. Franks Lebensmotto hätte damals lauten können: »Zähne zusammenbeißen und durch!«

Ich rechnete also mit dem Schlimmsten.

»Ich wollte nur kurz danke sagen«, hörte ich ihn, »auch wenn ich es nicht wirklich verstehe, aber irgendwas ist anders geworden. Hier entsteht gerade wieder so etwas wie Aufbruchstimmung … Ich muss Schluss machen, meine Jungs warten, wir haben richtig viel zu tun.«

Als wir Frank kennenlernten, beklagte er sich: »Gute Mitarbeiter zu bekommen ist unmöglich. Am liebsten würde ich die Hälfte von meinem Trupp feuern, aber dann könnte ich sofort schließen …« Alles, was er über sein sechsköpfiges Team sagte, spiegelte seine Verbitterung und Verärgerung.

Verschlossene Herzen

Gerade in der aktuellen Businesswelt ist es für viele gar nicht so leicht, mit den »lieben« Geschäftspartnern auszukommen.

Nirgendwo sonst gibt es so viele »schwierige« Personen, die uns »ärgern«, »enttäuschen« oder »Druck machen«. Was die einen als wirtschaftliche Notwendigkeit ansehen, halten andere für Profitgier oder Lieblosigkeit. Die Freude an einer weiteren Zusammenarbeit erlischt, wenn wir uns schlecht behandelt fühlen – wir verletzt, verunsichert und aus unserer inneren Mitte geworfen werden.

Je mehr schmerzhafte Erfahrungen wir machen, desto mehr legen wir uns Strategien zurecht, um uns zu schützen. Emotional bauen wir Schutzmauern auf, machen wasserdichte Verträge und entwickeln Kommunikationsstrategien – alles nur, damit uns in Zukunft keiner mehr wehtut, schadet oder auf der Nase herumtanzt. Wer nicht verletzt werden will, macht sein Herz einfach zu.

Jedes Problem, das du in deiner Umgebung siehst,
ist ein Hinweis darauf, dass es IN DIR etwas aufzuräumen gibt,
nicht etwas in der Umgebung zu reparieren.
Frederick Dodson

Gerade in Führungspositionen sind verschlossene Herzen angesagt. Das Tückische ist: Wer Schmerz abblockt, verhindert auch Gefühle wie Freude, Liebe und Leidenschaft. Wer seine Gefühle unterdrückt, erzeugt einen riesigen Schatten und erschafft für sich und andere viel Leid.

Ein Großteil unseres Potenzials halten wir unter Verschluss, wenn wir versuchen, mit verschlossenem Herzen Erfolge zu erzielen. Wir täuschen uns selbst und andere müssen uns zwangsläufig *ent-täuschen*. Nur so können wir spüren, dass bei all unseren Erfolgen die wahre Erfüllung fehlt.

Lieblosigkeit und mangelnde Wertschätzung sind im Businessalltag so normal geworden, dass immer mehr Menschen Beziehungen als echte Belastung empfinden. Wann immer wir glauben, andere hätten ein Herz aus Stein, wären nicht mit ganzem Herzen bei der Sache oder würden uns das Herz brechen, sollten wir uns eins bewusst machen: Wir unterliegen bestimmten Gesetzen.

So wie die Erdanziehungskraft dafür verantwortlich ist, dass wir nicht vom Boden abheben, so gibt es auch geistige Gesetze, die darüber bestimmen, mit wem wir in Kontakt kommen und was wir erleben. Denn nichts behindert Erfüllung und Erfolg so sehr wie Konflikte, Spannungen, Misstrauen und Vorbehalte gegenüber unseren Mitmenschen (Kunden, Kollegen, Mitarbeitern, Geschäftspartnern …) – sie sind die größten Erfolgsbremsen.

Jenseits von Gut und Böse

Wahrscheinlich spüren Sie intuitiv, dass die Art, wie in unserer Gesellschaft Beziehungen betrachtet werden, auf den nächsten Seiten auf den Kopf gestellt wird.

Wenn wir akzeptieren, dass unsere 3 Bewusstseinsebenen die Ursache für unsere Umstände sind, dann macht es keinen Sinn, im ersten Schritt Fakten und Resultate verändern zu wollen. Wandeln wir zuerst uns selbst, können wir im zweiten Schritt gezielte Veränderungen vornehmen. *Jenseits von Gut und Böse* finden wir den Ausstieg aus dem täglichen Kampf und die Liebe zum Sein – wenn wir unser Herz öffnen. Dazu reicht es, uns diese mutige Absicht zu setzen: Ich bin jetzt bereit, mein Herz zu öffnen und mich von ihm leiten zu lassen!

> *Die Welt ändert sich nur durch Menschen,*
> *die den Weg des Herzens gehen und aus ihm heraus begreifen,*
> *dass jeder Mensch ein göttliches Wesen,*
> *eine Schwester und ein Bruder im Geist ist.*
> Robert Betz

Liebe – die Basis im Business

Wenn wir über Liebe im Business sprechen, dann meinen wir damit auf der einen Seite die Qualität der Beziehung zu uns und anderen und auf der anderen Seite den Bewusstseinszustand der Liebe – weniger das Gefühl, sondern die Geisteskraft der bedingungslosen Liebe. Schließlich sind Beziehungen der Dreh-und-Angelpunkt für berufliches Wachstum. Wann immer aus zwei oder mehr starken »Ichs« ein starkes »Wir« werden kann, können Wunder geschehen. Investieren wir in bereichernde Beziehungen, können Projekte gelingen, Erfolge müheloser erzielt werden und alle Beteiligten über sich selbst hinauswachsen. Arbeiten wir gemeinsam mit anderen an etwas, was alle lieben, ist es normal, dass jeder für sich geradesteht und seine wahre Größe einnehmen kann. So sieht aus unserer Sicht gelebte Selbst- und Fremdliebe aus.

Wer den Weg der Bewusstwerdung geht, wird früher oder später auf die Liebe stoßen, darüber sind sich Mystiker und Meditationslehrer seit Urzeiten einig.

Je mehr wir unser Herz für unsere Integrität öffnen, desto reiner und unverdorbener werden unsere Motive für unsere Handlungen.

Der Grad unserer Integrität zeigt sich häufig in dem tiefen Gefühl der Verantwortung für die Welt. Je mehr wir unsere Talente und Fähigkeiten in den Dienst des Herzens stellen, desto mehr arbeiten wir nach unserem Gewissen. Ist unsere Liebe zu *Allem-was-ist* einmal erwacht, ist es kein Größenwahn, wenn wir mit unseren Unternehmen Verantwortung übernehmen wollen. Im Gegenteil, es ist eine leidenschaftliche Selbstverpflichtung.

In dem Moment, in dem wir uns unserer universellen Verbundenheit bewusst sind, agieren wir auf einer höheren Bewusstseinsebene – dem SEIN.

Diese Liebe ist die vereinende Kraft, die jenseits von Bewertungen und Beurteilungen wie gut und schlecht, richtig und falsch, positiv und negativ usw. anerkennt, was ist. Sie ist der Kern aller Dinge. Sie ist nicht ein Gefühl und braucht auch kein Denken, dass das Leben kompliziert macht. Vielmehr ist sie die Bewusstheit, dass alles so ist, weil es genau so sein soll.

Der Bewusstseinszustand der Liebe ist das Tor, um echte Verbundenheit zu erleben. Öffnen wir uns für die allumfassende Liebe des Universums, handeln wir aus unserem höchsten Potenzial und transformieren unsere Welt.

Im SEIN übernehmen wir Verantwortung für das, was innerhalb und außerhalb von uns passiert, in unseren Beziehungen mit unseren Mitmenschen: Mitarbeitern, Kunden, Lieferanten …

Alles ist EINS

Im Gegensatz zur Familie haben wir im Businesskontext viel häufiger die Wahl, mit wem wir zusammen sein wollen: Mitarbeiter, Kunden, Geschäftspartner, Lieferanten … So gut es geht, suchen wir sie uns selbst aus.

Trotzdem haben viele Selbstständige und Unternehmer, so wie

Frank, das Gefühl, die »falschen« Menschen an ihrer Seite zu haben. Wie kommt's?

In unserem kleinen Alltag ist uns selten bewusst, dass wir alle in einem großen Kosmos, also in einer ganz klaren Ordnung leben. In diesem UNIversum ist nichts voneinander getrennt. Alles ist miteinander verbunden. Gleichzeitig leben wir in der Polarität und alles, was ist, hat einen Gegenpol. Sonne und Mond, Tag und Nacht, Himmel und Hölle, Yin und Yang, Mann und Frau, Licht und Schatten ...

Zwei Pole gehören immer zusammen. Zwei Gegensätze sind eins. Ob es uns gefällt oder nicht: »Der Ärgerer« und »der Verärgerte« sind auch eins. Den einen kann es nicht ohne den anderen geben.

Wir alle leben, um größtmögliche Freude, Liebe und Glückseligkeit zu verkörpern – und aus keinem anderen Grund. Obwohl wir das alle wollen, halten wir durch alte Verletzungen die Türe zu unserem Herzen verschlossen und verhindern damit wahre Erfüllung und Erfolg. Häufig ahnen wir nicht einmal, dass wir uns selbst blockieren, und können deshalb auch nicht über unseren eigenen Schatten springen.

Gut, dass es die anderen gibt: Niemand erlebt zufällig etwas Schlimmes. Niemand begegnet anderen Menschen ohne Sinn. Unsere 3 Bewusstseinsebenen bringen uns so lange mit »schwierigen« Menschen und Situationen in Kontakt, bis wir erkennen, dass es in Beziehungen viel mehr um uns selbst geht als um andere. Andere sind nur aus zwei Gründen in unserem Leben:

1. Freude
2. Entfaltung

Mitmenschen sind unsere Spiegel und Spielgefährten. Sie helfen uns, Blockaden aufzulösen, damit wir unser volles Potenzial entfalten. Kennen Sie noch die Liebe-ist-Sprüche, die Ende des 20. Jahrhunderts auf Brettchen, Tassen, Blöcken etc. zu lesen waren? Wenn Sie uns fragen würden, was Liebe ist, dann würden wir antworten:

»Liebe ist die Bereitschaft, sich selbst mit allen Gedanken und Gefühlen anzunehmen und von überholten und überflüssigen Urteilen zu befreien und sein Herz zu öffnen.«

Dann brauchen wir nicht länger …

… so tun, als wären wir jemand anderes.

… beweisen, dass wir gut sind.

… in der Angst leben, entlarvt zu werden.

Woran denken Sie bei Liebe: an Verliebte, ein Paar, weiße Tauben, rote Rosen …? Liebe ist mit so vielen Bildern überlagert, die alle für Verliebtheit und Projektion stehen, aber nicht für vollkommene Liebe.

Die Schattenexpertin Debbie Ford beschreibt sie so: »Vollkommene Liebe ist für das Gefühl das, was vollkommenes Weiß für die Farbe ist. Viele glauben, Weiß sei die Abwesenheit von Farbe. Das ist falsch. Es ist die Einheit aller Farben. Weiß ist die Kombination aller existierenden Farben. So ist auch die Liebe nicht die Abwesenheit von Emotionen (Hass, Ärger, Lust, Eifersucht), sondern die Summe aller Gefühle. Die Endsumme. Einfach alles.«

Schattengesetz

Der Zusammenhang zwischen Körper, Seele und Verstand ist vielen von uns inzwischen geläufig. Der Zusammenhang zu unserem »Schatten« ist vielen noch nicht so vertraut.

Der Psychologe C. G. Jung ist der Vater der Schattentheorie. Er sagte: »Der Schatten ist alles das, was du auch bist, dich aber nicht traust zu sein.« Der Schatten ist somit die verborgene Seite unseres Selbst – unser gebundenes Bewusstsein. In ihm verbergen sich alle Charakterzüge, Ängste und Aspekte, die wir jemals abgespalten, verleugnet oder verdrängt haben. Oft sind es unsere dunkelsten und unsere hellsten Anteile – die darauf warten, von uns geborgen zu werden.

Es mutet verrückt an: Während unserer Erziehung und Ausbildungszeit brauchten wir eine enorme Energie, um alles an uns zu verdrängen, was unsere Eltern, Freunde, Lehrer und Vorgesetzten nicht gutheißen konnten. Was sie nicht zu schätzen wussten.

Von klein auf lernten wir zu sein, wie man uns haben wollte, aber nicht, wie wir wirklich waren. Und je mehr man uns nicht mochte, wie wir waren, umso mehr versteckten wir von uns. In unserem Schatten stecken unzählige Qualitäten und Stärken, die wir selbst bisher nicht annehmen wollten, konnten oder durften: schwach, laut, aggressiv, dominant, aufmüpfig, unhöflich, kreativ, verrückt, unberechenbar, verträumt, fantasievoll, verletzlich, egoistisch ... zu sein. Statt echt zu sein, legten wir uns eine sozial verträgliche Maskenidentität zu.

Anstatt in dir eine Wand aus Widerstand aufrecht zu halten, gegen die alles, was dir »nicht passieren sollte«, ständig und schmerzlich abprallt, lasse alles durch dich hindurchziehen.
Eckhart Tolle

Wenn Licht den eigenen Schatten erhellt

Dr. Mikao Usui sagt: »Sei dankbar für die vielen Verletzungen.« Als ich diesen Satz zum ersten Mal las, glaubte ich, er habe sich verschrieben. Etwas später dachte ich: »Der spinnt.« Erst nach einiger Zeit verstand ich, was er meinte.

Vorträge zu halten, war für mich (Astrid-Beate) viele Jahre echter Horror. Ich hatte oft den Eindruck, den Boden unter den Füßen zu verlieren. Während andere mit Leichtigkeit jede Bühne rockten und Freude daran hatten, ein großes Publikum zu unterhalten, rutschte mir jedes Mal das Herz in die Hose.

Trotzdem brannte die Sehnsucht in mir, Menschen mit meinen Botschaften zu erreichen. Angst ist meiner Meinung nach ein schlechter Berater. Also nahm ich diese Herausforderung an und organisierte jeden Monat einen Abendworkshop, bei dem ich mich mit mindestens zwanzig Menschen konfrontierte.

Eines Tages, zehn Minuten vor einer Veranstaltung, haute mich eine Begegnung fast aus den Schuhen. Während ich auf die letzten beiden Teilnehmer wartete, betrat ein Herr den Veranstaltungsraum und alles in mir erstarrte.

Schlagartig wurde mein Mund trocken, meine Hände wurden feucht, meine Zunge war wie gelähmt und mir wurde schlecht.

Diesen Herrn hatte ich bis dahin noch nie gesehen. Trotzdem brachte er meine Innenwelt in Turbulenzen. Zusätzlich zu meinem Lampenfieber löste er in mir eine Lawine von Gefühlen aus, die alles Bisherige übertraf: Ich fühlte mich klein, schwach, unsicher und inkompetent. Wäre ich eine Teilnehmerin gewesen, hätte ich mich zurückgezogen – mein Fluchtinstinkt war angesprungen. So musste ich aber bleiben. Worüber ich heute sehr dankbar bin!

Gefühle haben immer eine Geschichte. Heute weiß ich, welche Botschaft diese Gefühle für mich hatten. Heute bin ich froh, dass diese Tretmine entschärft ist. Die emotionale Explosion hat mir viele meiner abgespaltenen Aspekte ins Bewusstsein zurückgebracht. Damals ging es für mich um Themen wie:

- Kompetenz zeigen
- Konfrontation aushalten
- Authentisch sein
- [...]

Der Herr hatte eine starke Präsenz und natürliche Autorität, die mich schier umwarf. Als ich mich nach der Veranstaltung reflektierte, wurde mir bewusst, dass er mich an eine Autoritätsperson meiner Kindheit erinnerte.

Eine schmerzhafte Erfahrung mit dieser Person hatte dafür gesorgt, dass ich mich immer noch zögerlich und zurückhaltend in der Öffentlichkeit bewegte. Doch die Begegnung an dem Abend hat viele meiner verdrängten Gefühle wachgeküsst.

Auslöser, die unangenehme Gefühle wachrufen, sollten immer begrüßt werden, denn sie bieten uns die Chance, uns zu verändern und einem bedingungslosen Glückszustand näherzukommen.
Dr. Roy Martina

Gerade Begegnungen mit emotional aufwühlenden Erfahrungen sind ein Wachstumsimpuls für unsere Bewusstseinsentwicklung – eine Aufforderung zu mehr Liebe. Mal geht es um unsere Selbstliebe, mal um unser Mitgefühl. Immer sollten wir den Menschen dankbar sein, die es uns ermöglichen, uns immer weiter in unsere Kraft zu bringen. Wann immer uns jemand begegnet, der uns richtig aus der Bahn wirft, können wir uns mit dem Gedanken anfreunden: »Ja, so bin ich auch!«

Erst wenn wir uns das ganze Spielfeld des Leben erlauben, also laut und leise, ordentlich und chaotisch, fleißig und faul, geizig und großzügig, freundlich und feindlich ... zu sein, brauchen wir nicht mehr mit verdrängten Schattenanteilen konfrontiert zu werden.

Mit einem verschlossenen Herzen sehen wir uns als getrennte Wesen an. Wir verstehen nicht, dass wir im Grunde eine unendliche Vielfalt verschiedenster Qualitäten und Energien in uns tragen. Wir haben vergessen, dass eine unserer wichtigsten Lebensaufgaben darin besteht, möglichst viele dieser Energien in uns zu entdecken und zu entwickeln, sodass wir immer mehr unser volles Potenzial ausschöpfen können.

Egal ob wir sie »Arschengel« nennen wollen, wie es der Diplom-Psychologe Robert Betz tut, oder »Schicksalserfüllungsgehilfen«, wie unsere Lehrerin Heidi Viola Gerhard – immer sind diese Menschen ein Geschenk auf unserem Weg.

Seit dem Vorfall ist mein Mut gewachsen, öffentlich über Spiritualität im Business zu sprechen. Ich habe mehr Vertrauen, mich klar zu äußern und nicht mehr so sehr darauf zu achten, ob allen gefällt, was ich sage. Meine Selbstliebe ist stärker geworden. Was immer passiert, wenn wir unsere Gefühle nicht länger verdrängen und unser Licht nicht länger unter den Scheffel stellen.

Ein größeres Geschenk kann man einem Menschen doch gar nicht machen, als ihn auf seine Schattenanteile aufmerksam zu machen, damit er ganz wird. Heute weiß ich: Keiner ist in meinem Leben, der nicht ein Geschenk für mich hat. Alle Begegnungen haben einen Sinn. Mal treffen Menschen zusammen, um Spaß miteinander zu haben, mal entsteht ein Miteinander, weil es etwas bewusst zu machen gilt – mal auf der einen, mal auf der anderen Seite. Nie sind Begegnungen sinnlos. Und: Nie macht es Sinn, unangenehme Erfahrungen vermeiden zu wollen. Im Gegenteil: Sie ermöglichen uns bewusster zu werden, Bewusstsein zurückzugewinnen und zu erweitern.

Elternhaus

Im Austausch mit der Dipl.-Psychologin Felizitas Conrath wurde mir etwas Wichtiges bewusst: Die Art und Weise, wie in unserer Familie mit unserem Selbstausdruck umgegangen wurde, bestimmt häufig darüber, wie wir später mit uns selbst umgehen bzw. wie unser innerer Kritiker uns von der Entfaltung unseres vollen Potenzials abhält:

- Wurde in unserer Familie über »Fehlverhalten« geschwiegen, ist es unsere Lernaufgabe, bei Konflikten die Konfrontation zu suchen, statt den Kontakt zu meiden.

- Wurde in unserer Familie mit Aggression auf »Unliebsames« reagiert, ist es unsere Lernaufgabe, liebevoll mit Konflikten umzugehen, statt laut zu werden und andere zu verletzen.

- Wurden Spott und Abwertung eingesetzt, um »richtiges Verhalten« zu erzwingen, ist es unsere Aufgabe, unseren authentischen Selbstausdruck zu entfalten, statt unsere wahren Wünsche weiter zu verstecken.

- Wurden unsere Grenzen oft überschritten, ist es unsere Lernaufgabe, uns der eigenen Grenzen gewahr zu werden, statt uns selbst aufzugeben.

- Wurden Wünsche immer wieder mit rationalen Argumenten ausgeredet, ist es unsere Lernaufgabe, die eigenen Bedürfnisse wieder zu spüren, statt uns mit weniger als dem Besten zufriedenzugeben.

3 Überlebensstrategien entwickeln sich oft daraus – welche könnte Ihre sein?

A) Wut lässt mich oft kämpfen, gleichzeitig hält Sie mich davon ab, meine wahren Wünsche zu realisieren.

B) Minderwertigkeitsgefühle hindern mich daran, mich von Angriffen anderer abzugrenzen. Stattdessen werte ich mich selbst ab.

C) Meine wahren Wünsche, Sehnsüchte und Handlungsimpulse rede ich schnell klein, bis ich sie nicht mehr spüre.

Immer dann, wenn wir unser wahres Wesen versteckt haben, um von anderen geliebt zu werden, haben wir unseren Schatten genährt. Wann immer wir …
… Stärken verleugnet oder unterdrückt haben,
… unser Licht unter den Scheffel gestellt haben,
… keine Lust hatten anderen eine Angriffsfläche zu bieten,
… uns zurückgehalten haben, nur um sozial akzeptiert zu werden,
… keine Tabus angepackt haben, nur um nicht anzuecken,
… es nur gut gemeint haben, gegen unser wahres Wesen,

… dann haben wir Verwirrung in unserem Quantenfeld erzeugt. Wann immer unser Denken, Sprechen und Handeln nicht im Einklang miteinander waren, haben wir Bewusstsein gebunden.

Spiegel im Außen

Die Intelligenz des Universums ist faszinierend: Immer wenn wir unsere eigenen Bedürfnisse, Gefühle und Eigenschaften von uns gewiesen haben, haben wir sie auf andere projiziert: Autoritätspersonen, Eltern, Geschwister, Geschäftspartner, Untergebene …

Wann immer uns da draußen eine Person ärgert, ängstigt oder einfach intensiv beschäftigt (positiv oder negativ), sind wir in unserem eigenen Schattenreich angelangt.

Das Fatale ist: Wir überhäufen die Personen, die unsere Gefühle hochbringen, nicht nur indirekt mit unseren negativen Emotionen und einschränkenden Bildern, sondern wir trennen uns auch von unserem Potenzial.

Wann immer wir den natürlichen Impuls verspüren, uns einer Person gegenüber zu verschließen, sollten wir genau hinsehen. Wann immer wir uns eng machen, entsteht eine Form von Schatten. Wollen wir unsere Talente mit anderen gemeinsam voll ausleben, sollten wir unsere Selbstwahrnehmung gegenüber schwierigen wie großartigen Personen weiten. Wollen wir unser Leben reicher gestalten, heißt es, das Herz zu öffnen und den eigenen Keller auszumisten.

Für Frank und viele von uns ist es so normal geworden, dass wir uns Selbstliebe und Wertschätzung verweigern, weil wir die Welt durch die Brille gängiger Denkfehler betrachten. Selbstliebe verhindern wir, wenn wir glauben …

… immer etwas leisten zu müssen.

Mit einer solchen Einstellung können wir uns kaum erlauben, uns auszuruhen und aufzutanken. Das Fatale ist: Tun wir mal nichts, können wir das nicht genießen, sondern bekommen direkt Schuldgefühle und fühlen uns wie ein Versager. Gleichzeitig können wir anderen Pausen auch nicht zugestehen.

… perfekt sein zu müssen.

Diese Haltung treibt uns dazu, unsere Ansprüche ständig höherzuschrauben. Damit setzen wir uns selbst und andere ständig unter

Druck. Das Fatale ist: Statt uns über Erfolge freuen zu können, finden wir immer etwas, was optimiert, verbessert oder geändert werden muss – das schafft Stress. Gleichzeitig werden wir ständig an Mitarbeitern etwas auszusetzen haben.

... nicht wichtig zu sein.
Mit dieser Überzeugung schenken wir unseren eigenen Bedürfnissen weniger Bedeutung als den Bedürfnissen anderer. Das Fatale ist: Häufig drängen wir anderen unsere Hilfsbereitschaft auf, ohne zu prüfen, ob diese sie wirklich wollen. Gleichzeitig werfen wir ihnen Undankbarkeit vor.

... immer schuld zu sein.
Wenn wir so denken, suchen wir ständig nach Beweisen, was wieder falsch gelaufen ist und was wir hätten anders machen sollen. Das Fatale ist: Was gut lief, wird nicht gesehen. Gleichzeitig stellen wir unser Licht unter den Scheffel.

... immer stark sein zu müssen.
Denken wir so, schämen wir uns, wenn wir erschöpft sind, uns mal gehen lassen oder etwas falsch machen. Das Fatale ist: Wir werden krank, je weniger wir in Balance sind. Gleichzeitig werten wir andere ab, die das Leben entspannter nehmen.

Selbstliebe behindern wir immer dann, wenn wir uns ständig unter Druck setzen und höchste Ansprüche an uns stellen. Solange ablehnende Denkmuster unser Leben beherrschen, werden wir ständig etwas auszusetzen haben, und zwar meist nicht nur an uns, sondern auch an anderen. Kein Wunder, wenn das Leben uns genau das spiegelt – Ablehnung, Widerstand, Kampf.

Kurze Selbstreflexion
»Wie sehr liebe ich mich?«
»Wie sehr liebe ich mich in meiner Unvollkommenheit?«
Bitte seien Sie ehrlich zu sich. Fühlen Sie, was geschieht.
»Wie sehr fühle ich mich von anderen geliebt?«
»Worauf achte ich bei meinen Mitmenschen?«
Nehmen Sie eher die Stärken oder Schwächen wahr?
[...]

Wenn Sie jetzt den Wunsch nach mehr Selbstliebe empfinden, dann fragen Sie sich jetzt sicher: Was soll ich tun?

Die Antwort wird Sie überraschen: Möglichst weniger. Tun Sie weniger, entspannen Sie mehr. Am besten gehen Sie mehrmals am Tag ins **Quellbewusstsein** (Meditation Seite 39) – es ist der natürlichste Zustand Ihrer Seele. Erlauben Sie seiner harmonisierenden Kraft, Sie zu »erneuern«.

Lernen Sie, Ihre Innenwelt mehr über Ihr Körperbewusstsein wahrzunehmen: **Body-Scan-Meditation** (Meditation Seite 57). Dadurch lernen Sie sich selbst besser kennen und werden sich Ihrer wahren Bedürfnisse bewusster. Spüren Sie, was Sie wirklich lieben und leben wollen!

Menschen, die uns durcheinanderbringen, lassen uns über uns selbst hinauswachsen. Sie bringen Licht in unsere einschränkenden Konzepte über unsere Ich-Struktur und Glaubensmuster und machen unsere Vermeidungsstrategien transparent. Unsere negativen Fokussierungen werden sicht- und spürbar. Normalerweise bemerken wir nicht, dass wir uns durch viele Konzepte von unserem Potenzial abschneiden – in der Konfrontation mit anderen erkennen wir das genau!

Die Trennung von der Einheit, die verlorene Identität, wird im biblischen Gleichnis als Vertreibung aus dem Paradies geschildert. Erst das Wissen um die Ewigkeit der Seele macht integer.
Dr. Wolfgang Berger

Wir erkennen uns nur im Spiegel der anderen

Selbsterkenntnis führt zur Selbstliebe: Selbstliebe ist die Basis für gute Beziehungen. Erlauben Sie sich, sich in anderen zu erkennen, können Sie sicher sein, dass Sie in ihrem Denken und Verhalten nicht hinter ihren besten Möglichkeiten zurückbleiben. Auf der Ebene des offenen Herzens sind wir uns über unsere Verbundenheit im Universum bewusst. Ich und du, wir sind eins. Unser Verständnis für das große Ganze spiegelt sich in allem wider.

Gerade im Bereich Macht, Image, Wohlstand und Geld erleben wir häufig Widerstandsmuster, die zu einem Lebensstil weit unterhalb der eigenen Möglichkeiten führen. Wann immer uns jemand abstößt oder anzieht, sind es in Wirklichkeit unsere eigenen verborgenen Anteile – Aspekte unserer Seele – die betrachtet und angenommen werden wollen.

In dem Moment, in dem wir begreifen, dass wir alles in uns haben, verändert sich unsere Welt. Wir alle tragen in jeder unserer Zellen das Potenzial aller Gedanken und Taten, die je gedacht und ausgeführt wurden. Wenn wir akzeptieren, dass wir das Zuckerpüppchen und die Zicke gleichermaßen sein können, brauchen wir nicht länger die Rüstung aufrechtzuerhalten und so zu tun, als seien wir anders. Erst wenn wir Frieden mit den Engelchen und Teufelchen in uns schließen, schließen wir Frieden mit der Welt.

Alles, was ein rotes Tuch für uns ist, entwickelt ein Eigenleben und wird sich über kurz oder lang in unser Leben drängen: »Arschengel« und »Schicksalserfüllungsgehilfen« werden uns einladen, uns selbst auf die Schliche zu kommen. Weil es uns gibt, gibt es sie. Wer auch immer so nett ist und uns das Leben schwer macht, schenkt uns somit die Chance, uns in ihm zu erkennen. Krisen und Konflikte erlauben uns, durch den anderen zu reifen.

Die Dinge, von denen wir behaupten,
dass andere noch nicht bereit dafür seien, sind die Dinge,
zu denen wir noch nicht bereit sind.
Dr. Lance Secretan

Die Kunst, Liebe zu leben

Wie können wir wieder zur Selbstliebe und zur Liebe zu anderen Menschen zurückfinden? Manchen Menschen scheint es nicht schwerzufallen, sich mit allem und jedem verbunden zu fühlen. Jeder neue Kontakt wird offen eingegangen und alle Erfahrungen werden aufgesogen. Unangenehme Erfahrungen schütteln sie ab wie ein Hund Regen aus seinem Fell.

Andere kleben wiederum an jeder unangenehmen Erfahrung wie ein Kaugummi unter dem Schuh. Wenn man Letzterem sagt: »Liebe, was ist«, erscheint das geradezu bizarr.

Je mehr Verletzungen wir in uns tragen und glauben, wir müssten uns vor anderen schützen, desto höher legen wir uns die Hürde, uns auf diesen neuen Weg der allumfassenden Liebe einzulassen. Als wir das erste Mal von Liebe im Business hörten, hatten wir ein echtes Problem mit der Vorstellung, unser Herz zu öffnen. Wir kannten beide viele Verletzungen, Verwundungen und sollten nun unser Herz öffnen? Es dauerte Jahre, bis uns klar wurde, was das überhaupt bedeutet.

Auf der emotionalen Ebene sind wir häufig noch Kinder im Elternhaus. Solange wir Liebe von anderen erwarten, ohne uns selbst zu lieben, werden Beziehungen schwierig verlaufen. Deshalb geschieht die Loslösung erst, wenn wir die volle Verantwortung für unsere Gefühle übernehmen, das heißt, wenn wir alle Emotionen liebevoll umarmen und alle Urteile über andere loslassen.

Ein offenes Herz befreit

Wenn wir lernen, dass Beziehungen nicht geändert, verbessert oder bearbeitet werden müssen, dann können wir sie nutzen, um uns wieder zu öffnen. Mit einem offenen Herz können wir schauen, was andere Menschen in uns zum Schwingen bringen, was sie uns spiegeln und was wir in ihnen erkennen können.

Was passiert in mir, wenn ich auf andere treffe? Worin ist Energie gebunden? Welche Aspekte wollen liebevoll angenommen werden? Wohin will mich mein Weg leiten?

Der Kopf fragt: »Warum? Wieso? Weshalb?« Aber, der Verstand reagiert mechanisch – er hat keine intuitiven Fähigkeiten und kann deshalb viele Probleme nicht wirklich lösen, sondern erschafft häufig neue.

Das Herz fragt: »Was würde die Liebe jetzt tun?« Je mehr wir der Liebe folgen, desto mehr erhalten wir Zugang zu einer höheren Intelligenz, die uns zu unserem höchsten Wohl führt. Unsere Absicht genügt.

In der Chakrenlehre spielt das Herz, als Heimat der Liebe, eine große Rolle. Schließlich ist es unsere innere Mitte. Der Ort in uns, der Himmel und Erde vereint. Dass unser Herz die Sprache der Seele spricht, beleuchtet jeder zweite Spruch im Poesiealbum unserer Kindheit. Dass unser Herz alle unsere Intelligenzen vereint, wissen wir erst seit Kurzem.

So unglaublich es sich für unseren Verstand auch anhören mag, so ist es doch belegt: Das menschliche Herz erzeugt ein 5.000-fach stärkeres Energiefeld als das Gehirn. Stellen Sie sich einmal vor, was das heißt. Die neuere Hirnforschung spricht davon, dass wir neben unserem Kopf-und Bauchgehirn noch über ein drittes Gehirn verfügen: dem energetischen Herz-Seele-Bereich.

Es befindet sich an der Stelle, auf die wir unsere Hand legen, wenn uns etwas emotional berührt, wenn uns etwas zu Herzen geht. Es ist der Bereich am unteren Brustbein, wo unsere Thymusdrüse sitzt.

Erinnern Sie sich an Tarzan? Der Dschungelheld hat sie immer geklopft, bevor er sich wagemutig an einer Liane von Baum zu Baum geschwungen hat. Seinen Mut und seine Kraft, sich auf das Wagnis einzulassen, hat er dort geholt – im energetischen Herz-Seele-Bereich.

Dank verschiedenster Studien wissen wir heute, dass es über 40.000 Neuronen im Herzen gibt, die eng mit dem Bauch- und Kopf-Gehirn zusammenarbeiten. Liebe heilt und Liebe befreit, das wissen wir heute. Jeder kann das sofort für sich nachvollziehen. Wenn wir lieben, springen wir schon mal über unseren Schatten, tun Dinge, die wir sonst nicht tun, handeln »kopflos« und »verrückt« – wir befreien uns aus eigenen Fesseln. Kohärente Gefühle der Liebe lassen sich heute bis zu drei Meter vom Körper entfernt nachmessen.

Alles hat seinen Preis: Gehen wir den Weg des verschlossenen Herzens, können wir sicher sein, dass Konflikte, Krisen und Schicksalsschläge versuchen werden, unseren Weg zu korrigieren. Wenn ausschließlich unser Denken uns leitet, werden wir blind für die Vielfalt unserer Möglichkeiten und Potenziale im täglichen Miteinander. Wir machen uns eng und unnahbar. Gefühle wie Angst, Wut und Zweifel verursachen Stress und werden ein ständiger Begleiter im Zusammensein mit anderen sein.

Gehen wir den Weg des geöffneten Herzens, können wir sicher sein, neue Präsenz, Vitalität und Echtheit zu erlangen. Doch zuvor braucht es Mut – den Mut, sich zu öffnen, verletzbar zu sein und alten Schmerz zu transformieren. Schließlich sind unsere Gefühle die Quelle von Erfüllung und Erfolg. Sie sind die Sprache des Herzens. Erst wenn wir unsere Gefühle verstehen, sehen wir klar, wo unser Weg langgeht und wo uns emotionale Lähmung derzeit von unserem größtmöglichen Potenzial trennt.

7 Dinge werden spürbar, wenn wir uns für die Liebe entscheiden. Wir werden gewahr, dass ...

... wir immer mit den richtigen Menschen am richtigen Ort sind.

... alles was geschieht, genau richtig ist.

... emotionale Schmerzen nur Hinweise der eigenen Wahrnehmung sind, überholtes Leid zu heilen und nicht gegen sich zu leben.

... alles um uns herum eine Aufforderung für Wachstum ist.

... wir merken, was nicht gesund für uns ist und was uns runterzieht.

... Respekt vor anderen wichtiger ist als recht haben zu müssen.

... alles jetzt stattfindet und es keinen Sinn macht, sich zu sorgen.

Bringen Sie Licht in Ihre Ängste, Träume, Vorstellungen ...

Sobald wir Aspekte von uns, die wir vorher nicht in unser Gewahrsein gelassen haben, annehmen und vollständig als uns zugehörig betrachten, als »meins« ansehen, geschehen zwei Dinge:

Erstens werden Höchstleistungen möglich, weil sich unser Gefühl für unser wahres Selbst weitet. Wir erkennen unsere Vollkommenheit, die unsere Stärken ebenso wertschätzt wie die Fehler, Misserfolge, Schuld- und Schamgefühle ...

Zweitens lassen Konflikte und Ängste nach, weil wir schwierige Menschen und unangenehme Situationen als das erkennen, was sie sind: eine Begegnung mit uns selbst.

Segensreiche Projekte werden möglich, sobald wir die volle Verantwortung für unsere eigenen psychologischen Projektionen übernehmen. Mühelose Erfolge entstehen, sobald wir unser Herz öffnen. Auch, oder gerade weil, wir uns damit verletzlich machen. Herzensweisheit steht uns jederzeit zur Verfügung: als Selbstliebe und Nächstenliebe. Jeden Tag, jede Stunde, jede Minute bestimmt die Offenheit unseres Herzens, was in unserem Leben stattfindet oder nicht.

Neulich sagte der Holzbau-Meister: »Hätte ich geahnt, dass meine eigene Engstirnigkeit zu der Missstimmung im Unternehmen geführt hat, hätte ich es nie so weit kommen lassen.« Wie viele andere auch hatte sich Frank so sehr daran gewöhnt, sich auf das zu konzentrieren, was ihn an seinen Mitarbeitern störte. Dabei hatte er nicht gemerkt, wie gering seine Selbstliebe und wie groß der Widerstand gegen seinen eigenen Schatten geworden war.

»Verletzlichkeit macht stark«, hat die Sozialwissenschaftlerin Brené Brown mit ihren Forschungen an der Universität Houston/Texas herausgefunden. Verletzlichkeit ist ihrer Ansicht nach erst die Voraussetzung dafür, dass Liebe, Zugehörigkeit, Kreativität und Freude entstehen. Verletzlichkeit und Liebe sind möglich, sobald wir die Illusion der Trennung aufgeben und nicht länger denken: »Hier bin ich und da ist der andere«, sondern: »Hier bin ich und da ist mein Spiegel.«

Alle Geschichten von Gut und Böse, von Bestrafung,
Schuld und Sühne entstammen letztlich einer einzigen großen
Illusion, der Illusion der Trennung.
Daniel Ackermann

Wir haben die Wahl, welche Art von Beziehungen wir im Business leben wollen. Zwei Optionen stehen uns zur Verfügung. Welche wir wählen, hängt vollständig von uns selbst ab.

Ist das Herz verschlossen ...	Ist das Herz geöffnet ...
... bestimmen mentale Kontrolle und emotionale Verschlossenheit unsere Beziehungen.	... bestimmen Offenheit, Ehrlichkeit und Freiheit unsere Beziehung.
... nehmen wir Verletzungen und Verluste persönlich.	... übernehmen wir die Verantwortung für unsere Gefühle und Gedanken.
... sehen wir uns isoliert von anderen.	... nehmen wir negative Gefühle an und nehmen Verletzungen nicht persönlich.
... versuchen wir, Beziehungen zu kontrollieren, zu manipulieren oder zu verändern.	... wissen wir um die Resonanz in uns.
... bestimmen Gefühle der Abhängigkeit unsere Beziehungen, ist entweder der andere von uns abhängig oder wir von ihm.	... lassen wir uns vollständig auf unser Gegenüber ein.
	... begegnen wir jedem mit Respekt, Wertschätzung und

Ist das Herz verschlossen ...	Ist das Herz geöffnet ...
... haben wir das Bedürfnis, immer gut dazustehen, und nehmen uns in einigen Bereichen zurück (Schattenanteile werden größer). ... schützen wir uns, indem wir uns unangreifbar machen oder andere angreifen (Angriff ist die beste Verteidigung).	Offenheit. ... bejahen wir alle unsere Erfahrungen. ... können wir vergeben – uns und anderen. ... leben wir wertschätzende Begegnungen jeder Art. ... haben wir Verständnis für die Andersartigkeit eines jeden.
... bleibt Trennung bestehen	**...wird Verbundenheit möglich**

»Liebe im spirituellen Sinne ist gleichbedeutend mit Verbundenheit und ist damit der ursprüngliche Bewusstseinszustand aller Wesen, die im kosmischen Bewusstsein verbunden sind. Diese Liebe stellt keine Bedingungen und ist – jenseits unserer Wahrnehmungsfilter – immer vorhanden«, so beschreibt Jörg Starkmuth diese Liebe in seinem Buch *Die Entstehung der Realität*.

Tägliches Training & Transformation

Wir haben immer die Wahl, ob wir unsere aktuellen Erfahrungen abwertend oder wertschätzend betrachten, sie bekämpfen oder in Liebe bejahen. Wir haben die Freiheit zu wählen, ob wir auf der Bewusstseinsebene eines geschlossenen Herzens agieren oder ob wir auf Basis eines offenen Herzens handeln.

Sie sehen: Liebe im Business hat nichts mit einer »Weichspüler-Wirtschaft« zu tun, in der es weder Disziplin noch Diskurse oder Durchsetzungsvermögen gibt. Im Gegenteil. Diese Liebe hat viel mit unserer Bewusstheit über unsere Verbundenheit zu tun. Wenn wir aufhören, andere abzuwerten, und beginnen, jede Begegnung als Spielfeld für unsere Selbstentfaltung zu erkennen, können wir jederzeit empathisch, effektiv und effizient handeln. Verständnis, Wertschätzung und Dankbarkeit sind die Schlüssel dazu.

1. Gefühlstransformation

Wann immer Sie jemand »triggert«, »Ihre Knöpfe drückt« oder Ihre innere Stimme sagt: »Autsch, voll erwischt«, gehen Sie wie folgt vor:

1. Schritt: Seien Sie vollständig präsent
Kommen Sie mit allen Sinnen in die Gegenwart.
Werden Sie gewahr, was Sie gerade denken und fühlen.
»Was denke und fühle ich?«
»Wo fühle ich etwas?«
»Wie fühlt es sich an?« ...

2. Schritt: Aktivieren Sie Ihren Beobachter
Treten Sie innerlich zurück und beobachten Sie, was in Ihnen geschieht.
Nehmen Sie sich und Ihr Gegenüber vor Ihrem inneren Auge als eins wahr. Erkennen Sie: »Der andere ist mein mögliches Selbst. Alles, was mich an ihm stört/fasziniert, ist auch in mir.«
Bemerken Sie, wie sich Ihr Blickwinkel verändert.

3. Schritt: Erkennen Sie Abkürzungs- oder Fluchtwege
Durchschauen Sie Ihre Zufluchtsorte. Jeder hat andere. Welches sind Ihre? Überprüfen Sie: »Was würde ich normalerweise jetzt tun?«
Aggression oder Rückzug, Arbeit oder Lethargie, Essen oder Alkohol ...
Nehmen Sie Ihren ersten Impuls wahr und reagieren Sie nicht! Widerstehen Sie dem Impuls, sich abzulenken.

4. Schritt: Herztransformation
Halten Sie Ihren Fokus beobachtend auf Ihrem Gefühl.
Seien Sie bereit, es voll und ganz anzunehmen, es liebevoll zu umarmen.
Nehmen Sie wahr, wie die Intensität des Gefühls nachlässt.
Bleiben Sie dabei, bis Ruhe einkehrt.
Freuen Sie sich: Gebundenes Bewusstsein wurde befreit.

5. Schritt: Entscheiden Sie

Legen Sie eine Hand aufs Herz. Falls das in der Situation nicht angemessen erscheint, konzentrieren Sie sich einfach auf Ihr Herz.

Fragen Sie sich: »Gibt es aus Sicht meines Herzens etwas zu tun? Und falls ja, was würde die Liebe tun?«

Die Stimme des Herzens ist meist leise und lässt manchmal auf sich warten. Bleiben Sie aufmerksam und haben Sie Geduld mit sich. Sich auf das Herz zu konzentrieren hilft, Situationen zu entspannen.

Was würde die Liebe tun?

Diese Frage bringt in der Regel andere Antworten als das übliche Reiz-Reaktionsmuster. Es braucht Liebe, um der Angst in uns zu widerstehen. Gleichzeitig ermöglicht die Liebe, dass wir eine enorme Menge Bewusstseinskapital zurückgewinnen. Wenn das kein Grund zur Freude ist. Lieben Sie sich selbst und Ihr Gegenüber!

Fazit: Konzentrierte Selbstbeobachtung ermöglicht, Strudel und Stromschnellen im Zusammensein mit anderen zu erkennen. Je mehr wir Zeuge/Beobachter unseres eigenen Denkens werden, umso mehr verändert das unser Gefühl für das WIR.

2. Schattenintegration

Diese Übung ermöglicht, Projektionen zu erkennen und Schattenmuster zu entschärfen. Sie wissen doch: Alles, was wir kennen, hat keine Macht über uns. Alles, was im Verborgenen lebt, macht Angst. Je mehr Licht Sie in Ihr Leben bringen, desto entspannter können Sie sich auf Beziehungen und Begegnungen mit anderen einlassen.

Schreiben Sie die Namen aller Personen auf, die starke Gefühle in Ihnen wachrufen (Ablehnung und Anziehung), zum Beispiel:

Ich kann … (Peter) nicht leiden, weil …(der so ein Spießer) ist.
Ich finde … (Petra) großartig, weil … (die so professionell) ist.

Finden Sie heraus, welche Aspekte es sind, die Sie anziehen oder abstoßen. Tun Sie einfach einmal so, als hätten Sie alle diese Charakterzüge, beispielsweise Kleingeistigkeit oder Großzügigkeit, Egoismus oder Selbstaufgabe, Präsenz oder Schüchternheit ...

Wie fühlt sich das an? Schließen Sie die Augen und legen Sie eine Hand auf Ihr Herz!

> **1. Dunklen Schatten integrieren:**
> *»Ich bin genauso ... (ein Spießer) wie ... (Peter),*
> *ich habe es mir bisher nur nicht eingestanden.*
> *Ich danke ...(Peter), dass ... (er) mir das gespiegelt hat.«*
> Fühlen Sie, was sich alles in Ihnen entspannt.
>
> **2. Goldenen Schatten integrieren:**
> *»Ich bin genauso ... (professionell) wie ... (Petra),*
> *ich habe es mir bisher nur nicht eingestanden.*
> *Ich danke ... (Petra), dass ... (sie) mir das gespiegelt hat.«*
> Fühlen Sie, was sich alles in Ihnen entspannt.

Nur in der Liebe sind Einheit und Zweiheit
nicht im Widerstreit.
Novalis

3. Würdigung und Wertschätzung

Als Selbstständige und Unternehmer haben wir im Laufe der Zeit viele prägende Erfahrungen gesammelt. Vor allem einschneidende Erfahrungen hinterlassen Spuren in unserem Quantenfeld. Wollen wir uns davon lösen und wieder frei sein für neue Erfahrungen, helfen Würdigung und Wertschätzung.

Alles, was im Universum vorhanden ist, wünscht unsere Akzeptanz und Wertschätzung. Alles, was JETZT ist, hat eine Vergangenheit und wünscht Beachtung.

> Prüfen Sie: Wie sehr würdige und wertschätze ich ...
> ... die Andersartigkeit meiner Mitmenschen:
> Kunden, Mitarbeiter ...?
> ... Vorreiter und Ideengeber meines heutigen
> Geschäftsmodells?

Charlie Chaplin offenbarte am 16. April 1959 – an seinem 70. Geburtstag –, wie sich sein Leben änderte, als er begann sich selbst zu lieben:

Als ich mich zu lieben begann,
da erkannte ich,
dass mich mein Denken armselig und krank machen kann.
Als ich jedoch meine Herzenskräfte anforderte,
bekam der Verstand einen wichtigen Partner.
Diese Verbindung nenne ich heute HERZENSWEISHEIT.

Wir brauchen uns nicht weiter vor Auseinandersetzungen,
Konflikten und Problemen mit uns selbst und anderen fürchten,
denn sogar Sterne knallen manchmal aufeinander und es entstehen
neue Welten. Heute weiß ich: DAS IST DAS LEBEN!

Zusammenfassung

4. Erfolgsprinzip:
Liebe

In der Liebe zum Ganzen
tritt das Individuelle in Erscheinung.
Krishnamurti

1. Das Erfolgsprinzip der Liebe steht für Selbstliebe, Nächstenliebe und bedingungslose Liebe.
2. Liebe im spirituellen Sinne ist gleichbedeutend mit Verbundenheit und damit der ursprüngliche Bewusstseinszustand aller Wesen.
3. Auf Quantenebene stehen uns alle menschlichen Charaktereigenschaften zur Verfügung. Je mehr wir diese in uns integrieren, desto echter sind wir.
4. Beziehungsprobleme lösen sich immer dann, wenn wir erkennen, welche Eigenschaften wir bisher an uns selbst abgelehnt haben, und diese liebevoll integrieren.
5. Liebe wertet den auf, der liebt, und wertet den auf, der geliebt wird. Deshalb ist sie das größte Geschenk an die Welt.
6. Wo bedingungslose Liebe wächst, da wächst Bewusstheit: Demut, Reife, Vertrauen, Ehrlichkeit und Authentizität nehmen zu.

»Was war für mich in diesem Kapitel besonders wichtig?«

5. Erfolgsprinzip: Initiative

Geisteskräfte:
Macht und Unternehmenslust

Initiative ist gelebter Unternehmensgeist. Je mutiger wir unser inneres Feuer leben, desto kraftvoller wirken unsere Worte und Taten. Das Anziehende, das jeder in sich trägt, kommt zum Vorschein: »Das gewisse Etwas«. Diese Energie macht unsere Angebote attraktiv.

Initiative hat damit zu tun, voller Freude und Macht die Gegenwart zu gestalten. Und auch damit, gemeinsam mit anderen Großartiges zu leisten. Mit Leib und Seele präsent zu sein und unsere Talente, Fähigkeiten und Fertigkeiten in den Dienst des Lebens zu stellen. Dazu gehört zu wissen, was man will, kann, darf und diese Dinge auszudrücken.

Initiative ist die Selbstverpflichtung, unser Inneres wirklich zu äußern. Sie beruht auf der Bereitschaft, Risiken einzugehen und Ängste zu überwinden. Initiative ist ein Wort, das immer schon eng mit Erfolg verbunden war.

Schließlich können unsere weiblichen Energien der Verbundenheit, Integrität und Weisheit ohne die männliche Ausdruckskraft und Unternehmenslust keine Fülle in unser Leben bringen. Initiativ sein ist das Gegenteil von destruktiv sein. Erst wenn wir uns unmissverständlich äußern, nutzen wir die hohe Schwingung des Klangs und können mühelos Erfolge erzielen. Erst wenn wir unser Inneres nach außen bringen, manifestieren sich unsere Ideen in der Welt.

Während die bisherigen Erfolgsprinzipien die Basis für ein Leben in Fülle und Überfluss schufen, holt der gelebte Selbstausdruck unsere Visionen, Herzensanliegen und Lebenspläne in die sicht- und spürbare Welt. Während uns die Auseinandersetzung mit den Themen Verbundenheit, Integrität, Weisheit und Liebe innere Klarheit bescherte, schenkt uns das Prinzip der Initiative die Energie der Ausdruckskraft.

Womöglich möchten Sie jetzt aufhören zu lesen, weil Sie auf die mühevolle Umsetzung von überholten Erfolgsstrategien keine Lust haben. Keine Sorge: Hard work is out. Flow is in. Initiative geht auch anders: über Unternehmenslust, Synchronizitäten und

Synergieeffekte – und die Antwort auf die Frage: »Warum?« und »Wozu?«

Wer der Masse nachläuft, findet Gedränge oder
abgegraste Felder. Wer sich dem Neuen, dem Zarten, dem
Vergessenen zuwendet, den/die belohnt das Leben.
Bernd Isert

Es war Montag, 28.04.2014, als das Telefon klingelte: »Echnaton Verlag, mein Name ist Diana Schulz. Ich lese gerade ihren Newsletter und musste einfach anrufen: Frau Oberdorf, haben Sie Lust, ein Buch mit mir gemeinsam zu veröffentlichen?«

Das war Funkenflug pur. Mein Herz jubelte. Es dauerte gerade einmal drei Tage, bis das Konzept stand, und ich legte los. Heute ist Sonntag, der 26.10.2014, und das Projekt befindet sich in der Endphase des Schreibens. Alles an diesem Projekt war getragen von Inspiration, Leidenschaft und Lust – bei allen Beteiligten. Auch wenn die einzelnen Schritte von jedem von uns viel Zeit, Engagement und Entscheidungen forderten.

So etwas erleben wir immer wieder, wenn wir oder unsere Kunden dem Ruf der Seele folgen und Ideen aktiv in die Welt bringen.

Kennen Sie das Gefühl, mit dem Fahrrad unterwegs zu sein und Rückenwind zu haben? Alles geht ganz leicht, man kommt ganz schnell vorwärts. Voller Freude am Vorankommen genießt man seine Schwungkraft und die Unterstützung des Universums. Gleichzeitig tritt man kraftvoll in die Pedale, weil man selbst die Verantwortung für den eigenen Weg beibehält.

Das ist Leben im Einklang mit dem eigenen Weg: Möglichkeiten ausschöpfen, das Miteinander genießen und Machbares verwirklichen. Das Erfolgsprinzip der Initiative steht dafür, gemeinsame Chancen zu erkennen, Synergieeffekte zu nutzen und sich kraftvoll einzubringen. Unsere Energie, Entschlossenheit und Einsatzbereitschaft bestimmen schließlich über …

... unsere authentische Präsenz in der Welt
... wahrhaftige Kommunikation
... glückliche Zufälle (Synchronizitäten)
... Kundenzulauf und Einkommen
... neue Erfahrungen, neue Entwicklungen, neue Erfolge
... Erfüllung, Fülle und Überfluss

Wenn Initiative fehlt

»Wie geht es weiter?« Immer wieder stellt sich diese Frage. Leben ist Wandel und gerade heute ändern sich Märkte rasant. Viele Menschen haben Angst, falsche Entscheidungen zu treffen, und warten häufig erst einmal ab. Mal schauen, wie sich die Dinge entwickeln. Manchmal dauert es eine längere Zeit, bis wir uns neu sortiert haben und den Verlust lieb gewordener Erfolge verdaut haben, bis wir wieder in der Lage sind, neu zu handeln.

Wenn Unentschlossenheit, Wankelmut und Zaudern über längere Zeit unser Leben bestimmen, üben wir keine Anziehungskraft auf andere aus – weder wir noch unsere Angebote. Wann immer wir zurückhaltend, zaghaft und zweifelnd sind, fehlt uns das innere Feuer, um die Herzen anderer zu entzünden. Selbst wenn andere unsere Ideen freundlich bejahen, wird unsere Energie nur lauwarm und wirkungslos im Raum verpuffen.

Lauwarme Worte und halbherzige Taten haben noch nie nachhaltiges Wachstum ermöglicht. Wann immer wir stumm und defensiv sind, können wir im Quantenfeld keine Resonanz erzeugen – weder als Unternehmer noch als Selbstständige und schon gar nicht als Existenzgründer. Erst die aktive Klangschwingung einheitlicher Botschaften und der gelebte Selbstausdruck erschaffen eine kraftvolle Aufladung, Ausstrahlung und Anziehungskraft.

Initiative fußt auf zwei Geisteskräften. Erstens, der Geisteskraft der Unternehmenslust. Sie steht für unseren Tatendrang und unseren Wagemut, der uns erlaubt, uns voller Begeisterung in der Welt zum Ausdruck zu bringen. Selbstverständlich Projekte mit anderen gemeinsam zu machen, Großartiges entstehen zu lassen und immer wieder ein starkes »Ich-Du-Wir« zu genießen – nur so wachsen wir über uns hinaus.

Zweitens, der Geisteskraft der Macht. Der Macht der Worte. Wunder entstehen, sobald wir Wort halten, uns selbst und anderen gegenüber. Erfolge entstehen, sobald wir Raum einnehmen und uns äußern. Erfüllung entsteht, wann immer wir mit unserem Denken und Sprechen im Einklang mit uns selbst sind – gleichgültig, ob andere unsere Position ablehnen, angreifen oder infrage stellen.

1. Geisteskraft: Unternehmenslust

Na, haben Sie Lust, noch die Vorgeschichte zu erfahren, wie es aus unserer Sicht wirklich zu diesem Buch kam? Wir denken, es war ein Synergieeffekt, der Diana Schulz dazu gebracht hat, uns anzurufen.

Ein Jahr, bevor unsere Verlegerin anrief, hatte ich (Astrid-Beate) am Jahresende in einer Meditation die unmissverständliche Eingebung: »Du wirst Autorin.«

Ich! Wenn Sie wüssten, wie viele Jahre ich mich mit der Erstellung von Texten rumgequält habe. Sicher, ich bin ein echter Bücherwurm und liebe es zu lesen. Aber bis zu dem Zeitpunkt liebte ich es nicht, aufwendige Texte zu verfassen. Hätte mich ein Verleger fünf Jahre zuvor gefragt, wäre mir das so vorgekommen, als würde man einen Karpfen fragen, ob er gerne Kapitän auf einem Kreuzfahrtschiff werden möchte. Nur weil er sich in dem Element Wasser gut zurechtfindet, kann er noch lange kein Schiff navigieren. Aber das unterscheidet uns Menschen von Tieren – wir können über uns hinauswachsen und neue Kompetenzen erwerben. Denn trotz meiner früheren Schreibblockaden inspirierte mich der Gedanke, Autorin zu sein. Ich verliebte mich in den Gedanken und akzeptierte ihn. Er wurde mir zur Selbstverpflichtung. Ich sagte Ja! zu ihm, 100 %, ohne Wenn und Aber.

Und was macht eine Autorin? Schreiben. Ich habe meine Aufgabe ernst genommen und geschrieben. Aller Anfang ist schwer: Ständig kamen neue Herausforderungen auf mich zu. Gleichzeitig begeisterten mich meine eigenen Bemühungen immer mehr. Meine Freude am Schreiben wuchs, je mehr Hürden ich meistern konnte. Und dann war klar: Ich brauche einen fruchtbaren Austausch. Also belegte ich einen Onlinekurs »Sachbuch schreiben«. Die Zeit war hart, die Lernaufgaben waren herausfordernd und die Hälfte der Kursteilnehmer nach einer Woche nicht mehr dabei.

Abends fiel ich todmüde ins Bett, nachdem ich meine Hausaufgaben dem Dozenten und meinen Mitschülern geschickt hatte. Morgens wachte ich meistens total neugierig auf und stand gerne auf, um nach dem Feedback der anderen zu schauen. Je mehr ich in das Thema eintauchte, desto mehr vergingen die Stunden wie im Fluge. Ich war im Flow. Nach dem Kurs war mir klar, was für eine erste Hürde ich genommen hatte und was für eine weitere noch vor mir lag, wollte ich wirklich Autorin sein. Ich sprach mit anderen und war erstaunt, wie viele Menschen den Wunsch in sich trugen, ein Buch zu veröffentlichen. Viele hatten angefangen und es nach kurzer Zeit in die Schublade gepackt. Dort lag es dann meist seit Jahren unberührt.

Mir wurde mulmig, je mehr ich von nicht vollendeten Büchern hörte. Würde ich es schaffen? Wahrscheinlich kennen Sie diesen Punkt auch. Ich stand vor der Wahl, meinen inneren Impuls zu ignorieren und die Idee zu verwerfen oder meiner inneren Stimme Ausdruckskraft zu verleihen.

Autorin zu sein, fühlte sich auf der einen Seite richtig gut an, auf der anderen Seite sah ich meine schriftstellerische Inkompetenz. Wie jedes Handwerk will auch Schreiben gelernt sein. Und ich fasste einen Entschluss: Ich lerne es, bis ich es kann! Meine Unternehmenslust war geweckt und ich schrieb: Newsletter, Seminarausschreibungen, Internetseiten ... Und ich schenkte jedem meiner Texte meine volle Liebe, Lust und Leidenschaft. Irgendwann gab es dann den Punkt, an dem ich merkte – jetzt gefallen mir meine Text. Ich bin gut!

Was ich damit sagen will: Hassthemen können zu Herzensangelegenheiten werden – wenn wir bereit sind, unsere Ziele im Auge zu behalten und über uns selbst hinauszuwachsen. Bernd Isert, einer meiner Coaching-Lehrer sagte: »Wunder sind Lösungen, die innen geschehen; als würde sich etwas erweitern, etwas abfallen, etwas erlaubt werden.«

Fehlt Unternehmenslust, fehlt Mut

Fehlende Unternehmenslust zeigt sich, wann immer unsere Wünsche über Jahre die gleichen bleiben und sich nichts in unserem Leben ändert, außer dass die Jahre vorübergehen und unser Frust wächst. Fehlende Unternehmenslust zeigt sich, wann immer unsere Angst vor Misserfolgen oder schmerzhaften Erfahrungen uns davon abhält, unseren Weg zu gehen.

Dumm ist nur: Wenn wir nicht das tun, was wir wollen, dann tun wir in der Regel, was wir nicht lieben, dessen Sinn wir fragwürdig finden. Dann arbeiten wir an Aufgaben, die uns auslaugen, verfolgen Ziele, die uns nicht entsprechen, bekommen Lohn, den wir als Schmerzensgeld verbuchen, befinden uns in einer Umgebung, die uns nicht entspricht, stehen morgens unmotiviert auf und gehen abends erschlagen ins Bett. Und all das, weil wir auf ein besseres Leben warten, statt es zu ermöglichen.

Zwei Gründe, warum Unternehmenslust so oft fehlt

Erstens: Als Kinder waren wir alle Feuer und Flamme für alles Mögliche. Je mehr uns die Erziehung zu Skeptikern und Realisten gemacht hat, umso schwerer fällt es uns heute, über den Status quo hinauszudenken und die Welt als Spielfeld neuer Möglichkeiten zu betrachten.

Zweitens: Vertrautes zu verlassen, ist immer unbequem. Aus der Komfortzone herauszutreten, macht immer Angst. Manchmal haben wir Angst, unsere Ziele nicht zu erreichen, unseren eigenen Ansprüchen nicht gerecht zu werden oder dass sich der Aufwand nicht lohnt. Manchmal haben wir Angst, dass unsere Entscheidungen anderen nicht gefallen, wir bisherige Verpflichtungen nicht mehr erfüllen können und deshalb kritisiert, abgelehnt, ausgegrenzt oder gar verlassen werden.

Sobald wir in neue Gebiete aufbrechen, befinden wir uns jenseits des Vertrauten, Gewohnten und Kalkulierbaren. Wir verlassen den Raum unseres bisherigen Könnens und werden anfangs unsicher und verwirrt sein. Frust und Fehlschläge werden unsere anfängliche Freude teilweise trüben und Teil des Weges sein.

Gleichzeitig liegt genau hier unser größter Schatz: Wir werden uns selbst begegnen – unseren Stärken und Schwächen. Sobald wir unser Herz für uns öffnen, unseren Sehnsüchten folgen und unseren eigenen einschränkenden Mustern begegnen, gewinnen wir Bewusstsein zurück und damit Schöpferkraft.

Das Leben ist eine Reise, die die Aussöhnung mit der verborgenen Seite der Seele einfordert – mit jeder Erfahrung und jeder Begegnung mit anderen. Je mutiger wir uns unseren Wünschen und Ängsten stellen, desto mehr werden wir mit Zufriedenheit und Erfüllung belohnt.

Erinnern Sie sich an die Antrittsrede von Nelson Mandela, bei der er das Gedicht von Marianne Williamson nutzte, um seine Absichten zu untermauern? Kaum ein Sinnspruch hat seitdem die Herzen der Menschen so sehr berührt:

»Unsere tiefgreifendste Angst ist nicht, dass wir ungenügend sind, unsere tiefgreifendste Angst ist, über das Messbare hinaus kraftvoll zu sein.

Es ist unser Licht, nicht unsere Dunkelheit, die uns am meisten Angst macht.

Wir fragen uns, wer bin ich, mich brillant, großartig, talentiert, phantastisch zu nennen?

Aber wer bist Du, Dich nicht so zu nennen?

Du bist ein Kind Gottes.

Dich selbst klein zu halten, dient nicht der Welt.

Es ist nichts Erleuchtetes daran, sich so klein zu machen, dass andere um Dich herum sich nicht unsicher fühlen.

Wir sind alle bestimmt, zu leuchten, wie es die Kinder tun.

Wir sind geboren worden, um den Glanz Gottes, der in uns ist, zu manifestieren.

Er ist nicht nur in einigen von uns, er ist in jedem einzelnen.

Und wenn wir unser Licht erscheinen lassen, geben wir anderen Menschen die Erlaubnis, dasselbe zu tun.

Wenn wir von unserer eigenen Angst befreit sind, befreit unsere Gegenwart automatisch andere.«

Marianne Williamson

Keine Chance, unter der eigenen Flughöhe zu segeln

In der Regel sind es zwei Ängste, die uns davon abhalten, das Leben zu leben, das uns entspricht: Erstens, die Angst, Opfer zu werden. Zweitens, die Angst, Schöpfer zu sein. Deshalb macht es Sinn, die Angst mal außer Acht zu lassen, damit Sie sich selbst besser auf die Spur kommen.

> Wenn ich keine Angst hätte, ...
> ... was würde ich dann gerne mehr tun?
> ... was würde ich dann gerne weniger tun?
> ... womit würde ich dann gerne beginnen?
> ... was würde ich dann gerne beenden?

Übung:

Unternehmenslust wecken

Wenn es Ihnen manchmal nicht so leichtfällt, Unternehmenslust zu entwickeln, dann kann es Sinn machen, mithilfe der folgenden Fragen genauer hinzuschauen. Das Gute ist: Ihre Denk-, Fühl- und Verhaltensmuster werden Ihnen bewusster. Gleichzeitig erkennen Sie, welchen Preis Sie zu zahlen haben – wenn Sie den Weg des Herzen gehen oder auch nicht.

1. Schritt

Welcher Wunsch schlummert in Ihnen und wartet darauf, dass Sie ihn voller Tatkraft ins Leben bringen? Welche Sehnsucht zeigt sich immer wieder und möchte, dass Sie sie ernst nehmen? ...

Formulieren Sie als Erstes eine konkrete Absicht, z. B.: »Ich will Autorin sein!«

Ich will ....

2. Schritt

Konkretisieren Sie diese Absicht, indem Sie die folgenden Fragen beantworten:

Selbstverpflichtungs-Fragen	Projekt
1. Warum und wozu will ich das Ziel erreichen? Was verspreche ich mir davon?	
2. Wie will ich das Ziel erreichen? (auf welche Weise)	
3. Welchen Preis habe ich dafür zu zahlen? Was muss ich dafür aufgeben? Bin ich bereit dazu? (Sie können sich auch fragen: Was hat mich bisher abgehalten?)	

Selbstverpflichtungs-Fragen	Projekt
4. **Welchen Preis** habe ich zu zahlen, wenn ich das Ziel **nicht** verfolge? (Nicht versuche oder vorzeitig abbreche ...)	
5. **Wofür bin ich dankbar,** wenn ich das Projekt vollende? Worauf freue ich mich?	
6. **Welche früheren Erfahrungen** könnten mir bei der Verwirklichung helfen?	
7. **Wie entscheide ich mich,** jetzt mit dem Thema umzugehen?	

Unternehmenslust ist dann geweckt, wenn vor allem eins klar ist: »Warum und wozu?« Das Wissen darum, warum und wozu wir etwas wirklich wollen, ist eine enorme Energiespritze. Wenn wir uns dann anschauen, wie es wäre, wenn wir unseren Wunsch ignorieren würden, wird uns der Schmerz bewusst, den wir fortan in unserem Unterbewusstsein mit uns rumtragen müssten: Enttäuschung, Selbstverleugnung und Feigheit.

Unternehmenslust ist die Bereitschaft, etwas zu wagen, zu experimentieren, sich zu erlauben, Erfahrungen zu sammeln, und zwar Erfahrungen jeder Art. Auch hinzufallen, zu scheitern, Fehler und Misserfolge als Lernweg anzusehen. Ruhig immer wieder an seine Grenzen zu gehen und darüber hinaus. So können wir neue Ideen in die Welt bringen, die uns entsprechen – ganz nebenbei entwickeln wir mehr und mehr eine Stehaufmännchen-Mentalität und neues Selbstbewusstsein.

Ich will ehrlich sein. Früher fiel es mir nicht leicht, dem Ruf meines Herzens zu folgen. Oft habe ich mich von meiner Angst bremsen lassen. Heute genieße ich dagegen meine Unternehmenslust. Sie hilft mir, Projekte mutig anzufangen und freudvoll zu vollenden. Habe ich einmal Ja zu etwas gesagt, stelle ich es in der Regel nicht mehr infrage. Misserfolge und Ängste nutze ich, um gebundenes Bewusstsein zurückzugewinnen.

Wenn du zu wenig Erfolg hast,
erhöhe die Geschwindigkeit mit der du Fehler machst.
Thomas Edison

3 Tipps, um Ihre Unternehmenslust zu stärken

1. Andere informieren

Meine Ziele erreiche ich immer dann am besten, wenn ich anderen von ihnen erzähle. Während des Buchprojekts wurde ich immer wieder danach gefragt: »Wie weit bist Du?« Mir hat das jedes Mal einen Impuls gegeben, wirklich dranzubleiben. Es wäre mir unangenehm gewesen, wenn ich hätte sagen müssen: »Oh, die ersten hundert Seiten sind fertig. Sie liegen in der Schublade ...«

Deshalb: Informieren Sie Ihr Umfeld über Ihre Ziele und Vorhaben. Dann haben andere auch mehr Verständnis, wenn Sie Ihre Zeit und Energie für einen überschaubaren Zeitraum aus Beziehungen rausziehen. Außerdem können Ihre Mitmenschen Sie dann besser bei Ihren Vorhaben unterstützen.

2. Planen und Prioritäten setzen

Wissen Sie, wie man einen Elefanten isst? Bissen für Bissen. Ich vollende Projekte am besten, wenn ich mir eine klare Deadline setze – so eine Art Selbstverpflichtung. Auch wenn ich sie nicht einhalte, bin ich doch eher fertig, als wenn ich das Projekt einfach laufen lassen würde.

Und jedes Projekt, das man in kleine Häppchen einteilt, ist längst nicht mehr so unüberwindbar groß. Mein Buchprojekt erschien mir anfangs riesig. Nachdem ich es in verschiedene Phasen unterteilt hatte, fühlte es sich schon viel machbarer an: Es gab eine Phase für die Recherche, Zitatensammlung, Buchauswahl, Schreiben ...

Überlegen Sie: Wie können Sie Ihr Projekt durch sinnvolle Phasen und Termine gliedern? Welche Häppchen würden Ihnen den Weg erleichtern?

3. Wegstärkung

Wann immer ich das Gefühl hatte, der Sache nicht gewachsen zu sein, erinnerte ich mich an vergangene Projekte und Erfolge. Wann immer bei Ihnen eine Durststrecke kommt, ist es gut, wenn Sie sich bewusst machen, was Sie schon alles bewerkstelligt haben: »Worauf bin ich stolz?« Die Frage lenkt unseren Fokus sofort wieder auf unsere Kompetenz – und schon kommt die Unternehmenslust wieder ins Fließen.

Der Lohn ist nicht Vergnügen, sondern Tiefe – eine wirkliche
Verbindung mit unserer Welt und mit uns selbst.
Arjuna Ardagh

Vor Kurzem fragten wir eine erfolgreiche Trainerin, was sie tut, um ihre Unternehmenslust wachzuhalten. Bereitwillig erzählte sie uns aus dem Nähkästchen: »Mehrmals im Jahr werde ich zu Kongressen eingeladen. Jedes Mal ist es dasselbe. Wenn ich die Einladung erhalte, ist meine Begeisterung sofort geweckt. Zuhörern neue Ideen mitzugeben, beflügelt mich einfach. Aber ich weiß auch, dass diese Arbeit einen hohen Preis hat.

Um 30 oder 45 Minuten vor einem großen Publikum zu sprechen, habe ich mindestens einen Tag Arbeit und meistens auch noch einen Tag An- und Abreise vor mir. Manchmal, wenn ich müde bin, frage ich mich, ob sich der Aufwand lohnt. Und dann erinnere ich mich, an die Gesichter meines Publikums. Ich weiß einfach, wie gut es sich anfühlt, wenn ich auf der Bühne stehe. Dieses Gefühl ist jede Mühe wert. Dafür gebe ich alles! Menschen zu inspirieren, das ist einfach meine Mission. Meine Unternehmenslust halte ich lebendig, indem ich mir immer wieder bewusst mache, wofür ich es tue.«

Wenn ein enthusiastischer Mensch strahlend durch die Tür
reinkommt, dann brechen alle Dämme. Was für ein Unterschied zu
den erloschenen Vulkanen, die zum Teil rumhängen.
Erwin Staudt

2. Geisteskraft:
Macht

Die Geisteskraft der Macht steht für unsere »Stimme in der Welt«, unseren Selbstausdruck. Sie schenkt uns die Kraft, unser Inneres zu äußern. Das heißt: klar, kraftvoll und konstruktiv zu kommunizieren.

Die Geisteskraft der Macht schenkt uns die Energie für wahrhaftige Worte und unsere stimmige Präsenz in der Welt. Sind wir hier gut geöffnet und in Balance, können wir von uns behaupten:

> »Ich spreche gerne mit anderen über meine Ideen.«
> »Ich kann andere mit meinen Worten inspirieren.«
> »Ich fühle mich anderen gegenüber gleichwertig.«
> [...]

Erfolg entsteht, sobald wir in der Lage sind, unser Innerstes authentisch zu äußern und andere zu begeistern. Erfüllung entsteht, wenn wir andere für uns gewinnen und mit ihnen gemeinsam Erfolge erzielen: Wenn wir in der Lage sind, Mitarbeiter zu motivierten Mitschöpfern zu machen; Kunden über Angebote zu informieren und sie zur Zusammenarbeit zu inspirieren; Kollegen und Kooperationspartner für gemeinsame Projekte zu finden ...

Wann immer zwei oder mehr Menschen zusammenkommen, entsteht etwas, was größer ist als jeder Einzelne. Es entsteht ein »Gruppenfeld«. Gruppenfelder haben eine enorme Macht – die Macht des Miteinanders. Sind wir als Einzelperson in der Lage, gemeinsam mit anderen unsere Schwingung auf ein gemeinsames Ziel auszurichten, entsteht Quantenkohärenz – starke Synergieeffekte sind die Folge. Je empathischer wir unsere Bedürfnisse ausdrücken und die anderer berücksichtigen, desto mehr beschleunigen wir die Wachstumsprozesse aller Beteiligten.

Beziehung ist der Spiegel, in dem wir uns selbst
so sehen, wie wir sind.
Krishnamurti

Wunsch und Wirklichkeit

Wir haben uns oft gefragt, warum es vielen Menschen so schwerfällt, ihre Macht einzunehmen. Wir haben eine Antwort gefunden: Es ist die Angst vor Ablehnung. Sie hindert uns daran, unsere Stimme in die Welt zu bringen. Stellen Sie sich vor:

Schätzungsweise 40 % aller Menschen leiden unter der Angst, sich öffentlich zu äußern. Großveranstaltungen zu moderieren, ist dabei noch nicht einmal gemeint. Vielmehr sind es die ganz alltäglichen Situationen, die wir als Selbstständige und Unternehmer erleben: die aktive Äußerung bei Projektbesprechungen, Meetings, Diskussionsrunden, Teamsitzungen, Netzwerktreffen ...

Die Top 10 der größten Schwierigkeiten von Dienstleistern werden immer wieder über eine Studie ermittelt und über den KfW-Gründungsmonitor veröffentlicht. Was glauben Sie welche Herausforderungen auf den vorderen Rängen liegen: Finanzielles Risiko? Angst vor sozialem Abstieg? Konjunkturelle Schwankungen? Alle drei wären denkbar. Sie sind es aber nicht. Auf Platz 1 liegen: Auftragsakquise und Kundenkontakte!

Aus unserer langjährigen Erfahrung wissen wir, dass es in der Regel eine überhöhte Kritikempfindlichkeit ist, die es Menschen schwer macht, sich auf das Miteinander mit anderen einzulassen.

Die Kommunikationsexpertin Barbara Berckham beschreibt das Phänomen in ihrem Buch *Wie Sie anderen den Stachel ziehen* so: »Kritikempfindlichkeit ist die Angst vor Ablehnung, sie wird durch eine bestimmte innere Einstellung genährt. Diese innere Einstellung sieht von Mensch zu Mensch anders aus. Aber in groben Zügen lässt sie sich ungefähr so zusammenfassen:

Wenn jemand meine Leistung oder mein Verhalten kritisiert, dann werde ich als ganze Person infrage gestellt. Ist meine Leistung oder mein Verhalten fehlerhaft, bin ich fehlerhaft. Ist das, was ich tue, schlecht, dann bin ich als ganze Person schlecht. Wenn jemand mir sagt, was ich falsch gemacht habe, ist es für mich so, als würde man mich insgesamt ablehnen.«

Wenn es Ihnen ähnlich geht wie vielen unserer Kunden, dann haben Sie vielleicht starke Visionen, tolle Ideale und knackige Konzepte, aber in dem Moment, in dem Sie diese an den Mann oder die Frau bringen wollen, verfallen Sie in Unentschlossenheit oder Passivität.

Wann immer Ihr Selbstwertgefühl im Kontakt mit anderen verloren geht, Ihnen plötzlich die Worte fehlen, Ihr Kopf von einer

Minute auf die andere leer ist und Sie sich vollkommen inkompetent fühlen, macht es Sinn, genauer hinzuschauen.

Wann immer wir Kontakten aus dem Weg gehen, gehen wir in Wahrheit einer möglichen Kritik aus dem Weg. Oft ist uns diese Einstellung nicht bewusst. Trotzdem ist sie wirksam – sie bringt uns in Vermeidungsstrategien, die Erfolg und Erfüllung beeinträchtigen. Unser Unterbewusstsein steuert unsere Handlung und drei Dinge geschehen:

1. Wir bleiben weit unter unserem möglichen Niveau.
2. Schmerzhafte Erfahrungen wiederholen sich immer wieder.
3. Wir müssen hart arbeiten, um über die Runden zu kommen.

Das menschliche Gehirn ist auf Offenheit und »Konnektivität«
angelegt, darauf, Verbindungen zu knüpfen.
Prof. Dr. Gerald Hüther

Wandel ist möglich

In 90 % der Fälle nutzen wir heute noch das Kommunikationsverhalten aus unserer Kindheit. Das heißt, unser Gehirn hat ganz früh bestimmte Muster abgespeichert, mit denen unser Überleben in unserer Herkunftsfamilie sichergestellt wurde. Es sind vor allem unsere freudvollen und schmerzhaften Erfahrungen der Vergangenheit, die unsere heutige Kommunikation steuern.

Wurden wir von klein auf für unsere Talente gelobt und z. B. immer wieder ermuntert, bei Familienfesten auf dem Klavier zu spielen, wird es uns leichter fallen, uns mit unseren Qualitäten zu »verkaufen«.

Wurden wir hingegen von klein auf angehalten, leise und rücksichtsvoll zu sein, weil es der kranken Großmutter sonst noch schlechter gehen würde, haben wir früh gelernt, uns zurückzuhalten und das Wohl anderer wichtiger zu nehmen als unsere eigenen Bedürfnisse.

Sollten Sie zu den Menschen gehören, denen es schwerfällt, sich anzupreisen, dann haben wir eine gute Nachricht für Sie: Wenn Ihr bisheriges Verhalten für unnötigen Stress sorgt oder gar Erfolg verhindert, können Sie es ändern. Kommunikation ist antrainiert. Und alles, was antrainiert ist, kann neu gelernt werden.

»Das Gehirn ist ein permanent lernendes System«, sagt Joachim Bauer, Professor für Psychoneuroimmunologie. Er belegt: »Jede markante Erfahrung verändert die synaptischen Verschaltungen im Nervenzellen-Netzwerk.«

Das heißt, Zeit unseres Lebens können wir die neuronale Architektur in uns ausbauen – neuronale Plastizität macht es möglich. Das Einzige, was es dazu braucht, ist unsere Entscheidung, uns auf neue freudvollere Erfahrungen einzulassen.

Sie wissen sicher, worum es geht. Haben Sie Ihre Ernährung schon mal auf eine gesündere Kost umgestellt? Mit dem Rauchen aufgehört? Sich vom Couch-Potato zum Hobbysportler gemausert? Sich als eingefleischter Single zum liebevollen Familienvater entwickelt? ... Dann kennen Sie das Gefühl, das sich einstellt, wenn man etwas ermöglicht, was dem Körper-Seele-Geist-System guttut. Man kann sich hinterher gar nicht mehr vorstellen, warum man so lange an seinem eigenen lästigen und ungesunden Verhalten festgehalten hat.

Auch durch die *2-Stühle-Integration*, die Sie am Ende dieses Kapitels kennenlernen werden, können Sie recht schnell eine ganz neue Art von Kommunikation herstellen: empathische Kommunikation auf Augenhöhe. Für viele unserer Kunden ist das das Werkzeug der Wahl geworden, um Ängste zu transformieren und zu einer authentischen Präsenz zu gelangen.

Empathie – der Schlüssel zu bereichernden Beziehungen

Authentische Präsenz sieht und fühlt man über die Energie der Kommunikation. Immer dann, wenn wir keine Angst vor Ablehnung haben, können wir im Kontakt mit anderen wirklich präsent sein, das heißt gegenwärtig, klar, offen und lebendig. In völliger Selbstbejahung können wir unsere Ideen auf ganz natürliche Art und Weise vertreten. Ohne einschränkende Einstellungen und Erwartungen können wir uns offen auf andere und andersartige Meinungen einlassen.

Überzeugend sind wir immer dann, wenn wir von uns überzeugt sind. Wenn wir wissen, was in uns vorgeht, brauchen wir uns nicht länger verstecken und verleugnen. Das hilft keinem.

Die Lautstärke unserer Stimme, Sprechrhythmus, Sprechmelodie und Körpersprache verraten ohnehin immer, was in uns vorgeht. Wir machen immer wieder die Erfahrung, dass die schönsten Worte verpuffen, wenn wir kein Gespür für das haben, was in uns und anderen vorgeht. Das ist verständlich, tragen doch Worte nur mit 7 % Inhalt zur Kommunikation bei – 93 % macht unsere Energie aus. Wer viel über Rhetorik weiß, kann Inhalte gut vermitteln, aber noch lange nicht die Herzen seiner Zuhörer erreichen.

Über Kommunikation kann man durch Lesen viel lernen. Aber eins nicht: Empathie. Empathie ist die Basis bereichernder Beziehungen, die man erst im Austausch mit anderen entfaltet. Je mehr Einfühlungsvermögen wir für uns und andere aufbringen, umso besser können wir uns einbringen und abgrenzen. Je mehr uns die Bedürfnisse aller Beteiligten bewusst sind, desto schneller können wir eine Wellenlänge von Wertschätzung miteinander erreichen. Dabei ist es gleichgültig, ob es sich um unseren Selbstausdruck in Bezug auf Kunden, Kollegen, Kooperationspartner, Mitarbeiter oder Lieferanten handelt – Kommunikation ist immer eine hohe Kunst.

Wer sich auf bereichernde Beziehungen einlässt, lässt sich auf einen lebendigen Tanz zwischen zwei Extremen ein. Ständig sind wir aufgefordert, den nächsten Schritt zu tun, entweder in die eine oder in die andere Richtung:

- Vertrauen und Vorsicht
- Führung und Hingabe
- Nähe und Distanz
- Präsenz und Rückzug
- Reden und Zuhören
- Sachlichkeit und Emotionalität
- Selbstdarstellung und Bescheidenheit
- Einbringen von Stärken und Erkennen von Schwächen

Übung

2-Stühle-Integration

Meine Mutter sagte häufig: »In deinem Kopf würde ich gerne mal Mäuschen spielen und schauen, was du so denkst.« Ihr Wunsch ist nachvollziehbar. Hätte sie Einblick gehabt in das, was in mir vorging, hätte sie weitaus mehr Verständnis für mein Verhalten finden können. Stellen Sie sich einmal vor, Sie könnten Mäuschen spielen in Ihrem Unterbewusstsein und sich selbst und Ihre Mitmenschen in einem ganz neuen Licht betrachten.

Wie wäre es, wenn Sie »schwierige« Situationen mit »schwierigen« Menschen dadurch entschärfen, indem Sie sich bewusst werden, was einen Menschen für Sie »schwierig« macht?

Wie würde es Ihnen gefallen, wenn Sie sich aus der Perspektive Ihres Gegenübers betrachten könnten? Wie würden sich Ihre Beziehungen verändern, wenn Sie feststellen, dass ganz viele Ihrer größten Befürchtungen nur in Ihrem Kopf stattfinden und sonst nirgendwo? …

Je entspannter wir auf andere zugehen können, umso freier sind wir in unserem authentischen Selbstausdruck. Die folgende 2-Stühle-Integration ermöglicht Ihnen:

1. **Sich selbst in neuem Licht zu sehen**
   Hinzuschauen, wie Sie sich im Kontakt mit anderen Menschen gewohnheitsmäßig verhalten, und dabei Ihre eigenen Begrenzungen ins Licht der Bewusstheit zu holen.

2. **Ängste zu erkennen**
   Beziehungsstörende Bewertungen und Beurteilungen wahrzunehmen und sich neu zu entscheiden – bewusster zu werden.

3. **Empathisch Emotionen aufzuspüren**
   Ihre emotionale Intelligenz dafür einzusetzen, die eigenen Gefühle anzunehmen und Unterbewusstsein zurückzugewinnen.

4. **Neue Einsichten zu gewinnen**
   Ihr »Kopfkino« zu entlarven und Ihr Bewusstsein zu weiten.

Und so geht's

Wann immer Sie Bauchgrummeln haben, wenn Sie an eine bestimmte Person denken oder sich auf ein Gespräch mit einem schwierigen Geschäftspartner (Kunden, Mitarbeiter, Lieferanten …) vorbereiten wollen, steht Ihnen diese 2-Stühle-Integration zur Verfügung. Durch diese Vorgehensweise werden Sie ein neues

Verständnis für Ihre eigene Innenwelt bekommen: Sie entdecken damit Ihre Einstellungen, Emotionen und Erwartungen – an sich und andere.

Tauchen Sie einfach einmal auf andere Art in Beziehungen ein. Sie werden besser verstehen, wie Sie beide ticken, denken und fühlen. Dadurch wird klarer, was ein gelungener Austausch zwischen Ihnen beiden braucht. Sie brauchen nur: zwei Stühle, etwas Platz daneben, ein paar Minuten Zeit und natürlich die Bereitschaft, Ihr Einfühlungsvermögen und Ihre Vorstellungskraft zu nutzen.

Schritt 1

1. Stuhl: Ihrer

Setzen Sie sich auf den ersten Stuhl und stellen Sie sich vor, Ihr Geschäftspartner säße auf dem gegenüberliegenden Stuhl. Tun Sie so als ob – ganz spielerisch! Dabei ist nicht wichtig, den anderen

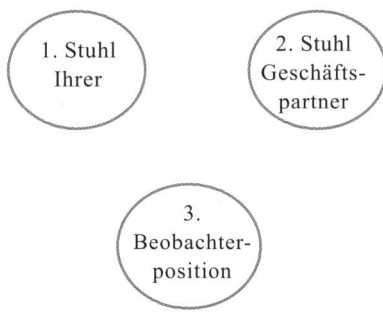

dort »zu sehen«. Viel wichtiger ist, ein Gefühl für die Energie des anderen zu bekommen. Wenn Sie glauben, diese zu spüren, dann fragen Sie sich:

> »Wie sehe ich meinen Geschäftspartner?«
> »Was denke ich über ihn?«
> »Welche Gefühle sind in mir?«
> »Welche Erwartungen habe ich an den anderen?«

Lassen Sie die Fragen wirken und spüren Sie in sich hinein: Werden Sie gewahr, was in Ihnen passiert – wertfrei.

Wenn Sie das Gefühl haben, alles Wichtige erkannt zu haben, stehen Sie auf und bewegen Sie sich im Raum. Gönnen Sie sich eine kurze Pause, bevor Sie weitermachen. Diese Unterbrechung ist wichtig, um mit einer neutralen Haltung den nächsten Schritt zu gehen. Schauen Sie aus dem Fenster, streicheln Sie den Hund, trinken Sie einen Schluck Wasser ...

Schritt 2

2. Stuhl: Gesprächspartner

Setzen Sie sich auf den zweiten Stuhl und fühlen Sie sich jetzt in die Energie Ihres Gesprächspartners ein. Schauen Sie mit den Augen des anderen nun auf sich selbst. Tun Sie so als ob – ganz spielerisch!

Spüren Sie, wie der andere sich in Ihrer Gegenwart fühlen könnte, und fragen Sie (innerlich):

> »Wie nehme ich mein Gegenüber (also Sie) wahr?«
> »Was denke ich über ihn (also Sie)?«
> »Welche Gefühle sind in mir?«
> »Welche Erwartungen habe ich?«

Lassen Sie die Fragen wirken und spüren Sie in sich hinein: Werden Sie gewahr, was in Ihnen passiert – wertfrei. Wenn Sie das Gefühl haben, alles Wichtige erkannt zu haben, stehen Sie wieder auf und bewegen Sie sich im Raum.

Schritt 3

3. Beobachterposition

Stellen Sie sich so hin, dass Sie beide Stühle sehen. Nehmen Sie die Haltung eines Kommunikationsexperten ein, der von außen auf die beiden Personen schaut. Fragen Sie sich (innerlich):

> »Was bräuchte es, damit diese beiden Menschen optimal zusammenarbeiten?«
> »Welche Erkenntnisse gewinne ich aus dieser neuen Perspektive?«

Lassen Sie diese Fragen wirken und spüren Sie in sich hinein: Werden Sie gewahr, was in Ihnen passiert – wertfrei. Wenn Sie das Gefühl haben, alles Wichtige erkannt zu haben, machen Sie eine kurze Pause, bevor es in die letzte Runde geht.

Schritt 4

1. Stuhl: Ihrer

Setzen Sie sich wieder auf Ihren Stuhl und fragen Sie sich:

> »Was mache ich jetzt mit diesen Erkenntnissen?«
> »Wie setze ich sie für meine Kommunikation ein?«
> »Wie kann ich mein Verhalten ändern?«

Lassen Sie diese Frage wirken und spüren Sie in sich hinein: Werden Sie gewahr, was in Ihnen passiert – wertfrei.

Je mehr wir uns unsere Gefühle eingestehen, desto mehr wächst unsere Bewusstheit. Das Geschenk jeder Begegnung liegt darin, jegliche Art von Widerstand loszulassen und dadurch müheloser Erfolge zu erzielen.

Worte wirken: Gleichgültig, ob sie gedacht, geschrieben oder gesprochen werden. Worte sind im Universum die Energie, die Mauern aufbaut oder einreißen lassen kann. Sie sind die Kraft, die es uns ermöglicht, andere für unsere Ideen zu gewinnen und gemeinsam Großartiges entstehen zu lassen.

Ein Geist der Wertschätzung führt zu
ökonomischer Wertschöpfung.
Siglinda Oppelt

Zusammenfassung

5. Erfolgsprinzip:
Initiative

Unsere Wünsche sind die Vorboten
der Fähigkeiten, die in uns liegen.
Johann Wolfgang von Goethe

1. Initiative ist die Selbstverpflichtung, unser Inneres wirklich zu äußern.
2. Unternehmenslust. Sie steht für unseren Tatendrang und unseren Wagemut, der uns erlaubt, uns voller Begeisterung in der Welt zum Ausdruck zu bringen.
3. Wunder entstehen, sobald wir Wort halten – uns selbst und anderen gegenüber.
4. Hassthemen können zu Herzensangelegenheiten werden – wenn wir bereit sind, unsere Ziele im Auge zu behalten und über uns selbst hinauszuwachsen.
5. Je mutiger wir uns unseren Wünschen und Ängsten stellen, desto mehr werden wir mit Zufriedenheit und Erfüllung belohnt.
6. Das Wissen darum, warum wir etwas wirklich wollen, ist eine enorme Energiespritze.
7. Je empathischer wir unsere Bedürfnisse ausdrücken und die anderer berücksichtigen, desto mehr beschleunigen wir die Wachstumsprozesse aller Beteiligten.

»Was war für mich in diesem Kapitel besonders wichtig?«

6. Erfolgsprinzip: Verantwortung

Geisteskräfte: Imagination & Willenskraft

Verantwortung klingt schwer und deutsch. Und irgendwie altmodisch. Umso mehr erstaunt es, wie viel Energie, Erfüllung und Effizienz in alle Unternehmungen strömen, sobald wir dieses Erfolgsprinzip intensiv nutzen. Und das Gute ist: Kein anderes Erfolgsprinzip bewirkt so schnelle und umfangreiche Veränderungen wie dieses. Wie kommt das? Seine Geisteskräfte arbeiten mit der hohen Schwingungsenergie des Lichtes. Sie erzeugen die höchste Manifestationskraft, weil sie alle anderen Geisteskräfte gleichermaßen aktivieren.

Verantwortung ist eine Lebenshaltung und wie jede Haltung schenkt sie uns Kraft, Souveränität und Sicherheit. Je mehr wir bereit sind, die Verantwortung für uns und unsere Aktivitäten zu übernehmen, umso mehr werden wir unseren wahren Handlungsspielraum und unsere Möglichkeiten erkennen. Verantwortung, so wie wir sie hier meinen, hat viel damit zu tun, uns auf das zu fokussieren, was durch uns in die Welt gebracht werden will. Unsere Aktivitäten und Antworten auf das, was ist, spiegeln unser Verantwortungsbewusstsein wider.

Schlagen wir das Wort Verantwortung im Thesaurus nach, erscheinen Begriffe wie Mission, Treue, Gewissenhaftigkeit, Pflichtbewusstsein und Schuldigkeit. Verantwortung hat demnach damit zu tun, es als Ehrensache zu betrachten, auf seine innere Stimme zu hören, seinem Gewissen zu folgen und seine Talente in die Welt zu bringen. Verantwortung verlangt Verbundenheit – mit allem, was ist. Und sie verlangt, dass wir die Zukunft aktiv gestalten!

Die halbe Wahrheit

Kennen Sie die Geschichte vom Propheten Mohammed und seinen Begleitern? Sie ist schnell erzählt: Eines Tages kam der Prophet mit zwei Begleitern in eine Stadt, um die Bewohner dort in seiner Lehre zu unterrichten. Bald wünschte einer der beiden Begleiter ein Gespräch mit ihm:

»Mohammed, in dieser Stadt gibt es nur Dummheit und Ignoranz. Die Bewohner sind stur und man kann ihnen nichts beibringen.« »Du hast recht«, antwortete der Prophet gütig und hörte sich die Erfahrungen seines Begleiters an. Kurz darauf kam der zweite Begleiter zu Mohammed.

»Herr, wir sind hier in einer der wundervollsten Städte«, strahlte er. »Die Menschen lechzen nach deinen Worten und sehnen sich danach, ihr Herz für deine Lehren zu öffnen.« Mohammed lächelte ihn an und sagte: »Du hast recht!«

»Herr, ich verstehe dich nicht«, wandte sein Gesprächspartner ein. »Zu mir sagst du, ich habe recht. Zu meinem Kollegen, der genau das Gegenteil behauptet, sagst du auch, er habe recht. Wie kann das sein? Schwarz ist doch nicht Weiß.«

»Jeder Mensch sieht die Welt so, wie er sie erwartet«, antwortete Mohammed. »Wozu sollte ich euch widersprechen. Der eine sieht das Böse, der andere das Gute. Würdest du sagen, dass einer von euch beiden etwas Falsches sieht? Wenn ich mich umschaue, sind doch die Menschen hier wie überall böse und gut zugleich. Beide sagtet ihr nichts Falsches, nur Unvollständiges.«

Lassen Sie uns von einer Erfahrung berichten: Vor einigen Jahren buchte uns ein Journalistenverband für einen Workshop im Bereich Marketing für Freiberufler. Und wie so oft wurden wir von den Seminarteilnehmern erst einmal über die allgemeine Situation in der Branche informiert: »Als Journalist bist du heute eine arme Sau …«, »Qualität zahlt doch keiner mehr …«, »Leistung wird nicht mehr belohnt …« usw.

»Die Welt ist, wie sie ist!«, ist wohl eine der stärksten Überzeugungen von uns Menschen. Von klein auf wurden die meisten von uns in dem Glauben bestätigt, als sei das, was wir erleben, eine stabile Welt. Und wir haben angefangen, Ursache-Wirkungs-Ketten und unveränderliche Parameter dafür verantwortlich zu machen, was wir erleben. Dabei gibt es diese so gar nicht in der »realen Welt« – wie die Quantenphysik eindrucksvoll bewiesen hat.

Die Journalisten waren einhellig der Meinung: »Weil es kaum noch hochwertige Print-Artikel gibt, sind die Honorare in den Keller gegangen. Der Fachverband schreibt es auch und die Kollegen bestätigen es. Da kannst du nichts machen!«

Oder doch?

Geschichten des Gelingens

Nach dem Seminar hatten wir die große Freude, mit drei Workshopteilnehmern im Einzelcoaching weiterarbeiten zu dürfen. Und was sollen wir sagen: Wunder wurden wahr.

Innerhalb kürzester Zeit hatten alle drei neue Auftraggeber, bessere Honorare und viel mehr Spaß an ihrer Arbeit. Und das nicht, weil Sie mehr getan haben. Im Gegenteil. Sie tun seitdem mehr und mehr, was ihnen entspricht, und das mit Lust und Leidenschaft. Aber um das tun zu können, haben sie vor allem eins getan – sie haben die Verantwortung für sich übernommen. Für ihren Fokus, ihr Sprechen und ihr Handeln.

Zukunft:
Eine neue Perspektive

Haben Sie sich schon mal gefragt: »In welcher Zukunft will ich leben?« Wenn Sie Lust haben, dann denken Sie doch einmal kurz darüber nach. Welche Gedanken kommen Ihnen als Erstes? Sehen Sie spontan mehr Gutes oder Böses bzw. mehr Licht oder Schatten? …

Haben Sie jemals darüber nachgedacht, dass die meisten Gedanken, mit denen Sie Ihre Zukunft sehen, gar nicht Ihre Gedanken sind?

DIE Zukunft gibt es nicht!

Aus unzähligen wissenschaftlichen Untersuchungen wissen wir heute, dass wir nicht in einer festen Welt, sondern in einem multidimensionalen Möglichkeitenraum leben – einem Multiversum. Dieses ist unendlich viel größer als das, was wir normalerweise als den »Rahmen des Möglichen« betrachten.

Deshalb gibt es auch nicht DIE Zukunft: weder EINE, die für uns alle vorbestimmt ist, noch EINE, die unabwendbar wäre.

Eins unserer Lieblingsbücher zu diesem Thema ist *Die Entstehung der Realität* von Jörg Starkmuth. Darin bekräftigt er: »Jeder Beobachter hat ein eigenes ›Jetzt‹ und damit auch seine eigene Einteilung der von ihm beobachteten Ereignisse in *Vergangenheit, Gegenwart* und *Zukunft*.«

Der Autor beschreibt, wie jeder von uns mittels einer Art Filterfunktion aus einer Vielzahl möglicher Realitäten eine bestimmte auswählt, indem er den von ihm wahrgenommenen Ausschnitt des Möglichkeitsraumes so »eng« macht, dass er die verbleibende Wirklichkeit als in sich schlüssig empfindet und damit eine widerspruchsfreie Version der Realität erlebt. Erst durch die individuellen Filter unseres Bewusstseins entsteht das, was wir wahrnehmen können – und das ist von Mensch zu Mensch verschieden.

Und jetzt wird es spannend: Die Quantentheorie geht heute davon aus, dass jede bewusste Wahrnehmung eines Individuums auf der einen Seite eine Angebotswelle in die Zukunft wirft sowie auf der anderen Seite eine Echowelle zurück in die Vergangenheit. Also auch in die Gegenwart. Jede mögliche Zukunft schickt also Signale ins Jetzt. Allerdings passen nicht alle Wellen zueinander. Es reagiert immer eine Zukunft auf unsere Angebotswelle, die am stärksten mit unserem aktuellen Bewusstseinszustand in Resonanz geht.

Konkret heißt das: Was Sie hier und jetzt bewusst beobachten, senden Sie als Angebotswelle in die Zukunft. Ihre Zukunft hält aber im Multiversum unzählige Möglichkeiten für Sie parat. Das heißt, Sie kommunizieren ständig mit dem Universum und den vielfältigsten Möglichkeiten im Quantenfeld – genauer gesagt, mit den zahlreichen Versionen Ihres zukünftigen Selbst. Oder wie Jörg Starkmuth es ausdrückt: »Meine gesamte Existenz ›besteht‹ (und entsteht) somit aus nichts anderem als meinem Bewusstsein, das über alle Dimensionen hinweg mit sich selbst kommuniziert.«

Wissen Sie noch: Am Anfang des Buches haben wir das Thema Bewusstseinsebenen ausführlicher besprochen. Wir gehen davon aus, dass es für jeden von uns eine bestimmte Bandbreite an Möglichkeiten gibt, die für uns am wahrscheinlichsten sind. Jedes Leben enthält bestimmte Aspekte, die der Seele Freude machen und die sie verwirklichen will. Dabei ist das Spektrum gar nicht so klein, wie viele denken. Viel mehr wäre möglich, würden wir unsere Möglichkeiten ausschöpfen. Möglich wird immer nur das, was wir widerspruchslos wahrnehmen können. Nur das kann unsere nähere Zukunft werden. Widerspruchslosigkeit ist dabei von großer Bedeutung.

Es sind also nicht die starren Umstände, die uns in eine bestimmte Lebenssituation bringen, sondern unsere Wahrnehmungsfilter, die unsere »Bewegungsfreiheit« im Möglichkeitenraum begrenzen.

Verantwortung heißt somit zu sehen, dass jeder sein Schicksalsgefährt selbst steuert und jeder seine Zukunft selbst mit erschafft.

Wenn immer alle Menschen das geglaubt hätten, was andere sagten, wäre die Welt um viele Errungenschaften und Erfindungen ärmer. Der Diplom-Psychologe Stephan Landsiedel veröffentlichte in seinem »JETZT ERFOLGREICH«-Magazin einige begrenzende Aussagen von zum Teil hoch angesehenen Persönlichkeiten.

6 Aussagen, die Gott sei Dank nicht dazu geführt haben, dass sich die betroffenen Menschen davon abhalten ließen ihre Ideen umzusetzen finden Sie hier:

Charles Duell, Direktor des Patentamtes der USA, 1899	*»Alles, was man erfinden kann, ist schon erfunden worden.«*
Sir William Preece, Chefingenieur der britischen Post zu Graham Bell	*»Nein, Sir. Die Amerikaner brauchen vielleicht das Telefon, wir aber nicht. Wir haben sehr viele Eilboten.«*
Präsident der Michigan Savings Bank, zu Henry Fords Anwalt	*»Das Pferd wird bleiben, das Automobil ist nur eine Neuheit – eine Mode.«*
Warner Brothers, 1927	*»Wer zum Teufel will Schauspieler reden hören?«*
Thomas Watson, Vorsitzender IBM, 1943	*»Ich glaube, der Markt wird weltweit fünf Computer benötigen.«*
Decca Recording lehnte die Beatles ab, 1962	*»Wir mögen diese Art von Musik nicht und Gitarrenmusik ist nicht mehr interessant.«*

Was glauben Sie, würde sich ändern, wenn wir alle unsere Denkblockaden erkennen und hinterfragen würden? Wir sind überzeugt, das wäre ein großer Schritt Richtung Verantwortungsbewusstsein.

Verantwortung basiert auf zwei Geisteskräften: Erstens, der Geisteskraft der Imagination. Sie ermöglicht uns, wahre Einsichten zu gewinnen und unseren multidimensionalen Möglichkeitenraum mehr und mehr zu nutzen, um unsere Zukunft bewusster zu gestalten. Unsere Visualisierungsfähigkeit eröffnet uns neue Perspektiven, weitet unseren Horizont und schenkt uns ein klares Bild für unseren individuellen Weg.

Zweitens, der Geisteskraft des Willens. Diese Energie schenkt uns die Kraft, uns von kollektiven Begrenzungen zu lösen und über uns selbst hinauszuwachsen. Sie befähigt uns, unsere Träume zu manifestieren und »Berge zu versetzen«.

1. Geisteskraft: Imagination

Was hatten Mahatma Gandhi, Martin Luther King und Mutter Teresa gemeinsam? Einen Traum. Eine Vision. Ein Bild. Sie hatten eine Ahnung davon, wie die Welt sein könnte, wenn sie anders wäre. Das gilt auch für Henry Ford, Walt Disney, Annita Roddick und viele andere Unternehmer, die mit ihren Angeboten die Welt schöner, reicher und friedvoller gemacht haben.

Visionäre verändern die Welt: Der Traum eines Einzelnen kann ihn, seine Mitmenschen oder gar eine komplette Gesellschaft und das Zusammenleben auf der ganzen Welt verändern. Ist das nicht erstaunlich? Ein einzelner Traum!

Biografien erfolgreicher Menschen lassen vermuten: Alle großen Unternehmer, Staatsmänner, Künstler und Menschen hatten eine starke Visionskraft. Sie alle folgten ihrem Traum – bewusst oder unbewusst.

Zwei der bekanntesten Träumer und Visionäre unserer Zeit sind sicherlich Siegfried und Roy. Zwei Deutsche, die mit ihren Shows und weißen Tigern von Las Vegas aus weltweit bekannt wurden. Kaum eine Biografie beschreibt besser, welche Kraft von inneren Bildern ausgehen kann. Über Roy lasen wir, dass er gesagt haben soll: »Ich bin immer der Überzeugung gewesen, dass man seine Umgebung dem anpassen muss, was einem seine Fantasie zeigt.«

Weise Worte: Wenn es Ihnen ähnlich geht wie vielen unserer Kunden, dann ist es gar nicht immer so leicht, ein klares Bild von dem zu haben, was man möchte. Bei unseren Kunden haben wir festgestellt, dass in 9 von 10 Fällen der innere Träumer von klein auf unterentwickelt blieb, weil ein Träumerchen in der Familie nicht erwünscht war und Tagträumereien von den Eltern und Erziehern unterdrückt wurden. Immer wieder hören wir von Kunden, wie ihnen das Träumen regelrecht aberzogen wurde.

Eine Kundin berichtete, dass sie in der Schule von einem strengen Lehrer immer wieder vor der ganzen Klasse bloßgestellt wurde, sobald sie nur einen Augenblick gedankenverloren aus dem Fenster schaute. Ein anderer Kunde erzählte, welche Standpauken er von seinem Vater bekam, als er mit dreizehn Jahren verkündete, dass er Musiker werden wolle. »Schlag dir deine Flausen aus dem Kopf«, war die Antwort gewesen. Wann immer das Thema danach auf den Tisch kam, gab es Ärger, Hausarrest und andere Sanktionen. Bis der Wunsch nicht mehr wahrgenommen wurde.

Je mehr wir uns selbst verboten haben, Fantasien, Spinnereien und Träumereien ernst zu nehmen, desto mehr haben wir den Zugang zu unserer intuitiven Intelligenz versperrt. Je größer der Abstand zwischen unserem wahren Sein – unserem inneren Selbst – desto weniger Kraft, Klarheit und Vitalität fließt in unsere Realitätsgestaltung. Wir finden einfach keine inspirierenden Perspektiven.

Positiv ausgedrückt heißt das: Je mehr wir im Einklang mit unserer Ur-Kraft, unserem wahren Sein sind, desto mehr nutzen wir auch unsere subtilen Energien: unsere Ideen, Absichten, Wünsche, Ahnungen, Gefühle ...

Wir besitzen genügend Lebenserfahrung, um zu wissen,
dass Träume immer mehr verdrängt und verschüttet werden,
je älter man wird. Aber ein Mensch ohne Phantasie,
ohne Träume ist nichts.
Siegfried

Visionen sind aus zwei Gründen existenziell für Gründer, Selbstständige und Unternehmer: Erstens, was wir anschauen, wird unsere Realität. Visionen schaffen somit die Verbindung zwischen unserer Vergangenheit und den möglichen Varianten der Zukunft. Sie lassen uns spüren, welche Zukunft durch uns werden will. Haben wir kein klares Bild davon, wohin unsere Unternehmensentwicklung gehen soll, erschafft unser Unterbewusstsein unsere Realität – und täglich grüßt das Murmeltier. Zweitens, Spinnereien von heute sind Innovationen von morgen. Visionen haben dann eine besonders hohe Manifestationskraft und inspirieren andere mitzumachen, wenn sie vielen Menschen Sinn schenken und zum Wohle des Ganzen sind.

Eine Mission, ausgedrückt in einer klaren Vision, ist das wichtigste Werkzeug, um Unternehmungen zum Gelingen zu führen. Wie weit Ihre Imaginationskraft geöffnet ist, zeigt sich daran, wie dauerhaft Sie von innen heraus inspiriert sind, Ihren eigenen Weg zu gehen. Wir erleben immer wieder, dass es in der Entspannung leicht ist, sich für seine Seele zu öffnen und inspirierende Bilder zu finden. Es gibt viele Gründe, warum es sich lohnt, seine Imaginations- bzw. Vorstellungskraft zu wecken und wachzuhalten.

Allen voran diese drei: PIK

1. **Perspektiven**
   Sie haben stets frische Perspektiven vor Augen, für die es sich zu arbeiten lohnt. Und der Blick auf den Horizont lässt Sie selbst stürmische Phasen überstehen.

2. **Inspiration**
   Ihre eigene Intuition bildet den Leitstern für Ihren Weg. Das schenkt Ihnen Sicherheit, Selbstbewusstsein und Souveränität.

3. **Klarheit**
   Klare Bilder, gute Gefühle und inspirierende Ideen leiten und lenken Ihre Entscheidungen.

Wenn die Seele etwas erleben möchte, wirft sie das Bild dieser Erfahrung vor sich und fährt dann in das eigene Bild hinein!
Meister Eckhart

Wissen Sie, was Kunden an unseren Unternehmensberatungen so sehr schätzen? Die erfrischenden Visionen, die sie mit unserer Unterstützung in sich finden. Visionsentwicklung steht bei fast allen unseren Beratungen an erster Stelle. Das ist verständlich, denn neue Perspektiven ermöglichen, den Rahmen des Möglichen zu erweitern. Wollen Sie wissen, wie unsere drei Journalisten zu ihren »Wundern« kamen?

Ganz einfach so: Alle drei litten sehr darunter, dass in ihrer Branche immer häufiger nur noch Pauschalen für Artikel gezahlt wurden. So etwas wie ein bleiernes Branchen-Mantra hatte sich über den dreien ausgebreitet: »Leistung lohnt nicht!« Kein Wunder, dass bei der Schwere der Aussage jegliche Freude, Zuversicht und Lust an der Freiberuflichkeit verloren gegangen waren. Was für alle drei ein kleiner Durchbruch war, war die Erkenntnis, dass Gruppen oftmals ihre eigenen Grundwahrheiten haben, also Glaubensmuster, die dann zu kollektiven Wahrheiten werden. Und dass sie das für wahr gehalten hatten, was andere dachten: dass es schwer ist! Was alle drei für sich erkannt haben: Träume haben eine feinere Energie als unser Alltagsbewusstsein. Sind sie einmal geweckt, können sie uns inspirieren und uns und andere zum Handeln verleiten. Wenden wir uns nach innen, so wenden wir uns etwas Höherem zu. Und alle drei haben sich bereitwillig auf das Abenteuer eingelassen und sich für die Vision geöffnet, die zu der Zeit in ihnen die größte Resonanz hatte.

Damit wollen wir Folgendes sagen: Visionen zu haben, ist die Fähigkeit, etwas zu sehen, zu spüren oder zu erahnen, was sich noch nicht im realen Leben zeigt. Etwas, das man noch nicht kennt, das man aber ersehnt. Um sie zu finden, brauchen wir die Fähigkeit zu träumen, zu spinnen und über den Rahmen des Gewöhnlichen hinauszuschauen. Der Lohn ist, Zugang zur eigenen Identität zu finden. Die eigene Identität zu finden, geht nicht über den Verstand, sondern nur über die Intuition.

In unserem konkreten Fall fanden alle drei völlig unterschiedliche Bilder und Resonanzen in sich. Dem Journalisten Jo huschte ein breites Lächeln über das Gesicht, als er seine Leidenschaft erkannte – technische Innovationen. Ihm wurde klar: Er hatte bis dato viel zu klein gedacht. Statt weiter für regionale Anzeigeblätter zu schreiben und sich über die schlechten redaktionellen Umstände bei regionalen Verlagen zu ärgern, beflügelte ihn Innovationsmanagement. Kurz darauf nahm er Kontakt mit einschlägigen Verlagen auf und handelte gute Konditionen für eine Zusammenarbeit aus.

Ähnlich ging es den beiden Journalistinnen. Während die Jüngere sich inzwischen im Bereich PR-und Marketing für die Gesundheitsbranche einen Namen gemacht hat, wurde die Dritte im Bunde vom Themenfeld Gesellschaftswandel und Gemeinwohl-Ökonomie inspiriert. Online-PR für ökologisch und sozial agierende Unternehmen wurde ihr neues Spezialgebiet.

Wunder wurden wahr: Plötzlich taten sich für alle drei Türen und Möglichkeiten auf, die vorher nicht da waren bzw. nicht gesehen wurden. In das Leben jedes Einzelnen traten plötzlich Menschen, die sie unterstützten, ihre Angebote buchten oder sonst wie hilfreich auf dem neuen Weg waren.

> *Scheue dich nicht, ganz allein dazustehen.*
> *An diesem Platz winkt der Erfolg.*
> Anonym

Wunder werden immer dann möglich, wenn unser Weltbild dafür Raum bietet. Was Skeptiker »Zufall« nennen, ist für bewusste Schöpfer normales Erschaffen. Wie kommt's? Unsere intuitive Intelligenz ermöglicht uns die Verbundenheit mit unserem feinstofflichen Wesen. Sie gehört zu unseren subtilsten Energieströmen. Doch nun ist es genug der Theorie – kommen wir also zur Praxis!

> *In uns allen erklingt eine zarte Melodie.*
> *Wenn wir sie hören und ihr folgen, führt sie uns*
> *zur Erfüllung unserer sehnlichsten Träume.*
> Siegfried und Roy

Übung

Wir laden Sie ein, Ihren inneren Träumer wachzuhalten oder gegebenenfalls aufzuwecken. Die größten Unternehmer waren Träumer, Fantasten und Spinner.

Träumen auch Sie: Ihre Talente, Vorlieben, Sehnsüchte und Neigungen dienen Ihnen dabei als Richtschnur. Das gute Gefühl, das sich einstellt, wenn Sie das tun, wozu Sie bestimmt sind, sollte Ihr roter Faden sein. Folgen Sie den Dingen, die Ihnen leicht von der Hand gehen, Spaß machen und immer wieder Ihre Aufmerksamkeit fesseln – dann folgen Sie Ihrem Lebensplan.

Ihren größtmöglichen Erfolg erzielen Sie mit dem, was Sie am meisten lieben und was Ihnen am meisten Erfüllung schenkt. Häufig sind das die Dinge, die Sie den ganzen Tag machen könnten, ohne sich eine Minute zu langweilen. Schenken Sie den Dingen Ihre Aufmerksamkeit, die Sie euphorisieren und energetisieren. Lernen Sie, sich für Zukunftsszenarien zu öffnen. Malen

Sie sich diese in den schönsten Farben und Facetten aus – und genießen Sie diese Erfahrungen.

Wenn Ihnen Visualisieren leichtfällt, überspringen Sie die erste Übung und starten Sie mit der zweiten Übung. Wenn Ihnen Visualisierungen noch nicht so leichtfallen, starten Sie mit den folgenden beiden Aktivierungsübungen. Sie ermöglichen Ihnen, Ihren Fokus spielerisch lenken zu lernen.

Vertraue auf diese leise kleine Stimme, die sagt:
»Das könnte gehen, ich werde es versuchen.«
Diane Mariechild

1. Aktivierung der eigenen Vorstellungskraft

1.1 Aktivierung Aufmerksamkeitsfokus
Schreiben Sie bitte alles auf, was Sie an Ihrer derzeitigen Arbeit wirklich mögen. Was wertschätzen Sie so, dass es auf jeden Fall weiter in Ihrem Leben bleiben sollte, auch wenn sich etwas ändert:

- Was begeistert, fasziniert, erfreut mich immer wieder?
- Was finde ich schön, interessant und beglückend?
- Was würde ich vermissen, wenn es nicht mehr wäre?

1.2 Aktivierung Fantasiefähigkeit
Gerade für Skeptiker, Rationalisten oder Menschen in schwierigen Situationen, die sich derzeit nicht so gut auf neue Gedanken einlassen können, ist die folgende Vorgehensweise sehr hilfreich. Sie erzeugt keinen Druck, übt keinen Zwang aus, sondern lässt sie spielerischer denken und neue Lust und Leichtigkeit ins Leben lassen. Tipp: Werden Sie lockerer. Erlauben Sie neue Gedanken. Weiten Sie ihren Horizont!

Diese Vorgehensweise ist eine wundervolle Möglichkeit ganz entspannt den Träumer in Ihnen zu aktivieren, ohne direkt Ihren inneren Kritiker wachzurufen. Achten Sie bei allen Übungen immer darauf, Ihre Gefühle mit einzubeziehen!

Setzen Sie sich entspannt hin und erlauben Sie sich, einfach einmal über den Rahmen des Möglichen hinauszublicken.

1.2.1 »Wäre es nicht schön, wenn ...?«

Mit dieser einfachen Aussage haben Sie die Möglichkeit Ihre Fantasie anzuregen, Ihre verborgenen Glaubensmuster kennenzulernen und ganz neue Perspektiven für sich zu gewinnen. Wecken Sie Ihr Kopfkino und notieren Sie sich einfach ein paar Aussagen wie:

- »Wäre es nicht schön, wenn ich mir nie wieder Gedanken um Aufträge machen müsste?«
- »Wäre es nicht schön, wenn das Telefon klingelte und ein neuer Großauftrag reinkäme?«
- »Wäre es nicht schön, wenn beim nächsten Vortrag jemand von der Presse dabei wäre, der mich über Nacht in Deutschland bekannt macht?«
- »Wäre es nicht schön, wenn mich der letzte zufriedene Kunde bei allen seinen Golfkollegen empföhle und ich fortan nur noch empfohlen würde?«
- »Wäre es nicht schön, wenn ...?«

1.2.2 Reflexion

Prüfen Sie jede dieser Aussagen, indem Sie für sich folgende Fragen beantworten:

1. Wie fühlt es sich an, wenn ich mich mit der Aussage beschäftige?
2. Was sehe, höre, fühle ich in dem Moment?
3. Wie wahrscheinlich fühlt sie sich an?
4. Was spricht dafür?
5. Was wäre, wenn nur ein Teil davon Wirklichkeit würde?
6. [...]

Erkennen Sie, welche Glaubensmuster, Interpretationen, Geschichten und Konzepte in Ihnen auftauchen – erlauben Sie sich, diese zu hinterfragen und sich für ein erweitertes Denken zu öffnen.

Ich wünsche mir die Kraft, Dinge zu tun, die man ändern kann;
die Gelassenheit, Dinge zu ertragen, die man nicht ändern kann;
und die Weisheit, das eine von dem anderen zu unterscheiden.
Christoph Oetinger

2. Zukunftsparty

Stellen Sie sich einmal vor, wir treffen uns auf einer Party. Nicht in diesem Jahr und auch nicht in zwei oder drei Jahren, sondern in genau fünf Jahren. Genau heute auf den Tag genau in fünf Jahren. Welches Datum ist dann? Notieren Sie es hier: ....

Fünf Jahre sind seit dem Lesen dieser Zeilen vergangen. In der Zwischenzeit haben Sie sicher einiges in Ihrem Leben auf eine neue Art betrachtet und verändert. Einiges hat sich wahrscheinlich *ganz von alleine* verändert.

Was auch immer dann anders oder besser sein wird, wir freuen uns, wenn Sie uns davon berichten. Deshalb laden wir Sie ein: Malen Sie sich doch jetzt schon einmal aus, wie die beste Version von Ihnen aussieht, die in fünf Jahren vor uns steht:

- Wie werden Sie bei dieser Party erscheinen (Garderobe, Frisur, Accessoires)?
- Wen bringen Sie mit (Familie, Freunde, Geschäftspartner ...)?
- Was werden Sie uns erzählen: Welche Träume haben Sie verwirklicht?
- Welche Ziele haben Sie bereits erreicht?
- Welche Hindernisse hatten Sie zu überwinden?
- Wie haben Sie das geschafft?
- Wer/was hat Ihnen dabei geholfen?
- Worüber freuen Sie sich besonders?
- [...]

Genießen Sie es, sich vorzustellen, welche Möglichkeiten Sie haben. Spüren Sie, welche Vision von Ihnen Sie besonders beflügelt. Welche Vorstellung Ihres Selbst inspiriert Sie am meisten? Gibt es dann vielleicht einige positive Pressemitteilungen über Sie? Oder kennen wir Sie bis dahin aus dem Fernsehen? Gibt es eine gute Tat, die Sie über die üblichen Grenzen hinaus bekannt gemacht hat? ...

Wenn Sie mögen, erstellen Sie eine Collage, die widerspiegelt, wie wir Sie in fünf Jahren treffen würden. Hängen Sie diese so auf, dass Sie sie immer wieder sehen. Genießen Sie die Energie, die von dem inneren und äußeren Bild ausgeht. Wir empfehlen: Überprüfen und modifizieren Sie das Bild, wie Sie in fünf Jahren sein möchten, jedes Jahr.

We have a dream

»I have a dream«, sagte Martin Luther King und bewegte mit seinen Worten die Herzen von Millionen Menschen. Er hatte eine große Vision und einen Traum – so auch wir:

Wir haben den Traum, dass Sie nach dem Lesen des Buches in Ihre Welt zurückgehen und den Mut haben, Sie selbst zu sein.
Wir haben den Traum, dass Sie anderen das sagen, was Sie wirklich denken.
Wir haben den Traum, dass Sie sich selbst von ganzem Herzen lieben, genauso, wie alle anderen.
Wir haben den Traum, dass Sie Ihren eigenen Wert genauso anerkennen, wie den Wert anderer Menschen.
Wir haben den Traum, dass Sie das Zusammenleben mit schwierigen Menschen genauso genießen wie das Zusammenleben mit sympathischen Menschen.
Wir haben den Traum, dass Sie jeden Tag die beste Vision von sich selbst mit Leben füllen.
Wir haben den Traum, dass Sie sich so annehmen, wie Sie sind.
Wir haben den Traum, dass Sie jeden Tag begeistert sind, weil Sie dann begeisternde Lebensräume erschaffen.
Wir haben den Traum, dass Sie mit Ihren einzigartigen Fähigkeiten und Begabungen gemeinsam mit anderen etwas Großartiges bewirken – zum Wohle des Ganzen.
Wir haben den Traum, dass Sie niemals unter quälenden Widerständen leiden, sondern einfach Ihre Energie und Einstellung verändern, um Widerstände zu neutralisieren.
Wir haben den Traum, dass Sie in Liebe mit sich und anderen leben.

Sie sind wichtig, so wie Sie sind!
Und jetzt sind Sie dran: Was ist Ihr Traum? Welche Vision inspiriert Sie? Wobei entwickeln Sie enorme Willenskraft?

2. Geisteskraft: Willenskraft

Träume sind der Motor, der uns antreibt und uns Flügel verleiht – deshalb sind Visionen so wichtig. Doch sie erfüllen uns erst, wenn wir sie Wirklichkeit werden lassen. So wie ein gutes Drehbuch erst Erfolge einspielen kann, wenn der Regisseur die Szenen durch Darsteller lebendig werden lässt und es auf der Bühne oder Filmrolle den Zuschauern nahebringt, sind wir alle aufgefordert, unsere Wünsche Wirklichkeit werden zu lassen. Willenskraft ist die Energie, die es uns ermöglicht, unsere Ziele zu erreichen und uns selbst zu transformieren – immer wieder.

Die gute Nachricht ist: Die Geisteskraft des Willens erlaubt uns, Berge zu versetzen. Sie ermöglicht uns, dass unsere Visionen keine Luftschlösser bleiben, sondern lebendige Erfahrungen und Erfolge werden. Keine andere Kraft setzt so viel Energie frei wie die Willenskraft. Warum? Sie aktiviert alle anderen Geisteskräfte. Unsere Willenskraft ist somit die Energie, die uns kraftvoll handeln, fokussiert vorgehen und Blockierendes transformieren lässt.

Wenn Sie ähnlich veranlagt sind wie viele unserer Kunden, dann gehören Sie womöglich auch zu den lautlosen Revolutionären und zukünftigen Trendsettern. Jenseits der Norm zu denken bzw. im Geiste ein Pionier und Vorreiter zu sein, war immer schon eine Herausforderung. Gerade wenn Menschen Bewährtes infrage stellen und neue Wege einschlagen, brauchen sie eine besonders starke Willenskraft.

Wenn Sie mit Ihren Ideen berufliche Fach- und Beratungsgebiete neu, anders und außergewöhnlich definieren, werden Sie zuvor mentale Mauern einreißen müssen – bei sich und anderen.

Wenn Sie herkömmliche Konzepte hinterfragen und Ihre Angebote mit neuen Aspekten anreichern, werden Sie zuvor andere Menschen für Ihre Ideen sensibilisieren müssen – das braucht Überzeugungskraft. Eine starke Vision und die dazugehörende Willenskraft sind nötig, wenn beispielsweise ...

- ... Rechtsanwälte gewaltfreie Kommunikation und wertschätzende Konfliktlösungen anbieten, statt das Strafrecht auszuschöpfen und vorhandenes Streitpotenzial anzuheizen.
- ... fortschrittliche Unternehmensberatungen auf innerbetriebliches Innovations- und Ideenmanagement durch Kunst- und Kreativitätsschulungen setzen.

... freiberufliche Organisationsentwickler Projektmanagement und Personalentwicklung mit Herzintelligenz vereinen.

... hochbegabte Psychologen durch ihre Sensitivität ein besonderes Feingefühl für das Quantenfeld ihrer Klienten haben und deshalb Therapien anders verlaufen.

... Personalberater die beste Mitarbeiterauswahl treffen ohne teure Assessment-Center, allein durch authentische Gespräche und Intuition.

... [...]

Die zwei Gesichter der Willenskraft

Lassen Sie uns kurz klären, was wir mit Willenskraft meinen. Als wir uns mit dem Begriff auseinandersetzten, dachten wir als Erstes an Alphamännchen. Diese gut gekleideten Herren im Designeranzug und echten Budapester-Schuhen, die erfolgsorientiert und zu allem bereit sind, um ihre Ziele durchzufechten.

Interessanterweise haben wir festgestellt, dass wir mit dieser Meinung nicht alleine waren.

Willenskraft weckt bei vielen das Bild rücksichtsloser Menschen, die ihre Ziele durchsetzen wollen, koste es was es wolle. Kein Wunder, dass eine solche Vorstellung dazu führt, dass viele so nicht sein wollen.

»So bin ich nicht«, sagte vor Kurzem ein Existenzgründer, als wir ihn nach seiner Vorstellung eines Menschen mit Willenskraft fragten. Er verband damit Namen von skrupellosen Politikern und hartherzigen Wirtschaftsbossen. Wir verstehen, dass sich viele Menschen mit einem solchen Verhalten nicht identifizieren.

Dabei ist uns mittlerweile klar, dass Willenskraft zwei Gesichter hat. Wird sie von einem verschlossenen Herzen gesteuert, so ist sie sehr zerstörerisch. Denn dann führt sie dazu, dass wir stur, starr und verbohrt unsere Ziele verfolgen, ohne zu merken, dass wir damit Schaden anrichten – für uns und für andere. Ergebnisse, die wir so erzielen, werden vielleicht Erfolg, aber keine Erfüllung bringen.

Wird unsere Willenskraft hingegen von einem offenen Herzen und unserer Intuition geleitet, liefert sie die Grundlage, um unsere Identität in diesem Leben zu entfalten – zum Wohle des Ganzen. Anstatt nur von einem besseren Leben zu träumen, schenkt uns die

Willenskraft die Handlungsenergie, um über den Status quo hinauszugehen.

Willenskraft sollten wir deshalb nicht mit Rücksichtslosigkeit verwechseln. Im Gegenteil: Nachdem uns klar war, dass Willenskraft entweder auf der einen Seite von dem Wunsch nach persönlicher Macht und Kontrolle oder auf der anderen Seite von der Sehnsucht nach Einklang mit sich und dem Leben geleitet werden kann, änderte sich unser Blick auf das Thema. Uns wurde klar, dass je nach Motivation ganz unterschiedliche Ergebnisse entstehen und dabei fiel unser Blick auf die Frauen in unserer Gesellschaft. Bemerkenswert ist, dass Willensstärke oft mit Männern verbunden wird und viele Frauen glauben, sie hätten keine. Dabei ist es gerade die Willenskraft der Frauen, die unser soziales und wirtschaftliches Leben, so wie wir es gewohnt sind, heute erst möglich macht.

Erinnern wir uns: Es waren die Trümmerfrauen, die nach dem Krieg nicht lange gefragt haben, wie viel Arbeit es sein wird, das zerbombte Land wieder aufzubauen. Sie haben die Ärmel hochgekrempelt und aus den Steinen, die ihnen in den Weg gelegt wurden, Neues aufgebaut. Auch bei den heutigen Frauen sehen wir, wie viel Willenskraft dazu gehört, Familienmanagerin zu sein. Nicht nur, weil die Geburt eines Kindes ein überaus schmerzhafter Prozess ist, sondern weil es sozusagen erst richtig losgeht, sobald der Nachwuchs auf der Welt ist. Kommt dazu noch der Wunsch oder die Notwendigkeit, Beruf und Familie unter einen Hut zu bringen, ist das nur mit einer starken Willenskraft zu schaffen.

Egal wohin wir im Sozialen schauen, sehen wir das Engagement und die Willenskraft von Frauen. Wenn ich an die Kindergarten- und Schulzeit unserer Tochter denke, fallen mir viele pädagogisch sinnvolle Projekte ein, die ohne uns Mütter (und Väter) nie stattgefunden hätten.

Willenskraft und Wirklichkeit

Wir sprechen gerne mit mutigen Newcomern, hören gerne deren inspirierende Ideen und freuen uns über tolle Trends. Deshalb arbeiten wir seit Jahren mit Menschen zusammen, die wertvolle Angebote in den Markt bringen wollen. Wir sehen, welch enormes Potenzial in jedem Menschen steckt. Umso trauriger macht es uns, wenn gute Ideen wie Seifenblasen zerplatzen. Vor Kurzem fragte uns der Leiter einer regionalen Wirtschaftsförderung, was wir glauben, warum viele gute Geschäftsideen nie Wirklichkeit werden.

> **Wir denken, es liegt an folgenden drei Dingen:**
> 1. Entschlossenheit
> 2. Fokussierung
> 3. Durchhaltevermögen

Oder anders gesagt: Häufig fehlt es an Willenskraft. Nicht jedem fällt es leicht, Visionen im Leben zu verankern. Um etwas zu wollen, müssen wir motiviert sein. Um etwas zu erreichen, müssen wir Wünschen auch Taten folgen lassen. Aber warum ist das nicht immer so leicht, Dinge in die Tat umzusetzen und fokussiert zu handeln? Die Antwort liegt in unserem Gehirn.

Nicht weil es schwer ist, wagen wir es nicht,
sondern weil wir es nicht wagen, ist es schwer.
Seneca

Ich will, aber ich schaffe es nicht

Visionen inspirieren und schenken uns die nötige Motivation. Der Traum von der erfolgreichen Selbstständigkeit beflügelt. Der Traum von fünf neuen Mitarbeitern lässt Expansionswünsche in neue Höhen wachsen. Visionen zu entwickeln, strengt in der Regel nicht an. Im Gegenteil: Visionen entspannen. Wie wir aus unseren Beratungen und Coachings wissen, deren Verankerung im Leben hingegen nicht. Sie sorgt schon mal für Anspannung, wenn entschlossenes, fokussiertes und dauerhaftes Vorgehen gefragt ist. Vor allem, wenn Willenskraft fehlt.

Der Blick durch die rosarote Brille ist schön. Dabei sollten wir verstehen, dass wir mehr Motivation als Willenskraft zur Verfügung haben. Sicher kennen Sie das Silvester-Phänomen. Da ist man um 24:00 Uhr beim Raketenknallen noch der felsenfesten Ansicht, ab sofort mindestens zwei Mal in der Woche im Fitnessstudio auf dem Laufband zu stehen, generell gesünder zu essen und abends wieder mehr wegzugehen, zu lesen oder etwas Sinnvolles zu tun.

Spätestens in der zweiten Januarwoche muss man sich dann ehrlich eingestehen, dass man bisher nur einmal beim Sport war und schon den dritten Abend mit einer Tüte Chips auf der Couch herumlümmelt und eine Schnulze guckt. Die guten Vorsätze waren noch schneller vergessen als im Vorjahr – dabei wollte man sich diesmal doch wirklich ändern. Was nicht nur bei den lieben Themen Sport, Ernährung und Freizeitaktivitäten greift, bringt uns auch oft beruflich ins Stocken: die heimtückische Verhaltens- und Willenshemmung.

Wenn es Ihnen ähnlich geht wie einigen unserer Kunden, dann haben Sie sich vielleicht auch schon mal beim Fensterputzen erlebt, obwohl Sie eigentlich Kunden akquirieren wollten. Oder besuchten lieber Ihre Mutter, als zu einem neuen Netzwerktreffen zu gehen. Oder, oder, oder …

Bei diesem Verhalten spricht man von Übersprunghandlungen. Möglichkeiten, etwas anderes zu tun als das, was man sich vorgenommen hat, gibt es viele. Unsere neurobiologische Programmierung ist sehr trickreich. Sie will, dass wir Lust maximieren und Unlust minimieren. Sport, Abnehmen, Kundengewinnung, Marketing, Buchführung und andere Dinge sind eigentlich nicht schwer. Sie sind nur schwer, solange sie neu und ungewohnt sind. Sie sind schwer, weil wir uns bei neuen Themen im Leben anders verhalten müssten als bisher. Das ist für unser Gehirn anstrengend, weil es nicht mehr auf die gewohnten Gehirnbahnen zurückgreifen kann.

Das Gehirn liebt es, Energie zu sparen, und deshalb versucht es, unser Leben in festen Bahnen und automatisch ablaufen zu lassen. Wann immer wir davon abweichen, brauchen wir Willenskraft, um neue neuronale Bahnen zu ermöglichen.

Leider ist unsere Willenskraft begrenzt. Haben wir den ganzen Tag schon Willenskraft aufbringen müssen, werden wir am Abend sicher keine Energie mehr haben, um dem Sog der Couch zu widerstehen. Das Dilemma ist: Auf diese Weise bleibt ein Traum, was er ist – ein Traum. Damit das nicht so bleibt, sollten wir achtsam mit unserer Willenskraft umgehen. Wollen wir Absichten in die Tat umsetzen, brauchen wir Handlungsbereitschaft, unser Verhalten zu verändern und unsere Absichten wirklich in die Tat umzusetzen.

Der Diplom-Psychologe Hans-Georg Willmann sagt: »Da unsere Willenskraft begrenzt ist, sollten wir sorgfältig damit umgehen. Wir müssen uns entscheiden, für welche Ziele wir sie einsetzen.« Wenn wir achtsamer wären, würden wir merken: Wir handeln immer mit einem Ziel, allerdings meistens mit einem unbewussten – und das heißt: Anstrengungsvermeidung!

Das bedeutet, wann immer wir neues Verhalten etablieren wollen, müssen wir uns als Erstes bewusst werden, wann unser altes Verhalten gegen unser neues Verhalten zu rebellieren versucht – und das braucht unsere Willenskraft. Andernfalls steuert unser Unbewusstes unser Verhalten und wir sitzen wieder auf der Couch und ärgern uns über uns selbst. Damit das nicht passiert, haben wir Ihnen acht Tipps zusammengestellt, wie Sie Ihre Willenskraft aktivieren, ausbauen und achtsam in den Alltag integrieren können.

Übung

8 Vs: So aktivieren Sie Ihre Willenskraft

1. Verlieben Sie sich

Verlieben Sie sich in ihre Vision, auf deren Erreichung Sie willentlich Einfluss haben. Klären Sie:»Welche Vision inspiriert mich so sehr, dass ich bereit bin, mich voll und ganz auf sie zu fokussieren?«

Start with the end in mind. Spüren Sie:»Wie wird es sein, wenn meine Vision verwirklicht ist? Wie werde ich mich verhalten?« Denken Sie Ihr Verhalten voraus, indem Sie planen, was Sie wann und wie machen. Seien Sie immer mehr die Person, die Sie in Ihrer Vorstellung sehen. Bewegen Sie sich so, kleiden Sie sich so, sprechen Sie so – werden Sie zu dem Menschen, der Sie sein wollen.

2. Vorbilder

Wer Vorbilder hat, kann viel von ihnen lernen und fühlt sich nicht so alleine. Richten Sie Ihre Aufmerksamkeit bewusst auf Menschen, die souverän meistern, was Sie sich wünschen. Das können ganz normale Menschen in Ihrer Nähe sein, Prominente oder historische Persönlichkeiten. Das Wichtigste ist, Sie schätzen deren Qualitäten und Lebensweg:

»Wer ist ein kraftvolles Vorbild für mich?«
»Wer hat schon das geschafft, was ich mir wünsche?«
»Wen bewundere ich?

3. Vergangenheit

Aus unserer Erfahrung erzielen Sie die mühelosesten Erfolge, wenn Sie sich die Kompetenz Ihrer früheren Erfolge zunutze machen und vorhandene Ressourcen ausschöpfen.

Unser Tipp: Kaufen Sie sich ein schönes Notizbuch oder verwenden Sie ein Ringbuch und legen Sie sich ein Erfolgstagebuch an. Geben Sie dem Buch den Titel »Meine Erfolge!« und unterteilen Sie es in zwei Bereiche:

1. Private Erfolge
2. Berufliche Erfolge

Erfolge: Nehmen Sie sich immer einmal wieder Zeit, um sich an frühere Erfolge zu erinnern. Anfangs fällt es vielen Menschen schwer, aber mit der Zeit werden Sie sehen, wie Ihre Erinnerungen wach werden. Beispiel:

- mit 14 Jahren Gründung einer Schülerzeitung
- 3 Jahre Studium in Amerika
- Kind und Studium unter einen Hut gebracht
- [...]

Stärken: Finden Sie in jedem Erfolg Ihre besonderen Stärken heraus. Was glaube ich, was mir dabei geholfen hat?

- Ich habe immer gesagt, was ich denke. Das hat andere beeindruckt!
- Ich war so erfrischend anders als die anderen Bewerber.
- Ich habe mich nicht von meinem Ziel abbringen lassen.
- [...]

Werte: Welche Werte sind es, die aus Ihrer Sicht Ihre Erfolge ermöglicht haben:

- Ehrlichkeit
- Flexibilität
- Humor
- [...]

Wissen Sie, was erfolgreich macht? Erfolg! Eigene Erfolge dürfen ruhig süchtig machen. Indem Sie sich Ihre Erfolge bewusst machen, rufen Sie Erfolgsgefühle hervor. Damit mixen Sie sich regelmäßig einen Energie-Cocktail aus Endorphinen & Co. Spüren

Sie, wie Sie dabei immer mehr Energie und Willensstärke entwickeln, um Ihre Vision im Leben zu verankern. Rufen Sie sich immer häufiger Ihre bisherigen Erfolge in Erinnerung und fragen Sie sich: »Wie habe ich das geschafft? Wie habe ich die vielen Hürden überwunden? Was hat mir geholfen, bis zum Schluss an mich zu glauben? Welche Stärken habe ich dabei entwickelt? ...«

Was vor uns liegt und was hinter uns liegt, sind Kleinigkeiten zu dem, was in uns liegt. Und wenn wir das, was in uns liegt, nach außen in die Welt tragen, geschehen Wunder.
Henry David Thoureau

4. Verbündete

Wissen Sie, wann Sie sich wirklich dafür einsetzen, Ihre Visionen ins Leben zu rufen? Wenn andere Ihnen zutrauen, schwierige Situationen zu meistern. Sie glauben dann mehr an sich und halten besser durch. Machen Sie sich bewusst: Was trauen Ihnen Familienangehörige und Freunde zu? Was hören Sie immer wieder von anderen?

Richten Sie Ihre Aufmerksamkeit auf die Menschen, die an Sie glauben, die Ihnen vertrauen und die Ihre Qualitäten zu schätzen wissen. Nutzen Sie die emotionale Ansteckung, sich von den Gefühlen anderer mitreißen zu lassen. Soziale Kontakte setzen Kettenreaktionen in Gang. Den größten Einfluss haben dabei Freunde, Familienangehörige und Menschen in Ihrem nächsten Umfeld.

Die Menschen, denen wir eine Stütze sind,
geben uns den Halt im Leben.
Marie von Ebner-Eschenbach

5. Verständnis

Belohnungsaufschub gehört zu großen und erfolgreichen Projekten dazu. Genauso wie alle Arten von Erfahrungen und Resultaten. Manche würden wir Widerstände, Mutlosigkeit und Misserfolge nennen. Dabei sollten wir im Blick behalten: Leben ist Lernen!

Professionell zu sein setzt voraus, aus Fehlern zu lernen. Gut zu sein setzt voraus, zu wissen, was gut und was schlecht ist. Was wir als Misserfolge empfinden, können wir auch als Feedback auf dem Weg zum Ziel bezeichnen. Je wertneutraler wir mit Ergebnissen und Erfahrungen umgehen, desto weniger binden wir Bewusstsein an unnötige Beurteilungen. Je mehr wir uns über jede Erfahrung freuen, desto leichter bleiben wir trotz Widrigkeiten bei unserer Vision.

Der Mensch hat dreierlei Wege, klug zu handeln:
Durch Nachdenken, das ist der edelste, durch Nachahmen, das ist
der einfachste, durch Erfahrung, das ist der bitterste.
Konfuzius

6. Vergnügen

Veränderungen im eigenen Verhalten brauchen Zeit. Überlegen Sie, wie Sie sich selbst auf Ihrem neuen Weg mit kleinem Aufwand positive Gefühle verschaffen können. Mit welcher Art von Selbstbelohnung können Sie sich einmal täglich, wöchentlich oder monatlich erfreuen? Was bereitet Ihnen Freude? Belohnen Sie sich damit und genießen Sie jeden Moment Ihres Seins.

Meiner Ansicht nach ist das Geheimnis des Lebens,
die Dinge sehr, sehr leicht zu nehmen.
Oscar Wilde

7. Vermeiden

Wissen Sie, was das größte Hindernis auf dem Weg zur Verwirklichung der eigenen Vision ist: unsere Bedarfsweckungs-Gesellschaft. Warum? Sie versucht, Ihre Lustimpulse zu wecken und Sie von Ihren Vorhaben abzulenken. Ihre größten Versuchungen sind Fernsehen, Internet, Medien ...

Aufmerksamkeit ist Ihr kostbarstes Gut, weil es Ihr Fokus ist, der Realität erschafft. Um Verführungen, die Sie mit dem nächsten Klick, Kauf oder Konsum von Ihren eigentlichen Vorhaben ablenken wollen, sollten Sie einen großen Bogen machen. Zumindest so lange, bis Ihre Vision Wirklichkeit geworden ist. Vermeiden Sie alles, was Ihr Bewusstsein zerstreut: Weniger ist mehr!

8. Verhalten

Selbstbeobachtung ist der wichtigste Schritt, um Visionen zu verwirklichen und Willenskraft gezielt einzusetzen. Selbstbeobachtung ist der einzige Zugang, der uns eine bewusste Handlungskontrolle ermöglicht. Wir haben Folgendes festgestellt: Verhalten ändert sich automatisch, wenn uns bewusst wird, wo wir uns selbst im Wege stehen. Aktivieren Sie Ihren Beobachter und stellen Sie sich folgende Fragen:

- »Passen mein Fokus, Sprechen und Handeln zu meiner Vision?«
- »Was würde die Weisheit heute tun?«
- »Was würde die Liebe heute tun?«
- »Was würde die Macht heute tun?«

Der Schlüssel zur Willenskraft liegt darin, sich möglichst viele gute Gefühle zur Gewohnheit zu machen: Vermeiden Sie zu große Anstrengungen, finden Sie Spaß an jedem neuen Schritt, behalten Sie stets ein erstrebenswertes Ziel vor Ihrem inneren Auge – haben Sie einfach Freude an Ihrem Weg.

Zusammenfassung
6. Erfolgsprinzip: Verantwortung

Die Zukunft hat viele Namen:
Für Schwache ist sie das Unerreichbare,
für die Furchtsamen das Unbekannte,
für die Mutigen die Chance.
Victor Hugo

1. Der Traum eines Einzelnen kann ihn, seine Mitmenschen oder gar eine ganze Gesellschaft und das Zusammenleben auf der ganzen Welt verändern.
2. Wir leben nicht in einer festen Welt, sondern in einem multidimensionalen Möglichkeitenraum – einem Multiversum.
3. Ihre gesamte Existenz »besteht« (und entsteht) aus nichts anderem als Ihrem Bewusstsein, das über alle Dimensionen hinweg mit sich selbst kommuniziert.
4. Je mehr wir im Einklang mit unserer Ur-Kraft, unserem wahren Sein sind, desto mehr nutzen wir auch unsere subtilen Energien: unsere Ideen, Absichten, Wünsche, Ahnungen, Gefühle …

5. »Wunder« werden immer dann möglich, wenn unser Weltbild dafür Raum bietet.
6. Wird unsere Willenskraft von einem offenen Herzen und unserer Intuition geleitet, liefert sie die Grundlage dafür, unsere Identität in diesem Leben zu entfalten zum Wohle des Ganzen.
7. Um etwas zu erreichen, müssen wir Wünschen auch Taten folgen lassen.

Jetzt haben Sie Gelegenheit, sich eigene Notizen zu diesem Kapitel zu machen:

»Was war für mich in diesem Kapitel besonders wichtig?«

7. Erfolgsprinzip: Wahrhaftigkeit

Geisteskräfte: Glaube & Wissen

Wahrhaftigkeit steht für unsere spirituelle Intelligenz oder, anders ausgedrückt, für unsere Verbundenheit mit einer höheren Macht – dem Universum, unserem höheren Selbst oder wie auch immer Sie es nennen wollen.

Die Geisteskräfte dieses Erfolgsprinzips unterstützen uns auf unserem Lebensweg, die zu sein, als die wir gedacht sind. Sie sind verantwortlich für unsere spirituelle Präsenz im Leben.

Wahrhaftigkeit öffnet unser Gespür, für das Gute im Leben und die Göttlichkeit in allem, was ist. Sie hilft uns, unsere Mission zu erkennen und im Einklang mit dem Universum zu sein. Sind die Geisteskräfte des Glaubens und des Wissens geöffnet und funktionsfähig, können wir bewusst mit unserer Seele kommunizieren. Dann kennen wir unseren Platz im kosmischen Gefüge und besitzen die innere Gewissheit, dass alles, was wir erleben, sinnhaft aufeinander bezogen ist. Wahrhaftigkeit ermöglicht uns, Gegensätze zu vereinen – eins zu sein mit allem, was ist, und uns als Mitschöpfer an der Evolution zu erkennen.

Wir haben die Erfahrung gemacht: Wenn Menschen sich für die eigene Wahrhaftigkeit öffnen, geschieht Transformation ganz von alleine. Wann immer wir bereit sind, uns dem Göttlichen in uns hinzugeben, kann Großartiges entstehen. »Dein Wille geschehe«, dieser fromme Wunsch und unsere Bereitschaft, uns auf die Transformation einzulassen, sind der Schlüssel dazu.

Wir sind keine menschlichen Wesen, die eine spirituelle
Erfahrung machen, wir sind spirituelle Wesen,
die eine menschliche Erfahrung machen.
Willigis Jäger

Transformation, was ist das überhaupt? Erinnern Sie sich noch an den Biologieunterricht und die Metamorphose des Schmetterlings? Ähnlich wie sich die Raupe zum Schmetterling verpuppt, verläuft unsere Lebensreise vom Unbewussten zum Bewussten. Tanis Helliwell hat diese Entwicklung in ihrem Buch *Mit der Seele arbeiten* auf eindrückliche Weise beschrieben.

1. Etappe: Ei

Am Anfang ist das Ei. In diesem Stadium ist der Mensch noch unbewusst. Seine Passivität lässt ihn gehorsam Regeln und Normen einhalten. Aufgrund seiner Hilflosigkeit ist ein Mensch in dieser Phase auf das Wohlergehen seiner Umwelt angewiesen. Typisch für das erste Stadium ist, dass die berufliche Laufbahn überwiegend fremd- und wenig selbstbestimmt verläuft.

»Solche unbewussten Personen kaufen sich ein Lotterielos vom Leben und hoffen, dass sie – durch Glück, aber ohne Anstrengung, bewusst zu werden – den großen Gewinn einstreichen«, schreibt die Autorin.

2. Etappe: Raupe

Raupen haben einen unersättlichen Appetit. Wer sich in dem Stadium befindet, hat sich von der Abhängigkeit in die Unabhängigkeit entwickelt und von der Anpassung in die Aggressivität.

Die unersättliche Gier der Menschen in diesem Stadium ist es, die für die Zerstörung von Unternehmen und der Umwelt zuständig ist. Menschen im »Raupenstadium« verfolgen rein egoistische Ziele. Die Konsequenzen des eigenen Handelns sehen sie nicht. Sie wollen nur das meiste Geld, den großartigsten Konsum und das schönste Leben. Sie interessieren sich nur für ihre Bedürfnisse und deren Befriedigung. Im Gegensatz zum Ei kann die Raupe Entscheidungen treffen, im Gegensatz zum vorherigen Stadium kennt der Mensch jetzt schon seine Vorlieben.

3. Etappe: Puppe

Die Verpuppung ist eine Phase des Rückzugs und der Ruhe. Menschen in dieser Phase spinnen sich in ihren Kokon ein – Sinnfragen führen zur Selbstveränderung. Was vorher wichtig war, ist es nicht mehr – die Freuden werden einfacher. Der Wunsch nach Freiraum ist größer als der Wunsch nach Arbeit, Geld, Sicherheit und Status.

Angestellte nehmen einen Langzeiturlaub, ein Sabbatical oder eine Auszeit auf unbestimmte Zeit. Manche reduzieren ihre Arbeitszeiten oder entscheiden sich für eine Aufgabe mit weniger Verantwortung. Manche gehen in die Freiberuflichkeit. Selbstständige arbeiten lieber von zu Hause aus als mit anderen in einem Gemeinschaftsbüro. Städter ziehen aufs Land. Viele beginnen mit

Meditation. Zeit für Müßiggang, Freunde und einfache Freuden erfüllen sie mehr als Lärm, Trubel und wilder Aktionismus.

Die Gewissheit keimt auf, dass weder das Ei- noch das Raupenstadium befriedigend waren. Sie sind bereit, all das hinter sich zu lassen.

Während von außen keine großen Veränderungen sichtbar sind, geschieht im Inneren die Transformation – die Raupe wird zum Schmetterling.

4. Etappe: Schmetterling

Der Schmetterling schlüpft, wenn die Zeit der Verwandlung vollendet ist. Menschen, die diese Phase vollendet haben, lassen sich fortan von der Seele leiten und stehen mitten im Leben. Sie lassen sich vom Leben dorthin treiben, wo sie fruchtbar wirken können. Ihnen liegen der Fortbestand des Lebendigen und die Achtung anderer Lebewesen am Herzen. Dafür setzen sie sich ein.

Im Einklang mit der Evolution beschleunigen sie das Wachstum in ihrer Umgebung. Sie wirken heilsam auf die Menschen, mit denen sie zusammenarbeiten. Grobe Umgebungen können ihre neue Zartheit schnell beschädigen. Gleichzeitig können sie in einer passenden Umgebung viel Gutes bewirken. Diese Menschen sind die Vorreiter und Wegbereiter der neuen Zeit.

Nie wissen wir besser, was wir wollen, als in einer Situation, in der wir etwas erfahren, was wir nicht wollen. Gerade im Geschäftsleben halten derzeit viele im »Raupenstadium« inne und bemerken: Das meiste ist von Angst beherrscht. Liebe fehlt. Der Wunsch nach mehr Sein und weniger Tun, mehr Qualität und weniger Quantität keimt in immer mehr Menschen auf.

Wir haben den Eindruck, dass sich immer mehr ins »Verpuppungsstadium« zurückziehen, um auf einer höheren Stufe neu geboren zu werden. Gleichzeitig erleben wir, wie viele transzendiert als schöne »Schmetterlinge« zurückkommen: zart, erfrischend und lebensspendend. Sie halten nicht länger das Falsche für das Echte und das Echte für das Falsche.

Sie haben den Weg der Wahrhaftigkeit gewählt, um sich von Begrenzungen, Blockaden und Befürchtungen zu trennen. Sie haben sich für Freiheit und Fülle entschieden, die ihre ganze Liebe zum Leben einbeziehen.

Wahrhaftigkeit basiert auf zwei Geisteskräften:

Erstens, der Geisteskraft des Glaubens. Sie schenkt uns die Grundvoraussetzung, um den Weg der Seele zu gehen und unsere spirituelle Intelligenz in Besitz zu nehmen. Dazu gehört aus unserer Sicht der Glaube an etwas Größeres, als wir selbst sind, und das Prinzip Hoffnung, das uns ermöglicht, nicht weniger als das Beste von Leben zu erwarten. Je mehr wir aufwachen und ein höheres Gewahrsein in unserem Leben spüren, desto mehr werden wir Halt in der Hingabe zum Jetzt finden.

Zweitens, der Geisteskraft des Wissens. Sie ermöglicht uns das intuitive Verstehen unserer Rolle in diesem Leben. Je mehr wir uns für die Führung unseres Überbewusstseins öffnen, desto mehr verstehen wir die höheren Zusammenhänge unseres Seins. Gleichzeitig verfügen wir über einen großen Wissens- und Erfahrungsspeicher, aus dem wir in jeder Situation die optimale Lösung abrufen können.

Geisteskraft: Glaube

Die Kraft des weltlichen Glaubens

Aus weltlicher Sicht hat Glaube viel mit Zutrauen, Zuversicht, Vorahnung und Hoffnung zu tun. Ohne Glaube würden wir Menschen stets die Sicherheit des Bekannten wählen und uns nie über den Status quo hinausbewegen.

Erst der Glaube schenkt uns das Vertrauen, uns aufzumachen und darauf zu vertrauen, dass hinter dem Gewohnten noch etwas Schöneres liegt.

Glaube ermöglicht uns, unseren Weg zu gehen, auch wenn wir nicht mit Sicherheit voraussagen können, was uns erwartet. Stellen Sie sich vor, welchen Glauben die Generationen vor uns brauchte, um uns das Leben zu ermöglichen, das wir heute führen: Denken wir nur an Neil Armstrong, Thoma Alva Edison, Christoph Columbus, Konrad Zuse und all die anderen Menschen, deren Errungenschaften wir heute als selbstverständlich ansehen. Was mussten sie für einen Glauben gehabt haben.

Ohne sie hätte es keine Mondladung gegeben, wäre Amerika vielleicht immer noch ein unbekannter Kontinent und ich könnte diese Zeilen jetzt nicht im Schein meiner Schreibtischlampe auf einem Computer schreiben.

Es war der Glaube, der Seefahrer motivierte, sich zu fremden Ländern aufzumachen und ferne Kontinente zu erobern. Es war der Glaube, der Wissenschaftler dazu anhielt, so lange am Ball zu bleiben, bis sie die Glühlampe, Lasertechnologie, Nachrichtensatelliten und vieles mehr für uns nutzbar gemacht hatten. Es ist der Glaube, der Menschen täglich dazu bringt, Überholtes hinter sich zu lassen und sich für Neues zu öffnen.

Die Kraft des spirituellen Glaubens

Aus religiöser Sicht hat Glaube viel mit Gottvertrauen, Frömmigkeit und Ergebenheit zu tun. Aus spiritueller Sicht hat Glaube viel mit der Transzendenz des eigenen Göttlichen zu tun. Während die einen an die Macht oder Kraft eines Gottes glauben, sind die anderen überzeugt, dass sie Teil des Feldes, oder Universums sind. Ob Sie eher an einen Gott oder ein liebendes Universum glauben, ist für den Nutzen, den Sie aus diesem Kapitel ziehen können, nicht wichtig. Uns ist klar, dass wir uns mit diesem Buch, und insbesondere mit diesem Kapitel, vermutlich auf der Stufe bewegen, auf der ein Blinder versucht, einen Elefanten zu beschreiben.

In Überlieferungen heißt es, dass Buddha seinen Schülern das folgende Gleichnis erzählte. Er berichtete von einem Raja, der fünf erblindete Männer bat, einen Elefanten zu untersuchen. Nach einiger Zeit ging der Raja zu ihnen und fragte: »Habt ihr einen Elefanten erlebt, ihr Blinden?« Und sie stimmten zu: »Jawohl, Majestät.«

»Was ist denn ein Elefant?«, wollte der Raja wissen. Sie versicherten ihm, ein Elefant sei wie ein Thron (Rücken), eine Säule (Bein), ein Fächer (Ohr), ein Seil (Schwanz) oder ein Wasserschlauch (Rüssel). Der Raja hörte aufmerksam zu. Nachdem jeder seine Sicht geschildert hatte, begannen die Männer, einander zu widersprechen und gegeneinander zu kämpfen.

Das Gleichnis steht für unsere eigene Blindheit bzw. für die Aspekte, die für uns als Betrachter im Dunklen liegen. Buddha wollte seinen Schülern damit verdeutlichen, dass es Dinge gibt, die wir selbst nicht in der Lage sind, zu erkennen. Der Elefant steht dabei für unsere Realität, für das, was wir Wahrheit nennen.

Man könnte sagen: »Jede Epoche hatte ihren Zeitgeist und ihre Wahrheiten, bis diese widerlegt wurden.« Während das newtonsche Weltbild dem Universum das Herz und die Seele herausriss, hat das darwinistische Weltbild das Leben als eine Art Zufall angesehen und auf das Recht des Stärkeren gesetzt. Jetzt sind es die Pioniere der Quantenphysik, die unser Weltbild auf den Kopf stellen. Immer mehr Quantenphysiker halten uns vor Augen, dass alles, was wir bisher für wahr hielten, je nach Versuchsaufbau und Beobachtung andere Ergebnisse hervorbringen wird – der Beobachter erschafft durch seine Beobachtung.

Somit wollen wir hier auch nicht näher auf die Unterschiede zwischen Religion und Spiritualität eingehen. Vielmehr möchten wir den Glauben an die eigene Schöpfermacht lebendig werden lassen und die Frage klären, wie Sie diese für sich nutzen können.

Das letzte Jahrhundert war das Atom-Zeitalter, aber dieses
könnte sich gut als das Nullpunkt-Zeitalter erweisen.
Hal Puthoff

Glaube & Gefühl für Lebenssinn

Wir haben bei vielen Menschen und auch bei uns selbst festgestellt, dass eine Spirale aus Stress, Sinnlosigkeit und dem Wunsch, die Wirklichkeit verändern zu »müssen«, immer dann entsteht, wenn der Glaube verloren gegangen ist.

Wenn wir kein Vertrauen in den höheren Sinn einer Situation haben, versuchen wir häufig, unsere Lebensumstände zu kontrollieren oder zu manipulieren. Wenn wir den Zugang zu unserem Überbewusstsein verloren haben, schenkt uns unser Tun keinen Sinn. Und schon wächst Widerstand in uns, gegen das, was ist.

Wenn religiöse oder spirituelle Wurzeln fehlen, hat das Auswirkungen.

3 Dinge fallen uns auf:
1. **Leere:** Mit der Zeit führt sie zu einer mentalen und emotionalen Erschöpfung.
2. **Süchte:** Sie sind der Versuch, das Vakuum durch Arbeit, Alkohol u. a. zu füllen.
3. **Sinnlosigkeit:** Das Gefühl beginnt bei Trauer und reicht bis zur Depression.

Wenn Sie mögen, gönnen Sie sich eine kurze Pause zur Selbst-reflexion:

- »Fühle ich mich mit etwas Größerem als mir selbst ver-bunden?«
- »Hat meine Arbeit einen höheren Sinn?«
- »Fühle ich mich zu etwas berufen?«
- »Bringe ich mich mit Leib und Seele in meine Unterneh-mungen ein?«
- [...]

Spiritualität und Transzendenz

Prof. Martin Seligman berichtet in seinem Buch *Der Glücks-Faktor* über eine interessante Studie. Der Pionier im Bereich der Positiven Psychologie schreibt: Unter der Leitung von Katherine Dahlsgaard lasen wir Aristoteles und Plato, Thomas von Aquin und Augustinus, das Alte Testament und den Talmud, Konfuzius, Buddha, Laotse, Bushido (den Samurai-Code), den Koran, Benjamin Franklin und die Upanischaden – alles in allem insge-samt 200 Tugend-Kataloge.

Zu unserer Überraschung unterstützen alle diese Traditionen – verteilt über 3000 Jahre und die gesamte Erdoberfläche – sechs Tugenden:

1. Weisheit und Wissen
2. Mut
3. Liebe und Humanität
4. Gerechtigkeit
5. Mäßigung
6. Spiritualität und Transzendenz

Stellen Sie sich vor: So viele verschiedene Ansätze und letztlich sind es doch nur sechs Tugenden, die eine allem zugrunde liegende Charakteristik darstellen für das, was wir Menschen unter einem guten Charakter verstehen.

Auch wenn die kulturellen Unterschiede groß sind, sind sich fast alle Religionen und philosophischen Traditionen darin einig was wir Menschen als wertvoll und erstrebenswert anerkennen.

Glaube bewirkt Wunder

Sind Sie ein Mensch, für den Spiritualität und Transzendenz bisher wichtige Themen waren? Für immer mehr Menschen werden sie das. Um ehrlich zu sein – es freut uns sehr, dass Spiritualität endlich von dem belächelten und verpönten Image früherer Zeiten befreit wird und anerkannte Wissenschaftler dazu beitragen, dass sie auch in der Wirtschaft ernst genommen werden kann.

Wie bei vielen anderen Querdenkern finden wir auch in der Literatur von Prof. Seligman häufig die Worte: Zukunftsorientierung, Flow, Hoffnung, Glaube und Arbeitsethik. Warum? Weil sie helfen, Wachstum und Wandel zu ermöglichen und Defizite zu verhindern.

Prof. Dr. Matthews ist Mediziner. Er setzt sich dafür ein, die Trennung von Medizin und Spiritualität aufzuheben. In seinem Buch *Glaube macht gesund* lasen wir: »Unser Gehirn ist auf Überzeugungen und Erwartungen angelegt. Wenn solche aktiviert werden, kann der Körper darauf so reagieren, als handle es sich beim Geglaubten um etwas Wirkliches ...«

Die Medien berichten immer wieder über neueste Studien und die Kraft des Glaubens. Immer wieder sieht man ehemalige Patienten in Talkshows, die berichten, wie sie durch ihren Glauben geheilt wurden. Gesundheitsforscher belegen, wie Todkranke alleine durch den Placeboeffekt, geheilt wurden. Lynne McTaggart berichtet in dem Buch *Das Nullpunkt-Feld* von unzähligen Studien, bei denen alleine der Glaube an die Wirkung eines Medikamentes die Kraft eines Zaubertrankes bekam, obwohl keinerlei Wirkstoff darin enthalten war. Es zeigt sich immer wieder: Der Glaube schenkt Hoffnung – Hoffnung ermöglicht Heilung.

Prof. Dr. Matthews, der in seinen Behandlungen Medizin und Spiritualität verknüpft, sagt: »Der Erfolg des Zwölf-Schritte-Programms der Anonymen Alkoholiker hat bewiesen, wie wertvoll ein spiritueller Ansatz für das Freiwerden von Sucht ist.« Und nicht nur das.

Spiritualität ist die Quelle unseres Lebens. Gerade uns, die wir als Selbstständige und Unternehmer darauf angewiesen sind, kerngesund, leistungsstark und entschlossen unseren Weg zu gehen, schenkt der Glaube eine enorme Kraft.

Kürzlich wurde uns bewusst, dass wir, seitdem wir die Spirituelle Intelligenz in unserem Leben nutzen, das Gefühl haben, viel weniger gestresst zu sein, und unsere Arbeit noch erfüllender verläuft. Im Vergleich zu früher würden wir sagen, dass die kurzen Zeiten, die wir heute brauchen, um unseren Glauben im Alltag zu pflegen, wie eine hoch dosierte Frischzellenkur auf alle Bereiche unseres Lebens wirken. Das, was wir hier beschreiben, ist somit keine graue Theorie, sondern unser Erfahrungsschatz. Was ändert sich genau?

4 Lebensbereiche, die von einem gesunden Glauben profitieren:

1. Gute Gesundheit

Der Körper ist das wichtigste, was wir haben. Ohne ihn können wir unsere Vorhaben nicht umsetzen und unser Leben nicht gestalten. Aber vieles macht ihm zu schaffen: Zeitdruck, Anspannung, Überlastung ... Stress lässt sich häufig nicht vermeiden.

Umso besser, dass ein gelebter Glaube eine stressdämpfende Wirkung hat. Der Glaube hat nachweisbar eine positive Wirkung auf den Körper, die Zellstruktur und die Regenerationsfähigkeit.

Wann immer wir im hektischen Alltag kurz aus unserer Geschäftigkeit raustreten und uns den »Himmel auf Erden« gönnen, weitet sich unser Horizont. Wann immer physischer und psychischer Stress gelindert werden, wird der Kontakt zum Sinn des Lebens wieder spürbar. Wann immer wir uns entspannen, z. B. mithilfe der Body-Scan-Meditation, oder dem Zugang zum Quellbewusstsein, kann das einen gesundheitsfördernden Effekt haben. Unser Körper ist der Tempel der Seele und unser Gefährt durch das Leben. Je mehr wir ihn pflegen, desto besser unterstützt er uns bei der Erreichung unserer Ziele.

2. Lebendigkeit und Lebensglück

Wir haben festgestellt: Wer seinen Körper wie ein Heiligtum behandelt, wird auch auf anderer Ebene gesunde Entscheidungen treffen. Der Glaube stärkt somit nicht nur unsere Gesundheit, sondern auch unsere Entschlossenheit, ungesundes Verhalten zu meiden und lebensfördernde Entscheidungen zu treffen – für uns und für unser Unternehmen. Man könnte auch sagen: Glaube ermöglicht, dass die Liebe und Wertschätzung zu allem Lebendigen wächst. Einige unserer Kunden stellten ihre Ernährung um, andere hatten keine Lust mehr auf negative Nachrichten und bestellten ihre Tageszeitung ab, wiederum andere fingen wieder mit Sport an ...

3. Erfüllung und Erfolg

Niemand kann mit Sicherheit sagen, was passiert, wenn wir uns entschließen, uns wieder mit unserem Überbewusstsein zu verbinden. Jeder kann diese Erfahrung, wie es ist, wenn man sich mit etwas verbindet, das viel größer ist als man selbst, nur selbst machen.

Je mehr wir uns von unserem Glauben bzw. von unserem Höheren Selbst leiten lassen, desto mehr spüren wir wieder den Wert unseres Seins – unser Denken, Sprechen und Handeln bekommen damit einen ganz neuen Stellenwert.

Es ist erwiesen, dass religiös oder spirituell entfremdete Menschen in weit höherem Maß arbeitslos und weniger erfolgreich sind als Menschen mit einem gefestigten Glauben. Im Umkehrschluss sehen wir immer wieder, dass Menschen, die sich mit ihrer spirituellen Intelligenz verbinden, weitaus leichter Erfolge erzielen, weil Bauch, Herz und Kopf harmonisch zusammenarbeiten.

4. Schwierige Situationen

Seien wir ehrlich: Es gibt immer Zeiten im Leben, in denen der Glaube an etwas Höheres auf die Probe gestellt wird oder der Sinn des Lebens einfach schwer zu erkennen ist. Das sind Zeiten, in denen der Verlust eines geliebten Angehörigen, die Insolvenz der mühsam aufgebauten Firma oder der Verrat eines engen Mitarbeiters einem den Boden unter den Füßen wegziehen.

Gerade wenn wir gefordert sind, Liebgewonnenes loszulassen, Krisen zu meistern oder Schicksalsschläge zu verdauen, ist es hilfreich, einen gesunden Glauben zu haben. Aus eigener Erfahrung wissen wir: Die Zeiten von Trauer, Wut und Schmerz durchläuft man trotzdem, hat aber gleichzeitig die Fähigkeit, wieder inneren Frieden zu finden und mit den Krisen umzugehen.

Ein gesunder Glaube ist so etwas wie eine Stoßdämpfer-Stärke. Er macht uns stark. Man könnte den Glauben durchaus als Gegenspieler der Hilflosigkeit bezeichnen. Egal was gerade ist, er

ermöglicht es, uns Hoffnung aufzubauen, Veränderungen vorzu-
nehmen und Wachstum zu wollen.

Die neue Welt kann in dem Moment entstehen, in dem wir uns
der höheren Kraft des Universums öffnen und die kreativen
Energien durch uns durchfließen lassen. Wenn wir die Verbindung
zu unserer eigenen inneren Spiritualität wiederherstellen,
erkennen wir, dass die kreative Energie des Universums in uns
selbst verborgen liegt.
Shakti Gawain

»Alles wird gut!«

Erinnern Sie sich an Nina Ruge als Moderatorin von *Leute heute*?
Auch wenn sie die Sendung seit 2007 schon nicht mehr moderiert,
erinnere ich mich noch immer an ihr unverkennbares Marken-
zeichen. Ihr Spruch am Ende jeder Sendung war: »Alles wird gut.«

Zur gleichen Zeit hatte ich einen Kollegen – Tom. Wann immer
wir über ein Problem oder eine Herausforderung sprachen, sagte
er: »Alles wird gut!« Anfangs ging mir dieser zwanghafte
Optimismus auf die Nerven, bis ich in dem Buch *Nullpunkt-Feld*
von einen raffinierten Versuch las, der meine Meinung änderte.

Lynne McTaggart beschreibt, dass der Wissenschaftler Gerald
Solfvin ein Experiment durchgeführt hatte, das verdeutlichte, dass
unsere Fähigkeit, das Beste zu hoffen, tatsächlich Einfluss auf
Ergebnisse haben kann. In seinem Experiment ging es um die
Heilung von Mäusen.

Solfvin konstruierte für seinen Test eine Reihe komplexer
Bedingungen. Dazu infizierte er eine Gruppe von Mäusen mit
Malariaerregern, die sich bei Nagetieren üblicherweise sehr
schnell und tödlich auswirken.

Dann zog er drei Labormitarbeiter zur Betreuung der Tiere
hinzu. Ihnen wurde gesagt, dass die eine Hälfte der Mäuse mit
Malaria infiziert worden sei und ein Geistheiler versuchen würde,
diese Tiere zu heilen.

Zwei Dinge wussten die Mitarbeiter also nicht: Erstens, dass
alle Tiere infiziert waren. Zweitens, dass es gar keinen Geistheiler
gab.
Die Labormitarbeiter konnten nichts tun, als zu hoffen, dass es den
Tieren in ihrer Obhut gut gehen würde und dass die Bemühungen

des Geistheilers funktionierten. Wie sich im Laufe des Versuchs zeigte, war einer der drei Pfleger erheblich optimistischer als die beiden anderen. Am Ende des Versuchs stellte sich heraus, dass die Mäuse, um die er sich gekümmert hatte, weniger krank waren als jene, die von seinen Kollegen betreut worden waren.

Auch wenn diese Studie eindeutig zu klein ist, um daraus allgemeingültige Aussagen abzuleiten, gibt es viele ähnliche Ergebnisse, die belegen: Hoffnung heilt.

Weiter führt die Autorin eine Untersuchung an, die schon 1974 von Rex Standford durchgeführt wurde. Der Wissenschaftler zeigte, dass Menschen Ereignisse beeinflussen konnten, indem sie einfach hofften, alles würde gut gehen, auch wenn sie nicht restlos verstanden, worauf genau sie ihre Hoffnungen richten sollten.

Als wir begonnen hatten zu ergründen, wie sich Glaube und Hoffnung auf Ereignisse und Erfolge auswirken, haben wir zahlreiche Untersuchungen dieser Art gefunden. Und uns wurde mehr und mehr bewusst: Wenn wir heilsam auf Pflanzen, Tiere und andere Menschen wirken können, haben wir den gleichen Einfluss auf uns, unsere Kunden und damit auch auf unsere Businessentwicklung.

Ich erinnerte mich daran, das meine Mutter bei anstehenden Klausuren, Zahnarztbesuchen, Bewerbungsgesprächen oder ähnlich herausfordernden Situationen immer zu fragen pflegte: »Soll ich die Daumen drücken?«

Wenn meine Vorhaben gut ausgingen, was meistens der Fall war, war sie überzeugt, dass ihr Daumendrücken einen Anteil daran hatte.

Daumendrücken ist eine Geste, die Menschen schon lange vor dem Mittelalter dazu diente, zu glauben, Hexen und Dämonen damit zu besänftigen und drohendes Unheil abzuwenden. Heute steht diese Geste eher für die Absicht, anderen Glück und gutes Gelingen zu wünschen.

Viele Menschen haben verlernt zu hoffen bzw. das Beste zu erwarten. Wir sehen es immer wieder, dass viele Schwierigkeiten im Business häufig ein Ausdruck fehlender Steuerung der Quantenenergie sind. Meist liegt ein Mangel an Verbindung zur stärkenden und ordnenden Kraft im Nullpunkt-Feld – der Energie, die alles beeinflusst – vor. Wie können Sie diese Erkenntnisse nun für sich nutzen?

Hoffnung bedeutet: Das Beste in der Zukunft erwarten
und daran arbeiten, es zu erreichen.
Willibald Ruch

Stärken Sie Ihren Glauben: Hoffen Sie das Beste!

Sie kennen sicher das alte Sprichwort:»Glaube versetzt Berge.« Wie Wissenschaftler der Universität Virginia festgestellt haben, steigert er auch unsere Leistungsfähigkeit. Entdecken Sie die Freude daran, Magie, Mystik und Mentales zu neuen Möglichkeiten zu vereinen. Dazu können Sie einfach intuitiv vorgehen und in jedem Moment des Lebens das Beste hoffen. Das funktioniert, sofern Sie keine inneren Zweifel haben. Sie können aber auch die Menschen modellieren, die in Studien nachweislich den höchsten Einfluss auf ihre gewünschten Ereignisse hatten.

Lynne McTaggarts Aufzeichnungen entnehmen wir etwas Interessantes: Gleichgültig, ob jemand einen weltlichen Wunsch, ein religiöses Gebet oder eine spirituelle Absicht nutzte, alle Versuchspersonen waren nach festen Regeln vorgegangen: Dazu gehörten Entspannung, Kontaktaufnahme mit einer höheren Macht, der Einsatz von Visualisierung oder Affirmationen, das Bild des perfekten Zustandes und der Dank an die Quelle, sei dies nun Gott oder eine andere spirituelle Macht.

Übung

4 Schritte zur Aktivierung Ihres Glaubens
Wann immer Ihnen der Glaube an das Gute im Leben abhandengekommen ist und Sie das Gefühl haben,»Hilfe von oben« gebrauchen zu können, probieren Sie doch einfach die folgende Übung.

Übungsablauf
1. Entspannung
2. Kontaktaufnahme mit einer höheren Macht
3. Bild und Gefühl des vollendeten Zustands
   (der perfekten Ordnung)
4. Dank an die Quelle

1. Entspannung

Entspannen Sie sich: Entspannungstechniken, Meditationen und Träume – alle drei erweitern unser Bewusstsein und wecken unsere Vorstellungskraft. Während wir im normalen Wachzustand nur eine begrenzte Wahrnehmungsfähigkeit haben, eröffnet sich uns in der Entspannung eine größere Wellenlänge und tiefere Verbindung mit allem, was ist – unser Gehirn arbeitet immer ganzheitlicher.

Meditationsanleitungen finden Sie im Kapitel »Bewusstseinsebenen: Unser wahres Wesen« auf Seite 34 und im 7x7-Tage-Programm ab Seite 235.

2. Kontaktaufnahme mit einer höheren Macht

Nehmen Sie Kontakt mit einer übergeordneten Instanz auf. Verbinden Sie sich mit Ihrer spirituellen Intelligenz. Dabei ist es unerheblich, wen oder was Sie anrufen: Überbewusstsein, Quantenfeld, Geistige Welt, Religiöse Gestalten, …

Wichtiger ist, dass Sie etwas Größeres anrufen, als Sie selbst sind, und Licht und Liebe in sich einströmen lassen. Setzen Sie die Absicht:

»Ich verbinde mich jetzt mit … (z. B. meinem Überbewusstsein).«

»Ich bitte jetzt … (z. B. mein Höheres Selbst), sich vollständig mit mir zu verbinden.«

»…«

Inzwischen ist erwiesen, dass diejenigen Menschen im Leben erfolgreicher sind, die nicht an eine Trennung zwischen sich und allem, was ist, glauben.

3. Bild und Gefühl des vollendeten Zustands

»Wie ist es, wenn ich das Beste erwarte?« Lassen Sie ein Bild und Gefühl dafür in Ihrem Inneren auftauchen, wenn Sie voller Glaube und Hoffnung daran denken: »Alles ist gut!«

Etwas wirklich zu wollen, setzt eine enorme Energie frei und bringt vieles in Bewegung. Doch erst, wenn Sie zusätzlich daran glauben, dass es möglich ist, es auch zu bekommen, können Wunder geschehen.

4. Dank an die Quelle

Es hat sich gezeigt, dass Menschen, die gute Absichten aussenden und dann zurücktreten, um sich der ordnenden Kraft des Universums unterzuordnen, Wunder vollbringen können. Warum? Weil sie daran glauben, dass sie etwas beauftragt haben, das größer ist als sie selbst (ihr Überbewusstsein, Gott oder wen auch immer). Sie glauben:

1. »Ich habe meinen Teil dazu beigetragen (die Absicht).«
2. »Der Rest geschieht jetzt von selbst (Vertrauen).«

Schicken Sie Ihr Bild und Gefühl des vollendeten Zustands ins Universum und danken Sie: »Danke, möge es geschehen!«, oder: »Danke, so sei es!«

Unser Lieblingssatz lautet: »Danke für dieses oder etwas Besseres – so sei es!« Damit haben wir die besten Erfahrungen gemacht. Warum? Weil er offenlässt, was das Beste für uns ist. Das entspannt enorm.

Es hat nachweislich eine große Wirkung, sich bewusst zu machen, dass nicht Sie alleine (Ihr Bewusstsein) etwas bewirken, sondern dass es noch etwas Größeres gibt, das besser weiß, was für Sie richtig ist (Ihr Überbewusstsein).

Diese Art von Loslassen vermindert die Vorstellung, bestimmte Lebensumstände unbedingt haben zu müssen. Diese Art von Loslassen vermindert inneren Druck und macht empfangsbereit. Probieren Sie es aus!

Wichtige Wendung

Innerhalb meiner ersten Coaching-Ausbildung arbeitete ich mit einer Frau mittleren Alters, die gerade ihre hoch dotierte Stelle verloren hatte. Ich führte sie durch den Coaching-Prozess, als sie plötzlich erkannte: »Manchmal kann auch Scheitern die Lösung sein.«

Schlagartig wurde ihr bewusst, dass sie lange an einer Vorstellung festgehalten hatte, wie ihr Leben zu sein habe, aber dabei viele andere Möglichkeiten ausgeklammert hatte. Uns beiden wurde bewusst, welch ein wundervoller Freiraum sich durch veränderte Lebenssituationen eröffnen kann, wenn man auf seine Chancen schaut. Wie gefällt Ihnen dieser Gedanke: »Wünsch dir was und sei dir bewusst, dass du alles haben kannst, aber halte an nichts fest – es kann etwas noch viel Besseres für dich geben.«

Definieren Sie, was das Beste ist

Wir haben die Erfahrung gemacht: Damit die Zusammenarbeit mit Kunden gut funktioniert, müssen wir nur daran glauben, dass sich Kunden in unserer Obhut wohlfühlen, entfalten, genesen, erfolgreich sind und dass unsere Kooperation gut funktioniert – weiter nichts. Und das nur, weil wir jederzeit unser Bestes geben. Natürlich brauchen wir dazu auch die nötige Kompetenz, Professionalität und Selbststeuerung, das versteht sich von selbst. Alles andere wäre naiv.

Glaube ist die felsenfeste Überzeugung, dass irgendwann, irgendwo und irgendwie wahr werden kann, was Sie sich wünschen. Der unumstößliche Glaube Einzelner hat der Menschheit schon viel Gutes beschert. Man könnte auch sagen: Glaube ist die Grundlage für vieles, was wir Menschen im Leben zustande bringen. Probieren Sie es aus:»Ich erwarte nur das Beste!« Eine solche Haltung hat enormen Einfluss auf die Entwicklung von Erfüllung und Erfolg.

Wenn nicht geschehen wird, was wir wollen,
so wird geschehen, was besser ist.
Martin Luther

Geisteskraft: Wissen

Unsere Geisteskraft des Wissens ermöglicht uns, trotz der hochgeputschten und hektischen Zeit, in der wir leben, jederzeit drei Dinge zu wissen:

1. Was für uns richtig und stimmig ist.
2. Wie sich unsere Originalität zum Ausdruck bringen möchte.
3. Wie wir unsere Wahrhaftigkeit zum Wohl des Ganzen einbringen können.

Lassen Sie uns kurz etwas klären: Wissen steht in unserer Kultur meistens für erworbene und erlernte Sachverhalte. Dabei stammt der Begriff vom Althochdeutschen *wizzan* bzw. der indogermanischen Form *woida* ab und bedeutet »ich habe gesehen« oder auch »ich weiß«. Wenn wir hier also von der Geisteskraft des Wissens sprechen, meinen wir nicht externes, sondern internes Wissen – intuitives Verstehen. Es wird auch als Intuition, Bauchgefühl oder Intelligenz des Unbewussten bezeichnet. Diese Art des Wissens steht für eine ganzheitliche Wahrnehmung.

Viele Wissenschaftler und Philosophen sind bis heute uneins, woher inneres Wissen bzw. unsere Intuition genau kommt und welche Bedeutung ihr zugesprochen werden sollte. Trotz unterschiedlicher Meinungen sind sie sich in einem Punkt einig: Die meisten bedeutenden wissenschaftlichen Errungenschaften, philosophischen Einsichten und technischen Neuerungen wären ohne inneres Wissen niemals entstanden.

Alle künstlerischen Ideen und religiösen Erleuchtungen wurden zu einem überwiegenden Anteil durch intuitives Erfassen möglich. Auch wenn alle großen Errungenschaften nachträglich intellektuell im Leben verankert wurden, fand ihre Geburtsstunde immer intuitiv statt.

Die Geisteskraft des Wissens wird auch als unser 7. Sinn bezeichnet. Was zeigt, wie normal diese Fähigkeit ist. Wie alle anderen Körpersinne und Geisteskräfte ist inneres Wissen angeboren. Seine Aufgabe ist es, uns durch eine innere Führung zu Glück, Erfüllung und Erfolg zu führen. Inneres Wissen ist quasi unser eingebautes Navigationsgerät, das uns über Eingebungen, Geistesblitze, Einfälle, Ahnungen, Anweisungen etc. zu lenken versucht, um uns ein Leben im Einklang mit unserem eigenen Lebensplan zu ermöglichen. Doch dazu müssen wir seine Signale wahrnehmen, achten und beherzigen. Was wir oft nicht tun.

Sage »Ja« zum Leben und schau, wie das Leben
plötzlich beginnt, für dich zu arbeiten anstatt gegen dich.
Eckhart Tolle

Mona Lisa Schulz, die Autorin des Buches *Intuition – die andere Art des Wissens*, hat für den Ort unseres inneren Wissens eine schöne Bezeichnung. Sie nennt es Intuitionsnetzwerk und schreibt: »Dort erfahren wir und bestätigen wir unsere Einheit mit Gott oder dem Göttlichen: Gott und ich sind eins. Die Gleichung ist einfach:

Man muss einen Sinn in seinem Leben sehen, und man muss den Ort der Lenkung kennen, muss wissen, inwieweit man sein Leben selber lenken kann und inwieweit sich die Lenkung dem eigenen Zugriff entzieht.«

Inneres Wissen hat somit viel mit emotionaler Wahrnehmung zu tun.

Ist das innere Wissen stark ...	Ist das innere Wissen schwach ...
... haben wir eine klare Vorstellung vom eigenen Lebenssinn.	... haben wir keine klare Vorstellung vom eigenen Lebenssinn.
... sind wir überzeugt, dass wir selbst über unser Leben bestimmen.	... sind wir überzeugt, dass der Himmel über unser Leben bestimmt.
... sind wir überzeugt, dass wir selbst Einfluss auf die Ereignisse im Leben haben.	... sind wir überzeugt, dass alles geschieht, wie es geschehen muss (wehrloses Opfer).
... haben wir die Neigung, das Leben aktiv gestalten zu wollen.	... haben wir die Neigung, das Leben durch Umstände gestalten zu lassen.

Die Lebensreise

Die persische Mystik erzählt von einem Wanderer, der mühselig auf einer scheinbar endlos langen Straße entlangzog. Über und über war er mit Lasten bepackt. Stöhnend und schnaufend setzte er Fuß vor Fuß und kam nur langsam voran. Bei jedem Schritt beklagte er sein hartes Schicksal.

In der glühenden Mittaghitze begegnete ihm ein Bauer. Der fragte ihn:

»Du müder Wandersmann, warum belastest du dich mit einem Felsbrocken?« »Oh, wie dumm«, antwortete der Wanderer, »ich hatte ihn bisher nicht bemerkt.«

Darauf warf er den großen Brocken weg und fühlte sich sofort viel leichter.

Kurz darauf kam ihm ein weiterer Bauer entgegen, der ihn ansprach:

»Sag, müder Wanderer, warum plagst du dich mit diesen Ketten an deinen Beinen und ziehst schwere Eisengewichte hinter dir her?«

»Ach, wie dumm. Gut, dass du mich darauf aufmerksam machst, ich wusste nicht, was ich mir damit antue.« Er löste die Ketten und legte die Gewichte ab. Befreiter und beschwingter ging er weiter. Doch je länger er ging, begann er wieder zu stöhnen und zu leiden. Ein Bauer auf einem Feld beobachtete ihn erstaunt:

»Guter Mann, wozu trägst du Sand in deinem Rucksack, wo du doch in eine Gegend gehst, in der mehr Sand ist, als du jemals tragen könntest?«

»Dank dir, Bauer, jetzt erst merke ich, was ich all die Zeit mit mir herumgeschleppt habe.« Mit diesen Worten zog er den Rucksack ab, sah an sich herunter und bemerkte, wie viel leichter sein Leben jetzt war. Frei von all diesen Lasten wanderte er durch die erfrischende Abendluft, um eine ruhige Herberge zu finden.

Das Labyrinth des Lebens

Nossrat Peseschkian, der Begründer der Positiven Psychologie, arbeitete viel mit orientalischen Geschichten. Ich hatte das Glück, ihn vor ca. 20 Jahren bei einem Kongress live zu erleben. Wie keinem anderen gelang es ihm, durch seine Geschichten bewusst zu machen, wie wir Menschen uns oft im Labyrinth des Lebens verirren. Erst treffen wir die (unbewusste) Entscheidung, uns durch unnötige Lasten zu beschweren, um dann unter unseren Lebensumständen zu leiden.

Auch wenn uns allen der Zugang zu unserem inneren Wissen angeboren ist, haben wir nicht alle zu jeder Zeit die gleiche Wahrnehmungsfähigkeit. Je nach psychischer, körperlicher und seelischer Verfassung haben wir mal mehr und mal weniger Zugang zu unserem inneren Wissen. Das ist normal. Unsere Verbindung unterliegt Tagesschwankungen. Aber nicht nur das.

Auch die Intensität, mit der sich unsere innere Stimme zeigt, ist sehr unterschiedlich. Anfangs ist sie oft still wie eine herabfallende Feder und wird erst mit der Zeit lauter, wie der Gesang eines Vogels.

Lange Zeit erstaunte es mich (Astrid-Beate), wenn Menschen mich verwundert anschauten, sobald ich mein inneres Wissen in der Beratung oder im Coaching einsetzte und ihnen Dinge offenbarte, die sie schon lange in sich spürten, aber zu denen sie noch keinen Kontakt aufbauen konnten. Ich hatte immer schon einen guten Zugang zu meinem inneren Wissen. Viele glauben, ich wäre besonders sensitiv und hellfühlend. Ich glaube eher, dass ich achtsam bin, dass die Verbindung zu meiner inneren Weisheit nicht getrennt wird.

Ab wann wir Signale aus unserem Inneren wahrnehmen und ob wir ihnen folgen, hängt stark davon ab, wie unser Gehirn konditioniert ist. Die folgenden drei Dinge erschweren die Nutzung unseres Wissens:

1. Reizüberflutung
2. Nicht-wahrhaben-Wollen
3. Rationalisieren

1. Reizüberflutung

Manche Menschen scheinen regelrecht süchtig nach äußeren Reizen zu sein. Alles was ihre Aufmerksamkeit fesseln kann, zieht sie magisch an: Fernsehen, Internet, Smartphone ... Ständig gibt es etwas, womit sie sich beschäftigen. Der Hype, um Erfindungen wie Smartglasses – eine Brille, die Handy, Kamera und Kopfhörer vereint – macht klar, wie sehr unsere Gesellschaft derzeit darauf zusteuert, sich immer mehr ins Außen locken zu lassen.

Der Lärm des Lebens spielt eine große Rolle, wenn wir uns fragen, warum Menschen ihre inneren Impulse und Eingebungen nicht mehr wahrnehmen. Dauerbeschallung, ob selbst gewählt oder fremdbestimmt, ist so normal geworden, dass wir uns nichts mehr dabei denken, ständig von Klängen aus Kopfhörern, Telefon oder Radio beschallt zu werden. Doch der Preis ist hoch: Im Gegenzug können wir die leise innere Stimme der Intuition kaum noch hören.

2. Nicht-wahrhaben-Wollen

So wie stark Risikofreudige ihr inneres Wissen lustvoll in die Tat umsetzen, lehnen stark Sicherheitsorientierte ihre inneren Impulse häufig ab. Eine Kundin beschrieb uns den Mechanismus, den sie bei sich selbst beobachtete, so: »Sobald ich meine innere Stimme höre, die mich auffordert, etwas zu tun, was mir richtig Freude machen würde, gibt es sofort eine zweite Stimme in mir. Diese zweite Stimme macht dann alles zunichte. In der Regel sagt sie: ›Das kannst du nicht!‹, oder ›Das wäre zu schön, um wahr zu sein, vergiss es!‹«

Ihr innerer Kritiker gab ihr bisher gar keine Chance. Damit ist sie nicht alleine.

Viele Menschen haben uns gegenüber zugegeben, dass sie anderen Menschen mehr trauen als den eigenen inneren Impulsen. Sie nehmen zwar intuitive Impulse wahr, nehmen sie aber nicht ernst und ignorieren damit ihre eigenen Möglichkeiten.

3. Rationalisieren

Gerade in unserer Kultur beobachten wir bei vielen gut ausgebildeten Akademikern ein besonderes Phänomen. Tauchen bei ihnen innere Impulse auf, bekommen sie von der übermächtigen Dominanz ihres Denkens gesagt: »Das kannst du gar nicht wissen«, oder »Das darfst du nicht wissen.« Sie können nichts mit ihrem inneren Wissen anfangen, weil es nicht erklärbar ist.

Häufig sind Männer betroffen. Vor allem die, die es nicht gewohnt sind, Gefühle und Emotionen genauso ernst zu nehmen wie Gedanken. Kein Wunder, wenn ihr Verstand sogar so weit geht und leugnet, dass es so etwas wie eine innere Stimme, innere Impulse oder Intuition überhaupt gibt.

Wer nicht daran glaubt, kann auch nichts wahrnehmen und nichts mit wahrgenommenen Informationen anfangen. Häufig zeichnen sich diese Menschen durch übermäßiges Moralisieren aus. Vieles ist für sie einfach Spinnerei, Betrug oder Naivität. Bei all ihrem Rationalisieren fällt ihnen meist nicht auf, wie ihre eigene Ganzheit und Echtheit auf der Strecke geblieben ist.

Emotionen sind Teil unserer Heartware,
der Verstand gehört zur Hardware.
Dr. Roy Martina

Der Ausgang aus dem Labyrinth

Jeder Mensch ist anders und jedes Gehirn ist anders verdrahtet. Während manche Menschen einen schnellen Zugang zu ihrem inneren Wissen finden, haben andere einen langsameren Zugang. Und der Zugang zu unserem inneren Wissen verläuft nicht über eine mentale, sondern über eine emotionale Qualität. Diese Qualität steht für unser Gespür und Gefühl für das, was für uns stimmig, richtig und verlockend ist.

Manche trauen ihren Gefühlen, andere nicht. Manche können aus einer vagen Vorahnung ein konkretes Konzept machen, andere nicht. Manche können gut mit der Gefühls- und Symbolsprache des inneren Wissens umgehen, andere weniger.

Die Krankheit unserer Zeit ist die Beziehungslosigkeit, viele
Menschen sind nicht in Beziehung zu sich selber, zu den Dingen,
nicht in Beziehung zu Gott. Intuition meint ja nach innen schauen,
meint ja Beziehung aufnehmen zu mir selber und zu dem Anderen,
in seine Seele hinein schauen, spüren, was er ist und was er
braucht, so dass etwas fließt zwischen uns.
Dr. Anselm Grün

Gegenwärtigkeit ist der Generalschlüssel

Genau jetzt, in jedem Moment, finden Sie den Zugang zu Ihrem inneren Wissen. Nicht in der Vergangenheit und nicht in der Zukunft. Nur JETZT! Nur im gegenwärtigen Moment haben wir Zugang zu unserem vollen Bewusstsein: Über-, Unter- und freies Bewusstsein. Nur in der Gegenwart, in den immer wiederkehrenden Momenten von jetzt, jetzt, jetzt ... kann unsere innere Stimme Kontakt zu uns aufnehmen. Im JETZT sind wir eins mit dem, was ist. Im Jetzt können wir unsere Geisteskräfte gezielt nutzen. Die Reise des Lebens erhält eine neue Qualität und Leichtigkeit, je mehr wir uns von äußeren Lasten befreien und auf die inneren Signale achten.

Jetzt sein: Jeder kann es und tut es. Und zwar immer dann, wenn wir uns mit Haut und Haaren auf den Moment einlassen, weil wir fasziniert sind, weil wir verliebt sind, weil wir gerade etwas Besonders erleben: im Kino, Fußballstadion, in der Oper, im Museum, beim Spiel ...

Oder wenn wir bewusst in die Stille gehen, kurz vorm Einschlafen, in der Meditation oder wenn wir uns Einkehrtage im Kloster gönnen.

Aber auch, wenn wir Grenzsituationen erleben, wenn wir unseren Widerstand gegen eine Situation aufgegeben haben, weil wir sie nicht mehr ändern können: wenn Krankheit, Zerstörung des Zuhauses, Verlust des Vermögens, Trennung, Tod, Beendigung einer Beziehung oder etwas anderes unser Bewusstsein in diesem Moment hält.

Das sind magische Momente. In all diesen Situationen sind wir die meiste Zeit im Jetzt. Es gibt nichts anderes, nur uns und diesen Augenblick. Wir sind im Sein. Psychologische Zeit löst sich auf. Erst das Jetzt ermöglicht tiefe Erkenntnis und echte Transformation.

Es ist die Zeit des Aufwachens und des Erinnerns.
Es ist die Zeit des Wissens und Bewusstwerdens.
Daniel Ackermann

Inneres Wissen ist immer gegenwärtig

Gerade im geschäftigen Alltag sind wir so mit der Lösung von Problemen in der Zukunft beschäftigt, dass wir nicht merken, dass die Lösung aller Probleme im Jetzt liegt. Im Jetzt ist alles da.

Im Jetzt haben Sie, was Sie suchen! Mühelos und natürlich kann Ihr inneres Wissen in Ihr Leben treten. Je mehr Sie im gegenwärtigen Moment verweilen können, desto präsenter, lebendiger, kraftvoller, erfüllter und erfolgreicher werden Sie sein. Ihr Denken reduziert sich auf das Wesentliche – Ängste, Sorgen und Leid nehmen ab. Die leise Stimme des inneren Wissens wird hörbar. Die Signale des inneren Wissens werden wahrnehmbar.

Unser zeitgebundenes Bewusstsein ist so tief in uns verwurzelt, dass wir häufig nicht mehr merken, was im momentanen Augenblick in uns vorgeht. Tiefes Wissen setzt ein, wenn wir uns dem Fluss des Lebens hingeben und uns ihm nicht länger widersetzen.

Du findest dich selbst, indem du in die Gegenwart kommst.
Eckhart Tolle

Wahrhaftig sein

Im Jetzt ermöglicht uns die Geisteskraft des Wissens, Wesentliches wahrzunehmen: Ist sie aktiv, wird ein gewaltiger Entwicklungssprung möglich. Alle unsere Wünsche, Sehnsüchte und Impulse entspringen dann der Fülle und nicht länger dem Mangel. Anstelle von Mangelbedürfnissen treten Seinsbedürfnisse.

Intuitive Initiatoren –
Lebendige Leuchttürme

Vor Kurzem sprachen wir mit einem Unternehmer über Pioniere in der Wirtschaft. Dabei kamen wir auf Dr. Götz Werner zu sprechen, den Gründer und Gesellschafter der dm-Drogeriemärkte.

»Er ist ein echtes Genie. Er hat eine ganz neue Unternehmenswelt geschaffen«, sagte unser Gesprächspartner anerkennend. Wir stimmten ihm zu. Wurde Dr. Werner 1969 noch für seine Geschäftsidee belächelt, Drogerie-Märkte im Discounterstil aufzubauen, gehört er heute zu den 500 reichsten Deutschen. Dr. Werner ist der Ansicht: »Wenn man mit anderen zusammen Dinge anstrebt, die wiederum für andere sein sollen, dann hat man einen schönen Nährboden für Intuition geschaffen.«

Immer wieder fallen uns »Leuchtturm-Unternehmer« auf, die durch ihr Licht eine bedeutsame Vorbildfunktion für andere haben. So wie Karl-Ludwig Schweisfurth, der von Europas größtem Fleischfabrikanten zum bekennenden Biobauern wurde. Sein

228

Gesinnungswandel fand am fünften Fastentag auf Marbella statt, als er wusste, dass er so nicht weitermachen wollte. Heute wirbt er für eine nachhaltige Landwirtschaft, respektvollen Umgang mit Tieren und eine lebenswerte Zukunft. Seine Herrmannsdorfer Landwerkstätten sind inzwischen ein ökologischer Vorzeigebetrieb mit rund 200 Beschäftigen. Immer schon gönnte sich Herr Schweisfurth Zeit für »Klarsicht und Ruhe«, um aus dem Trubel der Unternehmensführung herauszutreten und Abstand zu gewinnen.

Die Macht der Intuition

Intuition ist etwas überaus Machtvolles. Davon ist die Menschheit schon lange vor uns überzeugt gewesen. Erstmals wurde sie bei Epikur beschrieben. Platon war der Ansicht, dass sie die höchste erreichbare Einsicht in das wahrhaft Seiende wäre. Obwohl er der Meinung war, dass sie etwas sei, das sich nicht mit Worten ausdrücken ließe, versuchte er es dennoch und umschrieb sie als ein »plötzlich« auftauchendes Licht, das die Seele entzünde, um aus ihr genährt zu werden.

Rudolf Steiner sah in dieser inneren Art des Wissens die Erkenntnisform, durch die wir Menschen kontemplative Einsicht in die Wesenszüge der Welt und der Weltdinge erlangen. Seiner Überzeugung nach können wir durch sie unseren Anteil am Göttlichen erkennen.

6 Faktoren charakterisieren unsere Intuition:

1. Begabung, auf Anhieb eine gute Entscheidung treffen zu können (Bauchgefühl)
2. Schnelle eingebungsvolle Einsicht in Zusammenhänge
3. Fähigkeit, Entscheidungen und Emotionen sekundenschnell zu erfassen
4. Einfühlungsvermögen in unbewusste Sachverhalte
5. Einfühlungsvermögen in innere Zusammenhänge
6. Gesunder Menschenverstand bzw. innere Logik

Intuition ist Intelligenz mit überhöhter Geschwindigkeit
Aus Italien

Übung

Inneres Wissen wecken

Wenn wir die Geisteskraft des Wissens aktivieren wollen, brauchen wir vor allem eins: unsere Wahrnehmungsfähigkeit. Inneres Wissen entspringt unserem Empfindungsvermögen. Erst durch unsere Empfindsamkeit können wir Ja und Nein nicht nur mental unterscheiden, sondern auch emotional einschätzen.

Hier und jetzt schließt sich damit der Kreis. Wir kommen wieder zum Anfang dieses Buches zurück und zu unserer Frage: »Wie wollen wir in Resonanz mit unserem vollen Bewusstsein kommen, wenn wir nichts mehr fühlen?«

> *Den Fluss des Lebens kannst du nur im Jetzt erleben,*
> *und indem du den jetzigen Moment bedingungslos und*
> *rückhaltlos annimmst, gibst du dich hin.*
> Eckhart Tolle

Drei Schritte haben wir hier für Sie zusammengestellt. Bei vielen Menschen funktionieren sie gut. Probieren Sie diese einfach aus; es sind:

1. Gegenwärtigkeit
2. Entscheidung
3. Achtsamkeit im Alltag

1. Gegenwärtigkeit

Tägliche Meditation und regelmäßige Zeiten der Stille sind das beste Training, um einen stabilen Zugang zum inneren Wissen zu bekommen. Schon 15-20 Minuten morgens reichen, um die Bewusstseinsqualität des Tages enorm zu verbessern.

Wenn Sie dieses Buch bisher »nur« gelesen haben, dann empfehlen wir Ihnen, zu den beiden Übungen in Kapitel »Bewusstseinsebenen: Unser wahres Wesen« zurückzugehen. Auf Seite 39 finden Sie die Übung *Zugang zum Überbewusstsein* und auf Seite 57 die Übung *Body-Scan-Meditation*.

2. Entscheidung

Entscheiden Sie sich bewusst, die Verbindung zu Ihrem Inneren Wissen bzw. zu Ihrem Überbewusstsein aufzunehmen. Entschließen Sie sich, nur das Gute Ihrer inneren Führung zu akzeptieren und den Erfahrungen zu folgen, die mit Ihrem höchsten Glück übereinstimmen. Das können Sie generell machen oder auch projektbezogen, z. B., indem Sie formulieren:

»Ich bitte um inneres Wissen für das Projekt ...«
»Was ist zu tun oder zu lassen in Bezug auf ...?«
»Ich bitte um innere Führung für diesen Tag.«
»...«

3. Achtsamkeit im Alltag

Nutzen Sie Ihr inneres Wissen doch einfach wie ein Navigationsgerät. Entwickeln Sie dazu ein sicheres Gespür, wie die Führung Ihres inneren Wissens aussieht. Dann brauchen Sie nur auf innere Ahnungen, Eingebungen, Ideen und Hinweise zu achten. Lernen Sie als Erstes, die beiden Führungsqualitäten Ihrer inneren Stimme zu unterscheiden.

»Ja«-Führung

In der Regel äußert sie sich durch ein Wohlgefühl von Weite und Wärme. Achten Sie auf die leisen, sanften und fast unmerklichen Zeichen der Zustimmung, die sich in Ihnen zeigen. Je sensibler Sie werden, desto schneller werden Sie diese Impulse wahrnehmen können. »Ja« äußert sich durch Energie, Freude und Enthusiasmus.

»Nein«-Führung

Viele von uns kennen diese Form der Selbststeuerung besser. Kein Wunder: Sie tritt betonter auf. Sie macht uns innerlich eng, verschlossen und will uns schützen. Wann immer wir uns selbst zu etwas überreden müssen, sagt unsere Seele »Nein«. Rast- und Ruhelosigkeit sind ein deutliches Indiz, dass wir auf dem Holzweg sind und eine andere Entscheidung treffen sollten. »Nein« äußert sich durch Unbehagen, Unzufriedenheit und der Vorahnung auf Unannehmlichkeiten.

»Außen«-Führung

Entdecken Sie die Freude daran, dass die Außenwelt Ihnen hilft, Ihre Wahrhaftigkeit immer mehr zu leben. Beobachten Sie die Boten des Alltags, die Ihre Aufmerksamkeit anziehen:

Ereignisse im Außen, Tipps von Freunden, ein Buch, eine Begegnung, eine Serie von »Zufällen«, Dinge, die sich einfach so ergeben …

Tipp:
Vertrauen Sie Ihrem inneren Wissen

Glauben wir an etwas Größeres als uns selbst und geben wir uns jeden Augenblick voll und ganz dem Jetzt hin, erkennen wir die Entstehung der Evolution – unser Horizont weitet sich enorm. Unser eigener Anteil an der Schöpfung wird uns bewusst.

Im Jetzt ist alles da! Gerade wenn wir uns unwohl fühlen, schenkt es uns die Chance zur Transformation. Wann immer Sie etwas erleben, das Widerstand in Ihnen hervorruft, bleiben Sie gerade jetzt präsent!

Vor allen bei Gesprächen mit Kunden und Mitarbeitern, bei der Urlaubsplanung, Unternehmenskonzeption, Angebotserstellung – in all diesen Situationen ermöglicht uns die totale Gegenwärtigkeit, unbewussten Konzepten (gebundenem Bewusstsein) auf die Spur zu kommen und uns von dem inneren Wissen auf neue Wege führen zu lassen. Wenn es ein Zaubermittel gibt, um Leid zu beenden und Liebe ins Leben zu holen, dann ist es das bewusste Sein im Jetzt.

The Moment of Exellence is: Now!

Wenn du mit dem Innen klar bist,
wird das Außen von selber stimmig sein.
Eckhart Tolle

Wahrhaftigkeit

Wir würden es verstehen, wenn Sie sich jetzt fragen: »Warum heißt die Geisteskraft des Wissens nicht gleich Geisteskraft der Intuition?« Gute Frage. Und unsere Antwort lautet: Wir glauben, das alles, was isoliert und als Mono-Intelligenz genutzt wird, etwas übersieht.

Rein intuitive Wahrnehmungen sind als isolierte Form der Entscheidungsfindung nicht besser als rein rationales Denken. Unsere Intuition kann auch Fehler machen. Sie arbeitet schnell, nutzt unbewusste Regeln, Gefühle und Ähnlichkeiten. Das heißt, vieles klammert sie dabei aus.

Unser rationales Denken kann ebenso Fehler machen. Es ist langsam und versucht, alles logisch und systematisch zu strukturieren. Dabei klammert es viele Sinneswahrnehmungen aus.

Wenn wir hier beim Erfolgsprinzip der Wahrhaftigkeit über die Geisteskraft des Wissens sprechen, meinen wir die Instanz in uns, die unsere Bauch-, Herz- und Kopfintelligenz vereint. Wissen umfasst also mehr als nur die Intuition. Wissen vereinigt unsere intuitive, kreative, emotionale, mentale und spirituelle Intelligenz.

Wir alle sind als Originale gedacht, mit einzigartigen Talenten, Begabungen und Aufgaben. Hier schlummert die Saat für Erfüllung und Erfolg. Seine eigene Originalität zu leben, geht ganz einfach: sich führen lassen. Unser übermächtiger Verstand kann dabei anfangs etwas im Wege stehen. Wir haben aber die Erfahrung gemacht, wenn das Vertrauen in die eigene Führung groß genug ist und die ersten Erfolge sicht- und spürbar werden, lässt er sich als ein wunderbares Werkzeug nutzen.

> *Der Menschheit mangelt es nicht an Wissen,*
> *es mangelt ihr an Menschen,*
> *die auf ihre innere Stimme hören.*
> Peter Henatsch

Sie sind am Ende des 7. Erfolgsprinzips angelangt. Wir haben uns gefragt, was ein würdiges Schlusswort wäre. Gerne möchten wir dieses Kapitel mit den Worten von Siglinda Oppelt beenden. In ihrem Buch *Quantensprung im Business* schreibt sie: »Selbstführung, Mitarbeiterführung, Unternehmensführung – alles bekannt.

In allen drei Disziplinen sind wir in der Regel fit und kompetent. Doch »Sich – von der inneren Weisheit – führen *lassen*« ist die 4. Führungsdisziplin. Neben der Selbst-, Mitarbeiter- und Unternehmensführung ist sie eine entscheidende Fähigkeit für den Erfolg.« Wahrhaft weise Worte!

> *Eins ist sicher: Unsere Seele ist unendlich und Ausdruck des*
> *größten Universums, das wir uns vorstellen können – oder das wir*
> *uns nicht mehr vorstellen können.*
> Dr. Lance Secretan

Zusammenfassung

7. Erfolgsprinzip:
Wahrhaftigkeit

Aufrichtigkeit ist die Quelle aller Genialität.
Ludwig Börne

1. Glaube ermöglicht uns unseren Weg zu gehen, auch wenn wir nicht mit Sicherheit voraussagen können, was uns erwartet.
2. Ein gesunder Glaube ist so etwas wie eine Stoßdämpfer-Stärke. Er ist der Gegenspieler der Hilflosigkeit und macht uns stark.
3. »Ich erwarte nur das Beste!« Eine solche Haltung hat enormen Einfluss auf die Entwicklung von Erfüllung und Erfolg.
4. Wie alle anderen Körpersinne und Geisteskräfte ist inneres Wissen angeboren. Seine Aufgabe ist es, uns durch seine innere Führung zu Glück, Erfüllung und Erfolg zu führen.
5. Die Reise des Lebens erhält eine neue Qualität und Leichtigkeit, je mehr wir uns von äußeren Lasten befreien und auf die inneren Signale achten.
6. Wir alle sind als Originale gedacht, mit einzigartigen Talenten, Begabungen und Aufgaben. Hier schlummert die Saat für Erfüllung und Erfolg.
7. »Sich – von der inneren Weisheit – führen *lassen*« ist eine neue und wichtige Führungsdisziplin.

»*Was war für mich in diesem Kapitel besonders wichtig?*«

Das 7x7-Tage-Programm

Geisteskräfte-Meditationen

Seien Sie, wenn Sie ihr Leben wandeln wollen, bitte realistisch. Echte innere Wandlung geschieht nicht unter Druck oder im Lärm. Transformation geschieht in der Stille – in uns. Deshalb lohnt es, sich intensiv mit den Geisteskräften und Erfolgsprinzipien zu beschäftigen: Denn je mehr Sie sich Ihrer inneren Gedanken und Geschichten bewusst werden, umso mehr lösen Sie sich von unnötigen Selbstbeschränkungen. Ganz von selbst öffnet sich eine Türe zur allumfassenden Intelligenz.

Warum 7x7 Tage meditieren?

Spirituelle Lehren messen der Zahl sieben eine große Bedeutung bei. Sie steht für *göttliche Vollkommenheit*. »Die Sieben ist die Addition von drei und vier, von Geist und Seele einerseits sowie Körper andererseits, also das Menschliche«, lesen wir bei Wikipedia. Trotz aller Unterschiede im Glauben waren sich Judentum, Christentum und viele andere Religionen in einem Punkt einig: Die Sieben symbolisiert eine Art Gesamtordnung im Kosmos.

Jede Woche hat sieben Tage: Und wenn man sein Leben nachhaltig verändern möchte, kommt es vor allem auf eine Umstellung im Alltag an. Tagtägliche kleine Impulse verändern viele Menschen mehr als ein spiritueller Workshop im Urlaub. Das, was wir im normalen Leben an inneren Entwicklungsfehlern erkennen, ermöglicht uns, diese zu beheben. Das, was wir an Gefühls- und Gedankenveränderungen durch unsere eigene Selbstreflexion im Alltag erleben, ist wertvoller als die weiseste Erkenntnis, die man liest.

Deshalb kann es sehr hilfreich sein, sich sieben Wochen lang mit jeweils einem der sieben Erfolgsprinzipien zu beschäftigen. Die Themen, mit denen wir am meisten in Resonanz gehen, enthalten unseren größten Entwicklungsschatz.

So wie Sie während eines Fluges oberhalb der Wolkendecke andere Wahrheiten unserer Welt wahrnehmen können, nehmen Sie durch die folgenden Meditationen andere Wirklichkeiten in sich selbst wahr. Haben Sie Lust auf eine 49-tägige Reise in eine Welt voller neuer Wirklichkeiten?

Wissenschaftliche Studien belegen, dass wir unsere Denk- und Verhaltensmuster jederzeit ändern können, wenn wir es wollen – emotional. Also, wenn wir über Dinge nicht nur nachdenken, sondern uns auch gefühlsmäßig berühren lassen. Inzwischen ist Ihnen klar geworden: Es geht in diesem Buch um Ihre innere Transformation – der berufliche Erfolg kommt von selbst. Hilfreich ist, unsere Einladung anzunehmen und die Meditationen zu nutzen, um Ihr Denken wieder in Richtung fokussierter Schöpferkraft zu lenken.

Erinnern Sie sich? »Über sieben Brücken musst du gehen«, tönte Peter Maffays Stimme Anfang der 1990er Jahre aus dem Radio. Das Lied der DDR-Rockband Karat macht klar, dass unser Leben aus vielen kleinen Schritten besteht – die immer wieder Kummer, Hoffnung und Zuversicht mit sich bringen:

Über sieben Brücken musst du gehn,
sieben dunkle Jahre überstehn,
siebenmal wirst du die Asche sein,
aber einmal auch der helle Schein.

Sie sehen: Letztlich führt jeder Weg ins Licht. So auch die sieben Erfolgsprinzipien. Sie haben sie in den vorherigen Kapiteln kennengelernt. Ergänzend dazu finden Sie auf den folgenden Seiten sieben Meditationen.

Das 7x7-Tage-Programm

Wir empfehlen: Widmen Sie sich jeweils eine Woche einer Meditation und damit einem Erfolgsprinzip. Warum ist das sinnvoll? Meditation findet auf einer Bewusstseinsstufe statt, die sich von unserem Alltagsbewusstsein unterscheidet. In der Stille und Fokussierung ermöglicht sie uns, Dinge zu erkennen, die wir im Alltag nicht sehen.

Deshalb verändert regelmäßige Meditation unsere Denk-, Seh- und Gefühlsgewohnheiten. Im meditativen Zustand können wir uns leichter von fremden Gedanken lösen und zu einer eigenen Meinung finden. Je öfter Sie die hier beschriebenen Meditationen machen, umso mehr werden Sie Energien von Ihrem Überbewusstsein freisetzen, Ihr Bewusstsein erweitern und Ihr Unterbewusstsein befreien.

Das verlangt Mut, Geduld, Disziplin und Selbststeuerung. Warum? Weil wir durch jede Veränderung angenehme Gefühle anstreben, aber wenn wir ehrlich sind, wissen wir, dass auf dem Weg des Wandels auch unangenehme Gefühle auf uns warten. Unsere innere Wandlung geht mit emotionalen Durchbrüchen einher. Während Menschen auf dem Wohlfühlweg gewohnt sind, ihre Verantwortung für negative Gefühle zu verleugnen, zu verdrängen oder gar vor ihnen wegzulaufen, laden Menschen auf dem Weisheitsweg alle Gefühle und Gedanken ein, um sie zu transformieren – das ist der Weg zur Wahrhaftigkeit.

Falls Sie sich fragen, warum es sich lohnt, diesen Weg zu gehen, ist unsere Antwort einfach: weil Sie zu sich selbst zurückfinden. Weil Dankbarkeit, Wertschätzung, Freude und Liebe in Ihr Leben einziehen werden. Druck, Kampf und Niederlagen hören auf. Das ist echtes Selbstbewusstsein – gelebte Selbstliebe, Selbstfürsorge. Ihre Sicht auf das Leben wird sich verändern, je mehr Selbstbeschränkungen Sie aufheben.

Dass sich etwas verändert hat, merken Sie ganz schnell, zum Beispiel: Der Wunsch, integer zu kommunizieren, ist plötzlich größer als Ihre Angst und Sie nehmen zum ersten Mal an einer Podiumsdiskussion teil. Oder Sie empfinden den Verlust eines dicken Auftrags nicht mehr als eine Katastrophe, sondern erkennen ihn als Chance, um Ihr Produktportfolio in Richtung Ihrer wahren Wünsche zu verändern. Oder Sie fahren voller Freude zu einem Netzwerktreffen, dessen Besuch noch vor einem Jahr undenkbar gewesen wäre. Je mehr Ihre Gedanken und Gefühle aus den Fängen der Angst befreit werden, desto mehr klettert Ihre Energie automatisch auf ein höheres Niveau.

Und das sind sie nun, die Etappen auf Ihrer Reiseroute zur Veränderung Ihrer eigenen Wahrnehmungen.

1. Woche: Erfolgsprinzip Verbundenheit
Geisteskräfte: Lebenslust und Loslassen

2. Woche: Erfolgsprinzip Integrität
Geisteskräfte: Ordnung und Stärke

3. Woche: Erfolgsprinzip Weisheit
Geisteskraft: Urteilsvermögen

4. Woche: Erfolgsprinzip Liebe
Geisteskraft: Bedingungslose Liebe

5. Woche: Erfolgsprinzip Initiative
Geisteskräfte: Macht und Unternehmenslust

6. Woche: Erfolgsprinzip Verantwortung
Geisteskräfte: Imagination und Willenskraft

7. Woche: Erfolgsprinzip Wahrhaftigkeit
Geisteskräfte: Glaube und Wissen

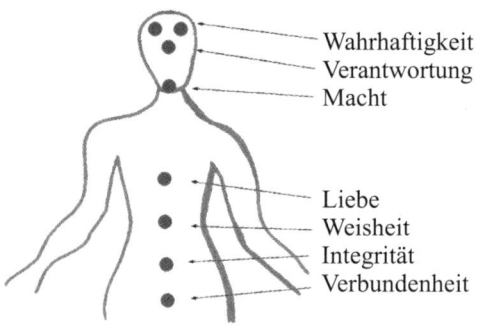

Darum geht es bei den Meditationen

Das Besondere an diesem Buch ist, dass Sie sich auf der einen Seite intellektuell mit einem Erfolgsprinzip auseinandersetzen können und gleichzeitig die zugehörigen Geisteskräfte öffnen und aktivieren. Die Geisteskräfte-Meditationen haben zwei Wirkungen. Zum einen dienen sie zur Öffnung der Energiezentren und zum anderen zur Selbstreflexion.

Wir haben bei den geführten Meditationen darauf geachtet, dass sie thematisch aufeinander aufbauen. Gerade bei den ersten drei Erfolgsprinzipien sollten Sie achtsam mit sich sein. Diese Geisteskräfte sind für die Gewissensbildung zuständig. Sind sie geöffnet, wissen wir, was für uns richtig und stimmig ist.

Vor allem in diesen ersten drei Geisteszentren befinden sich zugleich viele Schattenthemen: Es sind die Bewusstseinszentren, die in der Kindheit und Jugend geprägt und geformt wurden. Gerade aus dieser Zeit tragen wir alle viele Emotionen und Erfahrungen in uns, die wir teilweise verdrängt, verleugnet oder vergessen haben. »In der Ruhe liegt die Kraft« ist eine Weisheit, welche auch für die Transformation überholter Lebensmuster gilt. Diese drei Erfolgsprinzipien sind die seelische Grundlage in unserem Inneren, bevor wir uns den weiteren vier Prinzipien der äußeren Orientierung zuwenden.

5 Dinge, die Sie brauchen

Erstens: Die klare Entscheidung, sich in den nächsten sieben Wochen selbst erforschen zu wollen. Diese Reise ist eine Reise ins Innere Ihres Universums. Hier geht es nur um Sie! Um Ihre Selbstreflexion in Bezug auf die Erfolgsprinzipien.

Öffnen und durchleuchten Sie alle sieben Bewusstseinsbereiche in Ihrem eigenen Tempo. Nehmen Sie die auftauchenden Bilder, Geschichten und Gefühle an. Bewerten Sie diese mit Ihrem neuen Wissen und finden Sie Ihre eigene Haltung dazu. Wir garantieren: Je achtsamer Sie vorgehen, desto nachhaltigere Erfolge werden Sie erzielen.

Die geführten Meditationen haben den Sinn, Gefühle und Gedanken in Ihnen wach zu kitzeln, damit Sie innerlich in neue Höhen aufbrechen können. Ähnlich wie bei einem Saunabesuch werden Sie sich hinterher sauberer, leichter und erholter fühlen, aber zwischendurch kann es schon mal heiß hergehen. Damit Ihre emotionalen Durchbrüche keine Zusammenbrüche werden, sollten Sie achtsam und liebevoll mit sich umgehen.

Von Woche zu Woche werden Sie sich selbst und Ihren Gedanken und Gefühlen auf die Schliche kommen. Wenn Sie spüren, wovon Ihr Inneres beherrscht wird, können Sie zum einen bewusster werden und zum anderen Bewusstsein zurückgewinnen. Sie steigen aus Teufelskreisen aus und auf Dauer wird sich Ihr Bewusstsein weiten.

Zweitens: Täglich etwas Zeit, um sich morgens oder abends durch die Meditationen fokussieren zu lassen. Machen Sie sich bitte keinen Stress daraus. Nehmen Sie sich für jede Meditation mindestens 15-20 Minuten Zeit, so wie es möglich ist. Gönnen Sie sich immer auch etwas Nachwirkzeit.

Drittens: Den Meditationstext. Natürlich können Sie sich den Text von einer anderen Person vorlesen lassen, aber über sieben Wochen könnte sich das eventuell schwierig gestalten. Deshalb empfehlen wir: Nehmen Sie sich die Meditationen für Ihren Eigenbedarf auf – oder greifen Sie auf unsere Aufnahmen zurück.

Details Seite 316

Viertens: Ein Tagebuch, in dem Sie Veränderungen in Ihrem Denken, Sprechen und Handeln notieren können. Kaufen Sie sich zu diesem Zweck ein schönes Notizbuch oder nutzen Sie einfach das Smartphone oder Tablet für Ihre Aufzeichnungen oder unsere App.

Fünftens: Gönnen Sie sich alles, was Sie stärkt! Genügend Schlaf, gesundes Essen, gute Gespräche, Zeit in der Natur, Raum für Ihre Hobbys und vor allem Bewegung. Sport, dreimal in der Woche, kann spirituelle Prozesse mehr fördern als manches spirituelle Seminar. Körperliche Bewegung erdet – und Erdung ist das A und O, wenn Sie in dieser Welt erfolgreich sein wollen. Beachten Sie: Nichts unterstützt diesen Transformationsprozess besser als die Dinge, die Ihnen Spaß machen und Freude bereiten.

Das brauchen Sie nicht

Einen festen Meditationsort: Aus unserer Sicht brauchen Sie kein Meditationskissen, Räucherstäbchen oder völlige Ruhe. All das macht die Umsetzung nur unnötig schwer. Falls gerade vor Ihrem Haus eine Großbaustelle ist, dann ist das eben so. Wenn Sie einen »heiligen Ort« in Ihrem Umfeld haben, so etwas wie einen Lieblingssessel, dann nehmen Sie ihn. Aus unserer Erfahrung können Sie aber auch an jedem anderen Ort in Ihr Inneres eintauchen. Es ist mehr eine Frage der inneren Haltung als der äußeren Umstände. Entscheidend ist, wo Sie sich sicher, geborgen und wohl fühlen, damit Sie sich völlig entspannen.

Bedenken Sie: Je mehr Auflagen Sie an Ihren Meditationsort stellen, desto weniger entspannt sind Sie, falls einmal nicht alle Parameter erfüllt sind – die Kinder streiten, der Nachbar den Rasen mäht oder … Je weniger Auflagen Sie an äußere Umstände haben, desto schneller und leichter können Sie sich auf die Meditationen einlassen, wenn gerade einmal die Zeit dafür da ist – z. B. im ICE von Frankfurt nach Düsseldorf. Mit gutem Willen und ein wenig Übung geht alles!

Mögliche Probleme

Bevor Sie loslegen, möchten wir noch zwei Dinge ansprechen. Zum einen haben wir die Erfahrung gemacht, dass sich manche Menschen mit dem Thema Meditation schwertun. Warum? Manchmal liegt es an zu hohen oder falschen Vorstellungen, die häufig damit verknüpft sind.

»Ich kann nicht meditieren, meine Gedanken schweifen immer ab«, hören wir häufig. Das ist normal. Schön, dass Sie das bemerken. Anfangs gehen die Gedanken noch ganz schnell auf Wanderschaft. Mit etwas Übung werden Sie sie aber immer besser steuern können bzw. bemerken Sie eher, wenn sie abschweifen, und können sie dann wieder einfangen.

Also, wann immer Ihre Gedanken entfliehen und Sie es bemerken, ist das großartig. Und bedenken Sie: Wir haben extra diese Form der geführten Meditationen gewählt, damit Sie schrittweise lernen, Ihren Fokus zu lenken.

Erlauben Sie sich, Ihren Fokus von den Worten führen zu lassen. Wann immer Sie abschweifen, kehren Sie einfach wieder mit Ihrer Aufmerksamkeit zurück – egal wie oft.

Zum anderen möchten wir nachdrücklich betonen: Egal, welche Erfolgsprinzipien in Ihnen emotionale Erkenntnisse hervorbringen, es geht nicht darum die Gründe dafür zu analysieren und zu bewerten. Diese Vorgehensweise ist Teil des Problems.

Alle Konzepte, in denen es um Schuld, Scham und Strafe geht, binden wieder Bewusstsein. Alle Beurteilungen, in denen Sie sich abgewertet oder anderen überlegen fühlen, binden wieder Bewusstsein. Die Liebe vereint. Alles andere trennt. Alles, was Ihnen Angst macht, entspringt der Vorstellung von Trennung, Isolation und einer Opferhaltung. Wann immer unangenehme Gefühle auftauchen, nehmen Sie diese einfach liebevoll und widerstandslos an. Transformation geschieht durch die völlige Annahme dessen, was ist. Und wenn Sie das nicht sofort können, weil Sie sich emotional verletzt fühlen, dann lieben Sie Ihren Widerstand. Wertschätzen Sie, was war, würdigen Sie, was ist, und lassen Sie alle Konzepte los. Fühlen Sie einfach, was ist, und entspannen Sie sich mehr und mehr.

Einstieg in die Meditation

Der folgende Text dient als Einstieg in alle 7-Geisteskräfte-Meditationen.

Lassen Sie sich den Text von einer anderen Person vorlesen oder nehmen Sie ihn für Ihren Eigenbedarf auf – Smartphones machen es leicht. Achten Sie auf kurze Pausen nach jedem Satz, um sich auf Ihr Gewahrsein konzentrieren zu können.

Ich setze mich entspannt und zugleich aufrecht hin.
Ich stelle meine Füße fest auf den Boden, circa hüftbreit auseinander.
Ich lege meine Hände entspannt auf die Oberschenkel.
Ich entspanne mich, indem ich alle Gedanken beende.
Ich schließe meine Augen.
Und nehme wahr, was vor meinem inneren Auge an Bildern erscheint.
Ich richte meine Aufmerksamkeit auf meinen Körper.
Dabei bemerke ich, wo ich die Sitzfläche berühre und meine Füße auf dem Boden stehen.
Ich spüre meinen Atem. Nehme wahr, wie er von selbst kommt und geht.
Ich fühle, wie ich von einer übergeordneten Intelligenz getragen werde, ohne etwas tun zu müssen.
Ohne etwas zu tun, beobachte ich, was in mir geschieht. – ca. 1-2 Minuten
Ich setze mir nun die Absicht, mich mit der Energie des Himmels und der Erde zu verbinden.
Ich unterstütze diese Absicht, indem ich meine Aufmerksamkeit einmal vom Scheitel über meine Schultern ... den Brustkorb ... die Arme ... und die Beine ... bis zu den Zehenspitzen durch den Körper wandern lasse.
Ich komme dabei ganz mit meiner Aufmerksamkeit im Körper an.
Ich lasse Licht, Wärme und Kraft in allen meinen Zellen leuchten – meine Absicht reicht, damit es geschieht (ca. 1-2 Minuten).

1. Meditation

Erfolgsprinzip Verbundenheit

Bei dieser Meditation öffnen und stimulieren Sie die Geisteskräfte der **Lebenslust** und des **Loslassens**. Konzentrieren Sie sich dazu auf den Bereich Ihres Unterleibs (Lebenslust) und Ihrer Lendenwirbelsäule (Loslassen).

Starten Sie mit dem Meditationseinstieg auf Seite 242.

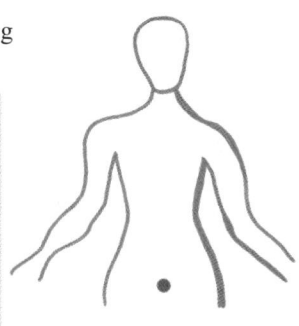

Ich stelle mir vor, jetzt meine Geisteskräfte der Lebenslust und des Loslassens zu aktivieren ... ich konzentriere mich jetzt vollständig auf mein Einatmen und Ausatmen ... ich stelle mir vor, dass ich nicht nur Luft, sondern hell strahlendes Licht einatme ... und dass dieses Licht mich immer mehr anfüllt und sich das Gefühl von Sicherheit und Geborgenheit in mir ausdehnt. (Bleiben Sie dabei, bis der ganze Körper in Licht gehüllt ist.)

Während ich meine Aufmerksamkeit ganz auf das Licht im Bereich des Unterleibes richte ... an den Ort, an dem sich meine Geisteskraft der Lebenslust befindet ... spüre ich, wie mein Körper sich entspannt ... ich bemerke, wie Sicherheit und innerer Frieden mich mit jedem Atemzug mehr erfüllen ...

Mit jedem Atemzug spüre ich, wie meine Lebensfreude mehr und mehr in mir pulsiert ... Ich spüre, wie mein Gefühl für meine Verbundenheit mit mir wächst ... Bewusst entscheide ich jetzt:

»Ich bejahe die Kraft meiner Lebenslust.«
»Ich bejahe die Kraft meiner Lebenslust.«
»Ich bejahe die Kraft meiner Lebenslust.«

Ich spüre, wie meine Lebenslust mich trägt und mir ein Gefühl von zunehmender Lebendigkeit schenkt ... Ich stelle mir vor, wie mit jedem Atemzug meine energetischen Wurzeln zur Erde gestärkt werden ... Ich sehe, wie mit jedem Atemzug aus kleinen feinen Wurzeln ... kräftigere und dickere Wurzeln werden, ... die immer tiefer in den Boden wachsen .... Ich spüre die Verbindung zur Kraft der Erde, die mich trägt und stärkt ... Ich stelle mir vor, wie die Wurzeln aus meinen Füßen immer tiefer in den Boden wachsen ...(Spüren Sie nach, was passiert.)

Ich wandere mit meiner Aufmerksamkeit zu meiner Lendenwirbelsäule ... an den Ort, an dem sich meine Geisteskraft des Loslassens befindet ... Ich atme einige Male bewusst aus, sodass alles Schwere gelöst wird ... Ich fühle die Kraft des Loslassens in mir ... Einatmen und Ausatmen gehören zusammen ... Ich atme ein, was mich belebt, und atme aus, was mich beschwert ...
Bewusst entscheide ich jetzt:

»Ich bejahe die Kraft des Loslassens.«
»Ich bejahe die Kraft des Loslassens.«
»Ich bejahe die Kraft des Loslassens.«

Ich spüre, wie die Kraft des Loslassens mich befreit und erleichtert ... Ich stelle mir vor, wie alle überholten Gedanken und Gefühle beim Ausatmen aus mir strömen ...

Ganz leicht atme ich frische Energie ein, ganz leicht atme ich verbrauchte Energie aus ... Ich spüre: Der Fluss des Lebens durchströmt mich. Ich bin im Fluss mit mir ... Mit jedem Atemzug nimmt mein Gefühl für Wohlsein und Sicherheit zu ... Ich bin »bemuttert« und »behütet« in mir. Ich bin geborgen in mir. Ich bin verbunden mit allem, was ist ...

Beenden Sie diese Meditation, indem Sie sich vorstellen, durch kraftvolle Wurzeln mit Mutter Erde verbunden zu sein. Beenden Sie sie mit dem Gefühl, geerdeter zu sein. Fühlen Sie, wie Ihre Verbindung zur Erde von Meditation zu Meditation kraftvoller wird und Sie zugleich immer leichter und lebendiger werden. Wiederholen Sie diese Visualisierung und die Worte, ganz ohne Erwartungen. Machen Sie sie so lange, bis Sie das Gefühl haben, auf der einen Seite mit beiden Beinen fest auf dem Boden zu stehen, und sich auf der anderen Seite die *Leichtigkeit des Seins* immer mehr ausbreitet.

Wenn Sie diese **Meditation** zum **Erfolgsprinzip Verbundenheit** eine Woche durchführen, werden Sie sich sicherer, gefestigter, lebensfroher, mutiger und zuversichtlicher fühlen. Ihr Vertrauen wächst, in das, was für Sie stimmig ist. Sie werden merken, dass eine höhere Intelligenz in Ihrem Denken, Fühlen und Handeln zu wirken scheint.

Je besser Sie verwurzelt sind, desto besser können Sie Ihren Mann/Ihre Frau im Leben stehen. Je standfester Sie auftreten können, desto leichter können Sie Ihre eigenen Interessen vertreten.

Sie können diese Meditation auch gerne morgens und/oder abends im Bett machen, das ist kein Problem. Am besten meditieren Sie anfangs im Sitzen am Bettrand (um ein Gefühl für die Verwurzelung zu bekommen) und später dann auch mit ausgestreckten Beinen im Bett. Achten Sie nur darauf, dass Sie nicht zu müde sind, damit Sie nicht einschlafen.

Nutzen Sie hier die Gelegenheit, sich Notizen zu diesem Erfolgsprinzip zu machen.

1. Tag _____

2. Tag _____

3. Tag _____

4. Tag _____

5. Tag _____

6. Tag _____

7. Tag _____

2. Meditation

Erfolgsprinzip Integrität

Bei dieser Meditation öffnen und stimulieren Sie die Geisteskraft der **Stärke** und der **Ordnung**. Konzentrieren Sie sich dazu auf den Bereich Ihres Bauchraums in Höhe des Nabels (Ordnung) und Ihres Lendenbereichs (Stärke).

Starten Sie mit dem Meditationseinstieg auf Seite 242.

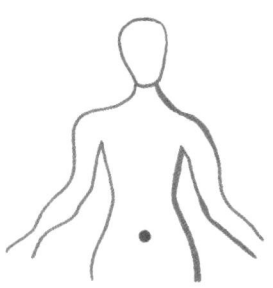

Ich stelle mir vor, jetzt meine Geisteskräfte der Stärke und der Ordnung zu aktivieren ... Ich konzentriere mich jetzt vollständig auf mein Einatmen und Ausatmen ...

Ich stelle mir vor, dass ich nicht nur Luft, sondern hell strahlendes Licht einatme ... und dass dieses Licht mich immer mehr anfüllt und sich das Gefühl von Echtheit in mir ausdehnt ...

Während ich meine Aufmerksamkeit ganz auf das Licht im Bereich meines Bauchraums richte ... an die Stelle, an der sich meine Geisteskraft der Ordnung befindet ... spüre ich, wie mein Körper sich mehr und mehr entspannt ... ich bemerke, wie ich innerlich immer geordneter werde ... Mit jedem Atemzug sortiert sich mein Inneres mehr und mehr ... Ich spüre, wie mein Gefühl für das, was für mich stimmig ist, in mir wächst ... (Bleiben Sie dabei, bis der ganze Körper in Licht gehüllt ist.)

Ich spüre, wie die Kraft der Ordnung mich sortiert ... Ich stelle mir vor, wie alle ungeordneten Gedanken und Gefühle beim Ausatmen aus mir strömen ... Ganz leicht atme ich ordnende Energie ein ... ganz leicht atme ich ungeordnete Energie aus ...

Mit jedem Atemzug erlaube ich mir mehr und mehr, meinen optimalen Platz im Leben zu erkennen ... Immer mehr erlaube ich mir zu tun, was mir entspricht ... dort zu sein, wo ich optimal wirke ... Ich stelle mir vor, wie alle ungeordneten Gedanken und Gefühle beim Ausatmen aus mir strömen ... dadurch erkenne ich ganz leicht, was für mich stimmt ... Bewusst entscheide ich jetzt:

»Ich bejahe die Kraft der Ordnung.«
»Ich bejahe die Kraft der Ordnung.«
»Ich bejahe die Kraft der Ordnung.«

Ich wandere mit meiner Aufmerksamkeit jetzt zu meiner Lendenwirbelsäule ... an den Ort, an dem sich meine Geisteskraft der Stärke befindet ... Ich spüre, wie mein Inneres sich mehr und mehr kräftigt ... Ich bemerke, wie ich mit jedem Atemzug stärker werde ... Ich spüre, wie eine innere Kraft sich in mir ausdehnt ... Bewusst entscheide ich jetzt:

»Ich bejahe die Kraft meiner Stärke.«
»Ich bejahe die Kraft meiner Stärke.«
»Ich bejahe die Kraft meiner Stärke.«

Mit jedem Atemzug wird mir mehr und mehr bewusst, wie unerschöpflich meine Stärke ist ... Ich erahne, wie meine Authentizität und Integrität sich entfalten, je mehr ich meine Stärke bejahe ... Ich stelle mir vor, wie sich mein wahres Wesen mit jedem Atemzug mehr und mehr entfaltet ... Je mehr ich entspanne, desto mehr spüre ich meine körperliche Stärke ... Je mehr ich entspanne, desto mehr spüre ich meine geistige Stärke ... Je mehr ich entspanne, desto mehr spüre ich meine emotionale Stärke ... Bewusst entscheide ich jetzt:

Ich liebe und akzeptiere mich, wie ich bin ... Ich akzeptiere meine Vollkommenheit in meiner Unvollkommenheit ...

Ich erkenne: Ich bin ein stetiger Wandlungsprozess, der sich beständig durch Ordnung und Neuordnung umsortiert ... Erst durch den Wandel werde ich mehr und mehr zu dem Wesen, als das ich gedacht bin ... Mit jedem Atemzug nimmt mein Gefühl für Ordnung und Stärke zu ... Ich habe das Recht und die Pflicht, ich zu sein. ... Ich spüre: Jede Wandlung führt mich mehr zu echtem Wohlsein – mit mir ...

Beenden Sie diese Meditation mit dem Gefühl, geordneter und stärker zu sein. Fühlen Sie, wie in Ihrem Inneren ein Neusortierungsprozess angestoßen wurde, der durch die Kraft der Stärke und Ordnung sich ganz von selbst weiterentwickelt. Wiederholen Sie diese Meditation und die Bejahungen ganz ohne Erwartungen.

Wenn Sie diese **Meditation** zum **Erfolgsprinzip Integrität** eine Woche lang durchführen, werden Sie sich stärker, geordneter und selbstbewusster fühlen. Machen Sie sie so lange, bis Sie das Gefühl haben, innerlich stark und sortiert zu sein.

Ihre Integrität wächst, je mehr Sie »in Ordnung« sind. Sie werden merken, dass eine höhere Intelligenz in Ihrem Denken, Fühlen und Handeln zu wirken scheint.

Je mehr Sie innerlich geordnet und gestärkt sind, desto fokussierter und freudvoller werden Sie Ihren Weg gehen.

Nutzen Sie hier die Gelegenheit, sich Notizen zu diesem Erfolgsprinzip zu machen.

1. Tag _____

2. Tag _____

3. Tag _____

4. Tag _____

5. Tag _____

6. Tag _____

7. Tag _____

Nicht die Niederlage ist der schlimmste Misserfolg.
Wirklich gescheitert ist nur der, der es nicht versucht hat.
George Edward Woodberry

3. Meditation

Erfolgsprinzip Weisheit

Bei dieser Meditation öffnen und stimulieren Sie Ihr **Urteils-vermögen** – Ihr Gespür für das, was für Sie richtig ist. Diese Geisteskraft liegt im Bereich Ihres Magens, in Höhe des Solarplexus – direkt unter dem Brustbein. Das ist die Geisteskraft, die es Ihnen ermöglicht, Situationen gefühlsmäßig abzuschätzen und zu beurteilen.

Starten Sie mit dem Meditationseinstieg auf Seite 242.

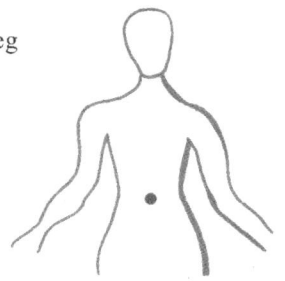

Ich nehme mir vor, jetzt meine Geisteskräfte des Urteilsvermö-gens zu aktivieren ... Ich kon-zentriere mich jetzt vollständig auf mein Einatmen und Aus-atmen ... Ich stelle mir vor, dass ich nicht nur Luft, sondern hell strahlendes Licht einatme ... und dass dieses Licht mich immer mehr anfüllt und sich das Gefühl von Weisheit in mir ausdehnt ...

Während ich meine Aufmerksamkeit ganz auf das Licht im Bereich meines Solarplexus richte ... an die Stelle, an der sich mein Urteilsvermögen befindet ... spüre ich, wie mein Körper sich mehr und mehr entspannt ... Ich bemerke, wie ich innerlich immer gewissenhafter werde ... Mit jedem Atemzug wächst mein Gefühl für gesunde Beurteilungen ... Ich spüre, wie sich ein Gespür für das Gute im Leben in mir ausdehnt ... (Bleiben Sie dabei, bis der ganze Körper in Licht gehüllt ist.)

Ich spüre, wie die Kraft meines gesunden Urteilsvermögens ... mit jedem Atemzug wächst ... Gleichzeitig wächst meine Be-wusstheit darüber, was richtig gute Entscheidungen sind ... Je mehr ich entspanne, desto mehr spüre ich alles, was ist, jetzt ist ... Alles ist so, weil ich es unbewusst oder bewusst so ent-schieden habe ... Alles, was sein wird, ist jetzt ...

Bewusst entscheide ich jetzt:

»Ich bejahe die Kraft meines Urteilsvermögens.«
»Ich bejahe die Kraft meines Urteilsvermögens.«
»Ich bejahe die Kraft meines Urteilsvermögens.«

Je mehr ich entspanne, umso mehr erkenne ich, wie sich die Richtung meines Lebens verändert … je mehr ich den Signalen meines Urteilsvermögens vertraue … Ich spüre, wie mein Vertrauen in meine Bewertungen mein Leben verbessert … Ich ahne immer mehr, wie richtig gute Entscheidungen mein Leben bereichern, je mehr ich mich für neue Erfahrungen öffne …

Ich atme einige Male tief ein und mit jedem Atemzug wird mir bewusster, dass es Erwartungen an mich gibt, die mein Leben bereichern oder belasten … Immer besser sehe ich, welche Gefühle und Gedanken die Erwartungen anderer in mir auslösen und welchen ich entsprechen möchte … Ich danke meinem Urteilsvermögen, dass es mir stets klar signalisiert, wann ich Ja und wann ich Nein zu sagen habe … Ich danke meinem Urteilsvermögen für sein Feingefühl …

Ich weiß, je mehr ich ihm vertraue, desto schneller werden Zweifel und Unsicherheiten aufgelöst … Von Atemzug zu Atemzug erkenne ich, wie unerschöpflich meine Weisheit und mein Gespür für das Gute sind …

Beenden Sie diese Meditation, mit dem guten Gefühl für den feinen Unterschied zwischen Dingen, die Sie energetisch beschenken oder berauben. Beenden Sie sie mit dem Gefühl, klarer und weiser zu sein. Fühlen Sie, wie in Ihrem Inneren ein Sensibilisierungsprozess angestoßen wurde, der Klarheit, Entschlossenheit und Entschlussfreudigkeit nach sich zieht. Wiederholen Sie diese Meditation und die Bejahungen völlig ohne Erwartungen.

Wenn Sie diese **Meditation** zum **Erfolgsprinzip Weisheit** eine Woche durchführen, werden Sie sich entscheidungsfreudiger und echter fühlen. Machen Sie sie so lange, bis Sie das Gefühl haben, innerlich weiser und klarer zu sein.

Ihre Weisheit wächst, je mehr Sie »richtig urteilen«. Sie werden merken, dass eine höhere Intelligenz in Ihrem Denken, Fühlen und Handeln zu wirken scheint.

Je mehr Sie sich innerlich auf »das Gute« und »Richtige« einschwingen, desto entschlossener und entscheidungsfreudiger werden Sie Ihren Weg gehen.

Nutzen Sie hier die Gelegenheit, sich Notizen zu diesem Erfolgsprinzip zu machen. Welche Einsichten, Erkenntnisse oder Veränderungen haben Sie durch tägliche Meditation gewonnen:

1. Tag _____

2. Tag _____

3. Tag _____

4. Tag _____

5. Tag _____

6. Tag _____

7. Tag _____

Menschen, die nur arbeiten, haben keine Zeit zum Träumen.
Nur wer träumt, gelangt zur Weisheit.
Indianische Weisheit

4. Meditation

Erfolgsprinzip Liebe

Bei dieser Meditation öffnen und stimulieren Sie die Geisteskraft der **Liebe** – sie befindet sich in der Mitte der Brust und in Ihrem Herzen. Wie kaum eine andere Energie verändert die Herzintelligenz Ihre Wirklichkeit.

Starten Sie mit dem Meditationseinstieg auf Seite 242.

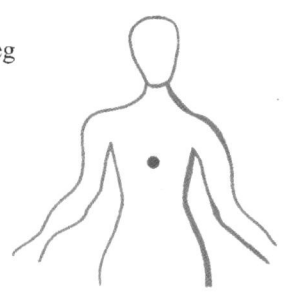

Ich nehme mir vor, meine Geisteskraft der Liebe zu aktivieren ... Ich konzentriere mich jetzt vollständig auf mein Einatmen und Ausatmen ... Ich stelle mir vor, dass ich nicht nur Luft, sondern hell strahlendes Licht einatme ... und dass dieses Licht mich immer mehr anfüllt ... Und je mehr mich das Licht anfüllt, desto mehr erahne ich, wie Liebe mein Leben auf ein neues Niveau anhebt ... (Bleiben Sie dabei, bis das Gefühl den ganzen Körper ausfüllt.)

Ich genieße das Gefühl, während ich mit meiner Aufmerksamkeit jetzt bei dem Licht in meinem Brustkorb verweile ... Ich spüre den Ort, an dem sich das Kraftfeld meines Herzens befindet ... und ich bemerke, wie ich mir mit jedem Herzschlag meiner Herzintelligenz bewusster werde ... Je mehr ich entspanne, umso mehr sehe ich mein Herz harmonisierende Energien aussenden ... Je mehr ich entspanne, umso mehr erkenne ich, dass es mein Herz ist, das mich und mein Leben immer wieder in Einklang bringt ... Mit jedem Atemzug wird mir bewusster, wie sich die Qualität meines Lebens verändert, je mehr ich der leisen Stimme des Herzens folge ...
Bewusst entscheide ich:

»Ich bejahe die Kraft meiner Liebe.«
»Ich bejahe die Kraft meiner Liebe.«
»Ich bejahe die Kraft meiner Liebe.«

252

Ich kann jetzt entscheiden, in was für einer Wirklichkeit ich leben will ... Je mehr ich entspanne, desto mehr spüre ich, dass ich die Freiheit habe, mich für ein Leben in Liebe zu entscheiden ... Mit jedem Atemzug entscheide ich mich mehr für die Liebe zu mir ... zu meinen Mitmenschen ... und die Liebe zu all meinen Unternehmungen ... Ich spüre, wie schön alles ist, was ich mit den Augen der Liebe betrachte ... Es gibt nur dann keine Liebe in meinem Leben, wenn ich nicht in Liebe mit mir und dem Leben bin ...

Ich atme einige Male tief ein und mit jedem Atemzug wird mir bewusster, dass Liebe nichts erzwingt ... dafür schafft sie Kohärenz und vereint ... Je mehr ich entspanne, desto besser sehe ich, dass Liebe die wahre Quelle allen Seins ist ... Es gibt nichts außer Liebe ... Alles ist ein Ausdruck dieser höchsten Macht im Universum ... Liebe drückt sich vielfältig aus ... Wertschätzung ... Dankbarkeit ... Respekt ... sind nur andere Worte für Liebe ...

Ich fühle mich friedvoll und freudig getragen und lasse die Liebe aus meinem Herzen in alle meine Angelegenheiten strömen ... Ich bin dankbar, für das, was ist ... Ich verzeihe mir für alles, was ich nicht aus Liebe erschaffen habe ... Ich habe größten Respekt für meine Mitmenschen, denen ich in Unliebe begegnet bin ... Ich bitte alle um Vergebung für die Erfahrungen, die ich nicht aus Liebe erschaffen habe ... Mein Vertrauen zum Leben wächst, je mehr meine Herzintelligenz Kopf, Herz und Bauch in mir in Einklang bringt ... Mein Herz und mein Horizont weiten sich, je mehr ich mich der Intelligenz der Liebe anvertraue ...

Beenden Sie diese Meditation mit dem allumfassenden Gefühl der bedingungslosen Liebe. Bleiben Sie mit Ihrem Fokus immer ein wenig mehr in Ihrem Herz. Wiederholen Sie diese Meditation und die Bejahungen völlig ohne Erwartungen.

Wenn Sie diese **Meditation** zum **Erfolgsprinzip Liebe** eine Woche durchführen, werden Sie sich friedvoller und freudiger fühlen. Machen Sie sie so lange, bis Sie das Gefühl haben, liebevoller zu sich und anderen zu sein.

Ihre Liebe wächst, je mehr Sie lieben. Sie werden bemerken, dass eine höhere Qualität Ihr Denken, Fühlen und Handeln leitet. Je mehr Sie sich innerlich auf die Liebe einschwingen, desto respektvoller und wertschätzender werden Sie behandelt. Je mehr die Liebe Ihren Weg leitet, desto beliebter werden Sie sein. Ganz einfach – öffnen Sie Ihr Herz!

Nutzen Sie hier die Gelegenheit, sich Notizen zu diesem Erfolgsprinzip zu machen. Welche Einsichten, Erkenntnisse oder Veränderungen haben Sie durch tägliche Meditation gewonnen:

1. Tag _____

2. Tag _____

3. Tag _____

4. Tag _____

5. Tag _____

6. Tag _____

7. Tag _____

Liebe hat keinen anderen Wunsch, als sich zu erfüllen.
Khalil Gibran

5. Meditation

Erfolgsprinzip Initiative

Bei dieser Meditation öffnen und stimulieren Sie die Kräfte der **Macht** und der **Unternehmenslust**. Das Zentrum der Unternehmenslust befindet sich an Ihrem Hinterkopf – am unteren Ende des Schädels. Das Zentrum der Macht liegt im Bereich der Kehle und der Zungenwurzel. Beide Aspekte entscheiden über unseren Selbstausdruck in der Welt.

Starten Sie mit dem Meditationseinstieg auf Seite 242.

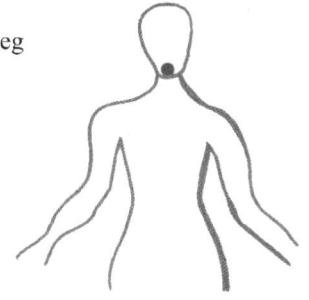

Ich nehme mir vor, meine Geisteskräfte der Macht und der Unternehmenslust zu aktivieren. Ich konzentriere mich jetzt vollständig auf mein Einatmen und Ausatmen ...

Ich stelle mir vor, dass ich nicht nur Luft, sondern hell strahlendes Licht einatme ... und dass dieses Licht mich immer mehr anfüllt ... Und je mehr mich das Licht anfüllt, desto mehr öffne ich mich dafür, initiativ zu sein (Bleiben Sie dabei, bis das Gefühl den ganzen Körper ausfüllt.)

Ich genieße das Gefühl, während ich mit meiner Aufmerksamkeit jetzt bei dem Licht in meinem Hinterkopf verweile ... Ich spüre den Ort, an dem sich das Energiefeld meiner Unternehmenslust befindet ... und ich bemerke, wie mit jedem Atemzug meine Lust auf machtvolle Unternehmungen wächst. Ich atme einige Male tief ein und mir wird bewusst, dass alle Unternehmungen dazu führen, dass ich mich im Außen erkenne ... ja, ich lebe, um Erfahrungen zu machen ... Und in allem, was ich tue, komme ich mir selbst viel näher ...

Ich fühle, wie meine Bewusstheit über mich wächst, je mehr ich mich auf die Befindlichkeiten einlasse, die meine Unternehmungen in mir auslösen ... Je mehr ich entspanne, umso mehr erkenne ich, dass es nichts gibt, außer der Verabredung mit mir

Ich fühle mich liebevoll verbunden mit allem, was ist ... Ich bin dankbar, dass andere mir ermöglichen, mich in ihnen zu erkennen ... Ich habe größten Respekt für alle meine Unternehmungen und alle Begegnungen mit anderen ... Ich entscheide mich jetzt:

»Ich bejahe die Kraft meiner Unternehmenslust!«
»Ich bejahe die Kraft meiner Unternehmenslust!«
»Ich bejahe die Kraft meiner Unternehmenslust!«

Während ich jetzt mit meiner Aufmerksamkeit zu dem Licht in meiner Kehle und an der Zungenwurzel wandere ... spüre ich, wie meine Lust steigt, mein Inneres unmissverständlich zu äußern ... Je mehr ich entspanne, umso mehr werde ich mir bewusst, dass die Art meiner Aussagen darüber entscheidet, wie erfüllt und erfolgreich ich bin ... Je mehr ich entspanne, umso mehr entfaltet sich der Wunsch in mir, mein inneres Feuer nach außen zu bringen ... und nur noch zu sagen, was ich wirklich denke und fühle ...

Ich genieße mehr und mehr das Gefühl, mich aktiv im Leben ausdrücken zu können ... Je mehr ich entspanne, desto deutlicher erkenne ich, wie machtvoll die Wahl meiner Worte ist ... und wie ich durch meine Worte meine Welt verändere ... Mit jedem Atemzug verstehe ich besser, wie Worte der Wahrheit und Klarheit meine Wirklichkeit bereichern ... Bewusst entscheide ich:

»Ich bejahe die Kraft meiner Macht.«
»Ich bejahe die Kraft meiner Macht.«
»Ich bejahe die Kraft meiner Macht.«

Ein Gefühl der Unternehmenslust und Macht erfüllt mich, je mehr ich mir bewusst werde, was ich anderen zu sagen habe ... Von Atemzug zu Atemzug erkenne ich, welche Botschaften ich in die Welt bringen möchte ... Ich danke, dass meine Kommunikation klar, kraftvoll und konstruktiv ist ... und alle meine Begegnungen bereichert ...

Ich genieße das Gefühl großer Möglichkeiten ... und nehme mir vor, alle meine Unternehmungen durch machtvolle Worte ... klare Aussagen ... wirkungsvolle Kommunikation ... und offene Gespräche ... zu einem Fest für alle werden zu lassen ... Voller Vorfreude und Unternehmenslust begebe ich mich jetzt in den Tag ...

Beenden Sie diese Meditation mit dem Gefühl eines gesunden Tatendrangs – einer lebensbejahenden Initiativkraft. Wiederholen Sie diese Meditation solange Sie wollen – ganz ohne Erwartungen.

Wenn Sie diese **Meditation** zum **Erfolgsprinzip Initiative** eine Woche durchführen, werden Sie sich umsetzungsfreudiger, entschlossener und energiegeladener fühlen. Machen Sie sie so lange, bis Sie das Gefühl haben, mutig neue Wege einschlagen zu können. Ihre Unternehmenslust stärkt Sie immer mehr, je mehr Sie sich für Ihre Umsetzungskräfte öffnen. Ihnen wird auffallen, dass eine neue Qualität Ihre Worte und Taten lenken wird – probieren Sie es aus.

Nutzen Sie hier die Gelegenheit, sich Notizen zu diesem Erfolgsprinzip zu machen. Welche Einsichten, Erkenntnisse oder Veränderungen haben Sie durch tägliche Meditation gewonnen:

1. Tag _____

2. Tag _____

3. Tag _____

4. Tag _____

5. Tag _____

6. Tag _____

7. Tag _____

6. Meditation

Erfolgsprinzip Verantwortung

Bei dieser Meditation öffnen und stimulieren Sie Ihre Intelligenz-
zentren der **Imaginations-** und **Willenskraft**. Ihre Geisteskraft der
Imagination befindet sich zwischen Ihren Augen – und wird
deshalb auch drittes Auge genannt. Ihre Willenskraft liegt direkt
hinter der Stirn, in der Mitte des Vorderhirns. Beide Kräfte
arbeiten Hand in Hand. Sie ermöglichen Ihnen, Visionen nicht nur
zu empfangen, sondern auch kraftvoll im Leben zu verankern.

Starten Sie mit dem Meditationseinstieg
auf Seite 242.

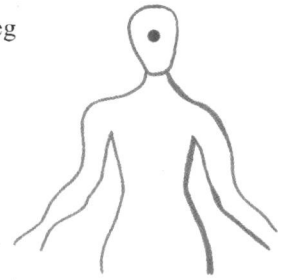

*Ich nehme mir vor, meine Geis-
teskräfte der Imagination und
der Willenskraft zu aktivieren ...
Ich konzentriere mich jetzt vollständig auf mein Einatmen und
Ausatmen ...*

*Ich stelle mir vor, dass ich nicht nur Luft, sondern hell
strahlendes Licht einatme ... und dass dieses Licht mich immer
mehr anfüllt ... Und je mehr mich das Licht anfüllt, desto mehr
öffne ich mich für meine Verantwortungsbereitschaft ...
(Bleiben Sie dabei, bis das Gefühl den ganzen Körper ausfüllt.)*

*Ich genieße das Gefühl, während ich mit meiner Aufmerksam-
keit jetzt bei dem Licht zwischen meinen Augen verweile ... Ich
spüre den Ort, an dem sich das Energiefeld meiner Imaginationskraft, meiner Vorstellungsfähigkeit befindet ...*

*Ich spüre, dass ich anders als andere Lebewesen für den Lauf
meines Lebens selbst verantwortlich bin ... Je mehr ich mich
entspanne, umso mehr bekomme ich ein Gefühl dafür, dass
meine Vorstellungskraft mir jederzeit neue Horizonte eröffnet
und ich anerkenne meine Verantwortung für meinen Weg ...*

*Ich danke meiner Imaginationskraft, dass sie mir immer deut-
lichere Bilder zeigt, wie ich die Welt mit meinem Können*

bereichere ... Ich atme einige Male tief ein und mit jedem Atemzug wird mir bewusster, dass es ganz leicht ist, meine Vorstellungskraft lebendig zu halten ... und meine Wunschvorstellungen zu genießen ... Ich atme einige Male ein und aus und konzentriere mich jetzt vollständig auf die Bewusstheit darüber, wie ich mein Können zum Wohle des Ganzen beisteuern möchte ... Je mehr ich mich entspanne, umso mehr wächst mein Gespür für meine natürliche Vision ... Bewusst entscheide ich:

»Ich bejahe die Geisteskraft meiner Imagination.«
»Ich bejahe die Geisteskraft meiner Imagination.«
»Ich bejahe die Geisteskraft meiner Imagination.«

Ich fühle mich inspiriert, während ich den Fokus meiner Aufmerksamkeit wechsle ... und mich auf das Licht hinter meiner Stirn konzentriere, in der Mitte meines Vorderhirns ... Ich verweile dort in dem Energiezentrum der Willenskraft ... Mit jedem Atemzug spüre ich mehr und mehr, wie meine Willenskraft wächst, je klarer mein innerer Leitstern leuchtet. Langsam bekomme ich ein unumstößliches Gefühl dafür, wie sich mein Leben entwickelt, wenn ich meinem inneren Leuchten folge ... und meiner Willenskraft erlaube, mein Leben kraftvoll voranzubringen ... Bewusst entscheide ich:

»Ich bejahe meine Willenskraft.«
»Ich bejahe meine Willenskraft.«
»Ich bejahe meine Willenskraft.«

Von Atemzug zu Atemzug spüre ich mehr, wie unerschöpflich meine Willenskraft mich bei der Umsetzung meiner Visionen unterstützt ... Ich spüre, wie sich die Willenskraft parallel mit der Energie lebensbejahender Bilder in mir entfaltet ... Ich atme einige Male tief ein und mit jedem Atemzug wird mir bewusster, dass die Willenskraft alle anderen Geisteskräfte mit ins Boot holt ... Ist sie aktiviert, läuft alles von selbst, wenn ich es erlaube ...

Je mehr ich entspanne, umso mehr erkenne ich, wie erfüllend es sich anfühlt, mein Können zum Wohle des Ganzen einzubringen ... Ich spüre, wie unabhängig ich von anderen werde ... je *mehr ich die Verantwortung für meine Visionen und Ihre Umsetzung übernehme ...*

Ich löse mich mehr und mehr von überholten Vorstellungen und vertraue mich dem Leuchten meiner inneren Bilder an ... Immer klarer spüre ich, wie ich von allen Geisteskräften unterstützt werde, wenn ich meiner natürlichen Vision folge ... Alle Kräfte liegen in mir ...

Beenden Sie diese Meditation, mit dem guten Gefühl für einen klaren Leitstern in Ihrem Inneren. Beenden Sie sie mit dem Gefühl klarer, willensstärker und fokussierter zu sein. Achten Sie auf den Sensibilisierungsprozess in Ihrem Inneren, der mit Kraft und Klarheit einhergeht. Wiederholen Sie diese Meditation und die Bejahungen völlig ohne Erwartungen.

Wenn Sie diese **Meditation** zum **Erfolgsprinzip Verantwortung** eine Woche durchführen, werden Sie sich fokussierter und willensstärker fühlen. Machen Sie sie so lange, bis Sie das Gefühl haben, verantwortungsbewusster gegenüber Ihrer natürlichen Vision zu sein. Je mehr Sie auf Ihre inneren Bilder achten und auf Ihr Herz hören, desto mehr Ideen werden Sie auf Ihrem Weg inspirieren. Beenden Sie Ihre »innere Arbeit« und widmen Sie sich nun entspannt und energiegeladen Ihrer »äußeren Arbeit« – öffnen Sie sich für neue Horizonte.

Nutzen Sie hier die Gelegenheit, sich Notizen zu diesem Erfolgsprinzip zu machen:

1. Tag _____

2. Tag _____

3. Tag _____

4. Tag _____

5. Tag _____

6. Tag _____

7. Tag _____

7. Meditation

Erfolgsprinzip Wahrhaftigkeit

Bei dieser Meditation öffnen und stimulieren Sie die Geisteskräfte des **Wissens** und des **Glaubens**. Die Geisteskraft des Wissens befindet sich im Stirnbereich, über den Augen. Die Geisteskraft des Glaubens liegt im Zentrum des Gehirns – in Höhe der Ohren im Kopfinneren.

Starten Sie mit dem Meditationseinstieg auf Seite 242.

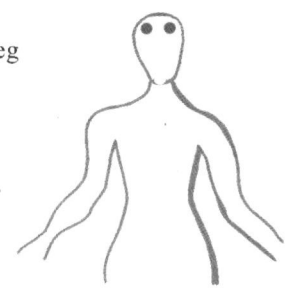

Ich aktiviere jetzt, meine Geis-
teskräfte des Wissens und des
Glaubens ... Ich konzentriere
mich jetzt vollständig auf mein
Einatmen und Ausatmen ...

Und stelle mir vor, dass ich nicht nur Luft, sondern hell
strahlendes Licht einatme ... und dass dieses Licht mich immer
mehr anfüllt ... Und je mehr mich das Licht anfüllt, desto mehr
öffne ich mich für meine innere Führung und Wahrhaftigkeit ...
(Bleiben Sie dabei, bis das Gefühl den ganzen Körper ausfüllt.)

Ich genieße das Gefühl, während ich mit meiner Aufmerk-
samkeit jetzt bei dem Licht hinter meiner Stirn verweile ...
Oberhalb meiner Augen spüre ich den Ort, an dem sich das
Energiefeld meiner inneren Weisheit befindet ... Je mehr ich
entspanne, umso mehr spüre ich, welche Kraft von dort aus-
geht ... mit jedem Atemzug bekomme ich mehr und mehr ein
Gefühl für mein inneres Wissen – meine Intuition ... Bewusst
entscheide ich jetzt:

»Ich bejahe die Kraft meines Wissens.«
»Ich bejahe die Kraft meines Wissens.«
»Ich bejahe die Kraft meines Wissens.«

Ich fühle mich weise, während ich den Fokus meiner Aufmerk-
samkeit jetzt wechsle ... und mich auf das Licht in der Mitte
meines Kopfes konzentriere ... Dort verweile ich in dem

Energiezentrum des Glaubens ... Von Atemzug zu Atemzug wird mir klarer, dass ich Teil des kosmischen Bewusstseins bin ... Ich bin nicht getrennt von anderen ... Alles ist eins ... Ich atme ein und spüre meine universelle Verbundenheit ...

Ich genieße das Gefühl, wie sich meine ganze Wahrhaftigkeit entfalten kann ... Ich stelle mir vor, wie sich mein wahres Wesen mit jedem Atemzug mehr und mehr entfaltet ... Ich bin eins mit allem, was ist ... Je mehr ich entspanne, desto mehr genieße ich das Gefühl, wie mein Glaube an mich und die universellen Zusammenhänge wächst ... Bewusst entscheide ich jetzt:

»Ich bejahe die Kraft meines Glaubens.«
»Ich bejahe die Kraft meines Glaubens.«
»Ich bejahe die Kraft meines Glaubens.«

Ich spüre, wie mein Glaube mir die Kraft schenkt, Berge zu versetzen ... und ein Gefühl großer Lebensfreude bereitet sich in mir aus ... Mehr und mehr fühle ich mich als ein echtes Geschenk ... für mich und andere ... Je mehr ich entspanne, desto mehr erlebe ich die Kraft dieser weisen Führung in mir ...

Mit jedem Atemzug nimmt mein Gefühl dafür zu, wie meine Veränderung die Welt verändert ... Ich entspanne mich ... und ich glaube und ich weiß ... Ganz leicht atme ich göttliche Verbundenheit ein ... ganz leicht atme ich einengende Energie aus ... Ich entscheide, meiner inneren Weisheit zu folgen ... Ich entscheide, meinem Glauben zu vertrauen ... Und je mehr ich entspanne, umso mehr führt mich weiser Wandel zu meiner Wahrhaftigkeit – zu meinem höchsten Sein ...

Beenden Sie diese Meditation, indem Sie sich vornehmen Ihrer inneren Weisheit und Ihrem Glauben zu vertrauen. Beenden Sie sie mit dem Gefühl, geführt und gestärkt zu sein. Fühlen Sie, wie in Ihrem Inneren ein Öffnungsprozess angestoßen wurde, der sich durch die Kraft des Glaubens und des Wissens ganz von selbst weiter entfaltet. Wiederholen Sie diese Meditation und die Bejahungen ganz ohne Erwartungen.

Wenn Sie diese **Meditation** zum **Erfolgsprinzip Wahrhaftigkeit** eine Woche durchführen, werden Sie sich wissender, geordneter und gefestigter fühlen. Machen Sie sie so lange, bis Sie das Gefühl haben, innerlich unabhängiger von anderen Menschen zu sein.

Ihre Wahrhaftigkeit wächst, je mehr Sie die Kontrolle abgeben und sagen: »Dein Wille geschehe.« Sie werden merken, dass eine höhere Intelligenz Ihr Denken, Fühlen und Handeln leiten wird. Je mehr Sie Ihrer eigenen Weisheit vertrauen und an das Beste in Ihrem Leben glauben, desto schneller werden heilsame Erfahrungen in Ihr Leben treten.

Nutzen Sie hier die Gelegenheit, sich Notizen zu diesem Erfolgsprinzip zu machen. Welche Einsichten, Erkenntnisse oder Veränderungen haben Sie durch tägliche Meditation gewonnen:

1. Tag _____

2. Tag _____

3. Tag _____

4. Tag _____

5. Tag _____

6. Tag _____

7. Tag _____

Es ist eine unvergleichliche Gnade, sich selbst zu gehören.
Siglinda Oppelt

Zusammenfassung

Das 7x7-Tage-Programm

Es gibt WICHTIGERES im Leben, als beständig dessen
Geschwindigkeit zu erhöhen.
Mahatma Gandhi

1. Im meditativen Zustand können wir uns leichter von fremden Gedanken lösen und zu einer eigenen Meinung finden.
2. Unsere innere Wandlung geht mit emotionalen Durchbrüchen einher.
3. Je mehr Ihre Gedanken und Gefühle aus den Fängen der Angst befreit werden, desto mehr klettert Ihre Energie automatisch auf ein höheres Niveau.
4. Je besser Sie verwurzelt sind, desto besser können Sie Ihren Mann/Ihre Frau im Leben stehen.
5. Ihre Integrität wächst, je mehr Sie »in Ordnung« sind.
6. Je mehr Sie sich innerlich auf »das Gute« und »Richtige« einschwingen, desto entschlossener und entscheidungsfreudiger werden Sie Ihren Weg gehen.
7. Ihre Liebe wächst, je mehr Sie lieben.
8. Ihre Unternehmenslust stärkt Sie immer mehr, je mehr Sie sich für Ihre Umsetzungskräfte öffnen.
9. Je mehr Sie auf Ihre inneren Bilder achten und auf Ihr Herz hören, desto mehr Ideen werden Sie auf Ihrem Weg inspirieren.
10. Ihre Wahrhaftigkeit wächst, je mehr Sie die Kontrolle abgeben und sagen: »Dein Wille geschehe.«

Man muss vom Weg abkommen,
um nicht auf der Strecke zu bleiben.
Hans Zaugg

Teil III

Neues Denken im Unternehmen

Hinter einem erfolgreichen Unternehmen steht immer jemand, der irgendwann eine mutige Entscheidung getroffen hat.

Peter F. Drucker

Unternehmens-Chakras

Energie bestimmt Erfolge

Dass Unternehmen Erfolgsprinzipien unterliegen, ist vielen klar, dass Firmen Chakras haben, nur den wenigsten. Dabei bestimmen sie über die Wirkung im Markt: Ausstrahlung, Anziehungskraft und Beliebtheit.

Wie Menschen (Mitarbeiter, Kunden, Lieferanten, Kooperationspartner und Multiplikatoren) auf Anbieter reagieren, hängt viel weniger von der Außenfassade, sondern vielmehr von der Atmosphäre im Betrieb ab. Verständlich, denn Geist ist Energie. Auch wenn wir ihn nicht sehen, können wir ihn daran spüren, wie entspannt, effektiv, effizient und erfolgreich Erfolge erzielt werden.

Sicher kennen Sie das: Aus irgendeinem Grund gehen Sie plötzlich nicht mehr in Ihr Lieblingsrestaurant, wechseln Ihren Friseur oder lassen Ihren Wagen an einer anderen Tankstelle waschen, obwohl Sie mit den Ergebnissen bisher immer zufrieden waren. Trotzdem merken Sie:»Ich kann da einfach nicht mehr hingehen.« Das kann viele Gründe haben. Im Endeffekt läuft es aber immer nur auf einen Grund hinaus: Etwas hat sich in der Resonanz zu Ihnen verändert. Die Anziehungskraft auf Sie ist verloren gegangen.

Wenn wir wissen, dass alles Energie ist, dann ist es logisch, dass Firmen nichts anderes als Energiefelder sein können. Auch sie sind lebende Organismen, die ständig Konfrontationen mit Erfahrungen im Außen bewirken – schließlich bestehen Firmen aus Menschen. Und Menschen sind pulsierende Energiezentren.

Was bedeutet das genau? In den vorherigen Kapiteln haben wir beleuchtet, dass Chakras und Geisteskräfte bestimmten Erfolgsprinzipien entsprechen. So wie die Geisteskräfte für bestimmte Themen in unserem Leben stehen und uns als Individuum beeinflussen, so beeinflussen sie auch unsere Geschäftsentwicklung.

Jedes Chakra ist für eine bestimmte Eigenschaft im Unternehmen zuständig – für ein bestimmtes Erfolgsprinzip. Störungen in den Energiezentren führen immer zu einer ungesunden Unternehmensentwicklung – egal ob es sich um eine Unter- oder Überfunktion handelt, egal ob diese in einem Solo- oder Großunternehmen anzutreffen ist. Bevor wir auf den folgenden

Seiten ins Detail gehen, wollen wir Ihnen hier schon mal einen Überblick geben, wofür die Erfolgsprinzipien in Unternehmen stehen. Sie beantworten die Fragen:

- Was für ein Geist geht von der Geschäftsführung aus?
- Wie zukunftsfähig ist das Unternehmen? Erreicht es Menschen?
- Ist die Geschäftsidee sinnvoll – für Mitarbeiter, Kunden, Umwelt?
- Wie ist die Arbeitsatmosphäre?
- Bietet es brillante Arbeitsplätze?

Die Erfolgsprinzipien, stehen der Reihe nach für …

Erfolgsprinzip 1: Verbundenheit
Unternehmensprozesse

Erfolgsprinzip 2: Integrität
Unternehmenskultur

Erfolgsprinzip 3: Weisheit
Durchsetzungsfähigkeit

Erfolgsprinzip 4: Liebe
Nachhaltiges Handeln

Erfolgsprinzip 5: Initiative
Unternehmenskommunikation

Erfolgsprinzip 6: Verantwortung
Innovations- und Zukunftsfähigkeit

Erfolgsprinzip 7: Wahrhaftigkeit
Unternehmensführung

»Wer in den nächsten Jahren im eigenen Unternehmen für Wachstum, Attraktivität und Kundenbegeisterung sorgen möchte, muss eine Bewusstseinserweiterung vollziehen«, sagen Zukunftsforscher.

Erfolgsstreben: So oder so?

Bei unserer Arbeit als Coachs, Berater und Trainer begegnen uns ständig Selbstständige und Inhaber von Unternehmen, die wissen wollen, wie sie ihre Erfolge ankurbeln können. Es gibt sicher viele Wege, um ein Unternehmen erfolgreich zu führen. Im Grunde genommen erkennen wir aber zwei Wege, die sich grundlegend unterscheiden – nicht nur im Weg, sondern auch in den Konsequenzen.

Auf der einen Seite gibt es die Unternehmen, die Wirtschaftswachstum nach alten Businessregeln herbeiführen. Sie favorisieren rein rationale Entscheidungen und arbeiten, um etwas aus dem Unternehmen rauszuholen. Ohne das Wissen um das Quantenfeld verhalten sie sich so, wie man es in einer konkurrierenden Welt immer getan hat.

Diese Inhaber und Geschäftsführer stellen sich die Fragen:

- Wie können wir das meiste aus dem Unternehmen rausholen?
- Womit machen wir den größten Gewinn?
- Wie können wir Mitarbeiter mit möglichst geringer Bezahlung einstellen?
- Wie können wir Kunden zum Kauf verführen?
- Wie können wir am schnellsten wachsen?

Auf der anderen Seite gibt es Unternehmen, die Wirtschaftswachstum durch neue Regeln herbeiführen. Sie treffen multidimensionale Entscheidungen. Ihre Inhaber und Geschäftsführer stellen sich – spätestens seit der Finanzkrise – andere Fragen:

- Wie können wir das Beste aus unserem Unternehmen rausholen?
- Wie können wir unsere Mitarbeiter zu *Mitschöpfern* machen?
- Wie können wir unseren Kunden am besten dienen?
- Wie können wir zum Wohle des Ganzen wachsen?
- Was braucht unser Unternehmen von uns?

Während die einen ihre Unternehmen ausschließlich auf dem einseitigen Paradigma des Homo oeconomicus aufbauen, gründen die anderen ihre Erfolge auf dem erweiterten Spektrum des Homo spiritus.

270

Während die einen arbeiten, um etwas aus dem Unternehmen rauszuholen, arbeiten die anderen daran, etwas reinzugeben. Während die einen sich ständig fragen:»Was habe ich davon?«, fragen sich die anderen:»Was will durch mich in die Welt gebracht werden?«

Was Erfolg ist, hängt für die einen von der Antwort auf die Frage ab:»Wie viel Geld, Image oder Macht habe ich dazugewonnen?«, für die anderen von der Antwort auf die Frage:»Was habe ich an Wertschöpfung zum Wohle des Ganzen erzielt?«

Während die einen nur darauf achten, was sie ernten können, welche Resultate sie erzielen und wann, was, wie und wo sich endlich Erfolg verbuchen lässt, achten die anderen zusätzlich darauf, was sie säen und ins Universum geben.

Während die einen sich durch knallhartes Kriegsdenken in der Wirtschaft durchsetzen wollen, ermöglichen die anderen eine Renaissance sozialer und ökonomischer Werte – und sind die Gewinner von morgen.

Der klassische Weg

Fokus erschafft Realität: Wer die Welt unter dem Aspekt isolierter Dinge betrachtet, wird alles tun, um seine Ziele zu erreichen, koste es was es wolle: Rücksichtslosigkeit, Skrupellosigkeit und Betrug sind erlaubt …

All das ist für Menschen, die in den Krieg ziehen, normal: Sieg oder Niederlage – dazwischen gibt es nichts. Unser altes Weltbild und die daraus erwachsene Wirtschaft ziehen Menschen magisch an, die einen großen Kampfgeist haben und nicht zimperlich sind.

Dabei sind es vor allem schnell wachsende Großunternehmen, die Menschen mit seelenlosen Charakterprofilen bevorzugen. Denn für sie sind die Folgen kurzfristiger Gewinne, die auf das Konto von Mitarbeiterausbeutung, Ressourcenverschwendung oder ökologischer Katastrophen gehen, kein Problem – sie leben geradezu davon. Der Kick des täglichen »Kriegsspiels« verschleiert aber, was wirklich unter diesem Verhalten steckt:

1. Das Gefühl der Isolation und Trennung.
2. Unbewusstheit darüber, dass alle kurzfristigen Entscheidungen, die Raubbau an Ressourcen bedeuten, mittel- und langfristig fatale Konsequenzen mit sich bringen – nicht nur für das eigene Unternehmen, sondern für alle.

Hierzu ein Beispiel: Vor Kurzem haben wir mit einer langjährigen Mitarbeiterin einer weltweit bekannten Unternehmensberatung gesprochen. Sie erzählte, dass die Kostensenkungs-Strategien, mit denen sie in den letzten Jahren sehr erfolgreich Firmen saniert haben und die dafür gesorgt haben, dass Tausende Menschen ihren Arbeitsplatz verloren haben, jetzt auch im eigenen Betrieb eingesetzt werden sollen. Nach dem Motto »Kosten senken – Gewinne maximieren« wurden diverse administrative Dienstleistungen ins ferne Ausland gegeben. Hauptsache billig.

Wir fanden die Vorstellung absurd: Abwickler wickeln sich jetzt selbst ab. Beim Militär spricht man von »Friendly Fire«, wenn Soldaten auf einen Kameraden der eigenen Truppe schießen.

Wirtschaftlicher Erfolg ist nicht immer ökonomisch.
Siglinda Oppelt

Der integrale Weg

Fokus erschafft Realität: Wer die Welt unter dem Aspekt des Einheitsbewusstseins betrachtet, wird alles tun, um seine Ziele auf eine ganzheitlichere Weise zu erreichen. Wirtschaftliches Wachstum basiert dann auf sozialer, ökonomischer und ökologischer Verantwortung …

Spätestens mit dem Wissen um das Quantenfeld verhalten sich verantwortungsbewusste Firmeninhaber nicht mehr nach den alten Businessregeln. Im Gegenteil – sie agieren entgegengesetzt zum Mainstream: Sie handeln integral.

Integraler Erfolg umfasst :

- wirtschaftlichen Erfolg
- Erfolg für die Menschen
- Erfolg für die Ökologie
- Lebenssinn

Um den letzten Punkt aufzugreifen: In dem Moment, indem wir uns als Existenzgründer, Selbstständige oder Inhaber eines Unternehmens bewusst werden, dass unsere Angebote das Leben anderer beeinflussen, und die Verantwortung dafür übernehmen, arbeiten wir mit einer erweiterten Intelligenz: Unsere Seele und eine neue

Verbundenheit verankern sich in all unseren Handlungen. Lassen Sie uns das an einem Beispiel erläutern. Dann können Sie sich besser vorstellen, was das im Alltag bedeutet.

Erfolgsprinzipien in Harmonie

»Ich liebe meine Arbeit, aber ich hasse es, mich für ein Projekt anbiedern zu müssen«, klagte Helmut, Firmeninhaber eines Architekturbüros. Seine innere Ablehnung war unübersehbar, sobald er über Kundengewinnung, Marketing und Akquise sprach. »Und meine Mitarbeiter kümmern sich überhaupt nicht darum, wo die Aufträge herkommen. Alle halten die Hand auf, aber woher die Arbeit kommt, interessiert keinen«, tönte er.

Er war verärgert, seine Gesichtszüge waren angespannt, seine Kiefer aufeinandergepresst und seine Augen trüb. »Bitte nur Tee, mein Magen spielt mir gerade übel mit«, seine Bestellung sagte uns viel über seine emotionale Verfassung. Die Last auf seinen Schultern war unübersehbar, als er vor uns saß. Seine Ablehnung der aktuellen Geschäftslage in seinem Unternehmen gegenüber war spürbar. Und anscheinend wurde auch sein Team langsam ängstlich, weil seit einigen Monaten nur noch kleine Aufträge eingingen.

Statt uns weiter auf die Probleme des Architekturbüros zu konzentrieren, wechselten wir den Fokus. In einer entspannten Atmosphäre luden wir Helmut auf ein kleines Experiment ein: Wir regten ihn an, mal wieder zu träumen.

Auch wenn es ihm anfangs etwas befremdlich erschien, genoss er es dann doch, alle Anspannungen loslassen zu können – zumindest für kurze Zeit – und sich für inspirierende Bilder aus seinem Unter- oder Überbewusstsein zu öffnen.

»Wenn keine Angst im Spiel wäre, was würden Sie am liebsten tun?« Solche Fragen eröffnen ganz neue Möglichkeiten. Sie erweitern das Denken und schaffen Abstand zur aktuellen Situation.

»Wie fühlt es sich an, wenn alles so ist, wie es richtig gut wäre?« Gezielte Fragen lösen weitere Bilder aus. Alleine das Gefühl, sich darauf zu fokussieren, wie etwas sein könnte, machte es greifbarer, denkbarer und planbarer.

»Wer ist dabei? ... Welche Projekte bearbeiten Sie? ... Und wie ist es dann mit der Auftragsakquise?« Sie hätten sein Lächeln sehen sollen.

Eines der größten Mysterien im Universum ist das Gesetz der Quantenkohärenz. Während jeder von uns ständig mit seinen Gedanken, Gefühlen und Handlungen sein Quantenfeld erschafft, korrespondieren wir ständig auf einer bestimmten Frequenz mit dem viel größeren Quantenfeld. Unsere Frequenz bestimmt somit über das, womit wir in Resonanz gehen, was wir anziehen, womit wir auf einer Wellenlänge sind.

Sind wir auf der Welle der Ablehnung und in Antihaltung unterwegs, können Kunden und Mitarbeiter gar nicht anders, als sich von uns abgestoßen zu fühlen. Gleiches zieht immer Gleiches an. Der Geist, von dem wir uns als Selbstständige, Inhaber oder Geschäftsführer eines Unternehmens leiten lassen, beeinflusst somit auch automatisch unsere Mitmenschen (Kunden, Multiplikatoren, Mitarbeiter, Mentoren ...).

Angst und Ablehnung sind die Energien, die Unternehmen auf dem Level unterhalb der Existenzfähigkeit halten. Auf dieser Ebene sind wir nicht mehr in der Lage, die einzigartigen Gaben, Talente und Ressourcen unseres Unternehmens zu erkennen. Auf dieser Frequenz sind wir nicht in der Lage, unseren Horizont für neue Perspektiven und Möglichkeiten zu öffnen.

Erst wenn wir uns entspannen und einen Perspektivwechsel erlauben, erhalten wir wieder Zugang zu unseren Ressourcen. Während Angst und Ablehnung das Wachstum wünschenswerter Ergebnisse verhindern, öffnen uns Mut und Optimismus für bessere Erfahrungen. Und die Energien von Enthusiasmus, Begeisterung und Freude können eine Spirale segensreicher Erfahrungen zünden – wenn wir diese Energie längere Zeit aufrechterhalten.

Jede Entscheidung hat ihren ganz eigenen Geist (wie Sie bei den 7 Erfolgsprinzipien sehen werden). Und sicher können Sie sich vorstellen, dass es für unseren Kunden anfangs nicht leicht war, sich nur aufgrund der Stimme seines Herzens und seiner inneren Bilder auf eine Re-Positionierung einzulassen. Es brauchte etwas Zeit, bis Helmut klar wurde, wie viel Kraft, Motivation und Handlungsfreude seine neue Unternehmensvision in ihm auslösen könnte, würde er ihr folgen.

In seinen »Träumen« war ihm klar geworden, dass herkömmliche Häuser und Betriebe ihn schon länger nicht mehr herausforderten und er viel lieber nachhaltige Bauprojekte planen und begleiten wollte. Natürlich würde das nicht so einfach von heute auf morgen gehen und viel Lernen und einige Umstrukturierungen für ihn und sein Team bedeuten. Allerdings konnte er seinen Wunsch aber auch nicht mehr ignorieren – seine »Mission« meldete sich immer lauter.

Sie hätten das Leuchten in seinen Augen sehen sollen, als er sich für diesen Schritt entschied: »Ja, wir werden spätestens in fünf Jahren auch zu denen gehören, die nur noch Passivhäuser anbieten.« Für Strohballenbau, Erdwärme, Lehmputz und all die alternativen Baumaterialien interessierte er sich schon lange. Nur war ihm bisher nicht bewusst gewesen, dass er auf Dauer ausschließlich in diesem Bereich arbeiten wollte.

Während eines mehrstufigen Entwicklungsprozesses integrierten wir dann alle offenen Fragen und leiteten Handlungsempfehlungen daraus ab:

Erfolgsprinzip 7:	»Was ist die Mission?«
Erfolgsprinzip 6:	»Wie sieht die Vision aus? Wie stark ist der Wille, sie umzusetzen?«
Erfolgsprinzip 5:	»Wie werden Sie Ihre Re-Positionierung kommunizieren?«
Erfolgsprinzip 4:	»Welche Wertschöpfung findet durch diese Entscheidung statt?«
Erfolgsprinzip 3:	»Welche Pläne haben Sie, um sich am Markt zu etablieren?«
Erfolgsprinzip 2:	»Wie werden Sie Ihre Mitarbeiter für die Idee begeistern?«
Erfolgsprinzip 1:	»Welche Prozesse braucht das Team, um kundenorientiert arbeiten zu können?«

Lösungen für Unternehmensprobleme finden automatisch statt, wenn der Inhaber auf einer hohen Bewusstseinsebene agiert. Sobald wir als Vorgesetzte unsere Frequenz erhöhen, wird das Unternehmen automatisch anziehender – für Mitarbeiter und Kunden. Freude schwingt anders als Angst. Die ökonomische Frequenz des Architekten hat sich vom ersten Tag an geändert, an dem er bei uns war.

Heute, drei Jahre später, sagt er:»Wer hätte das gedacht: Durch meine Neuausrichtung habe ich das Gefühl, nur noch Geschäfte auf Augenhöhe zu machen. Das macht richtig Spaß! Wir arbeiten nur noch mit Auftraggebern zusammen, die zu uns passen. Irgendwie ergibt sich das immer so«, lacht er.»Alles, was wir tun, scheint immer eine Win-win-Situation zu ergeben.«

Typisch ist, dass sich viele Dinge fügen, wenn der Inhaber eines Unternehmens weiß, wofür es da ist. In dem Fall des Architekturbüros fand aufgrund der Neuausrichtung in allen Bereichen eine Frischzellenkur statt.

Erfolgsprinzip 1:
Kundenorientierte Vertriebsprozesse wurden etabliert und alle Mitarbeiter mit Kundenkontakt geschult. Der positive Effekt war, dass mit der zunehmenden Kompetenz im Bereich des Vertriebs und Verkaufs gleichzeitig die Scheu vor der Neukundenakquise verloren ging.

Erfolgsprinzip 2:
»Was wollen wir gemeinsam bewegen?« Diese Frage hat alle im Team dafür sensibilisiert, dass sie nur gemeinsam etwas erreichen. Anfangs haben wir geprüft, wer sich mit den neuen Unternehmenszielen identifizieren kann, welche Kernkompetenzen vorhanden sind und welche Qualitäten weiter ausgebaut werden können.

Die Neupositionierung und Werteorientierung hat alle im Team auf neue Art zusammengeschweißt. Erstaunlich war, dass die Mitarbeiter plötzlich von sich aus die Erkenntnis hatten, dass auch sie für die Auftragslage des Unternehmens zuständig waren, nicht nur der Chef.

Erfolgsprinzip 3:
Und dann geschah etwas Wundervolles: Das Team hatte richtig Freude daran, über sich selbst hinauszuwachsen. Die Eigenverantwortung der Mitarbeiter wurde gefördert und jeder konnte für sich selbst neue Pläne entwickeln, Prioritäten setzen und Ziele formulieren.

Erfolgsprinzip 4:
»Damit alle gewinnen«, wurde das neue Motto. Gut sichtbar prangt jetzt ein Plakat mit der Weltkugel und Häusern aus alternativen

Baumaterialien neben dem Eingang zur Teeküche – und inspiriert das tägliche Handeln.

Erfolgsprinzip 5:
Ein griffiger Slogan, klare Unternehmensaussagen und ein ansprechendes Corporate Wording haben das Team gemeinsam mit uns entwickelt.»Ohne diese Ausarbeitungen würde ich wahrscheinlich ständig an Kunden vorbeireden«, gestand eine introvertierte Mitarbeiterin.»Aber so weiß ich immer, wie ich unseren Mehrwert herausheben kann.« Viele Mitarbeiter sind dankbar, klare Kundenaussagen bekommen zu haben. Unmissverständlich zu sein, schenkt ihnen die Freude, das Gespräch mit Kunden zu suchen.

Erfolgsprinzip 6:
Die klare Vision des Inhabers trägt die Unternehmensziele und bestimmt das Vorgehen aller. Offen und ehrlich spricht er jetzt immer wieder mit seinem Team über das, was werden will. Können Sie sich vorstellen, wie viel Begeisterung in das Architekturbüro eingezogen ist, seit sich das Team als Mitschöpfer an der Unternehmensentwicklung sieht?

Erfolgsprinzip 7:
»Nichts schenkt mir so viel Kraft wie das Wissen, was meine Aufgabe auf dieser Welt ist«, verriet uns der Inhaber des Architekturbüros, als er kürzlich anrief. Sein Gefühl für das, was durch ihn gelebt werden will, hat ihm eine ganz neue Kraft und Klarheit geschenkt. Wenn er über seine Arbeit spricht, strahlt er und man hört ihm gerne zu. Charismatisch und inspirierend tritt er vermehrt auf Fachtagungen auf, schreibt Artikel in Fachmagazinen und genießt, wie Anfragen und Aufträge ihn finden.

Wofür sind Unternehmen da?

Prof. Dr. Horst Köhler, Bundespräsident a. D., ist den meisten Menschen bekannt. Zumindest aus den Medien. Wir haben ihn live erlebt. Seine Rede anlässlich des 40. Geburtstages der GLS-Bank war ein wahrer Genuss. Als Hauptredner der Jahreshauptversammlung gab er sich als Freund deutlicher Worte. Provokant stellte er die Frage:»Wozu sind Banken da?«

Rhetorisch geschickt brachte er uns Zuhörer zum Nachdenken: Interessieren sich Kunden wirklich nur für niedrige Kreditzinsen? Hohe Guthabenzinsen? Hohe Dividenden? Gewinne für die Aktionäre? ...

Der eingefleischte Experte der Finanzbranche machte klar: »Wenn Geld zum Selbstzweck wird, hat Geld seinen Sinn verfehlt. Turbokapitalismus, bei dem Geld von der Wirtschaft entkoppelt wird, ist widersinnig. Wenn es beim Geld nur noch ums Geldmachen geht, ist eine Bank auf dem falschen Weg.

Banken sind dafür da, Zukunft zu gestalten. Als Finanzunternehmen haben sie die Aufgabe, Zukunft für Menschen zu ermöglichen, indem sie Unternehmen Kredite geben, damit Betriebe neue Projekte realisieren können.

Unternehmen sind wiederum dafür da, Dienstleistungen und Produkte herzustellen, die Kunden das Leben angenehmer machen. Der positive Nebeneffekt: Ganz nebenbei schaffen sie dazu auch noch Arbeitsplätze.

Banken bündeln also lediglich das Geld von Anlegern, um es an die Menschen zu verteilen, die es brauchen. Banken erfüllen damit einen volkswirtschaftlichen Zweck und sind damit das Schmiermittel der Wirtschaft.«

Ja, sie sind dafür da, gute Ideen zu fördern, zu ermöglichen und deren Vollendung zu gewährleisten. Banken sind dazu da, gute, gesunde, neue Ideen zu fördern, die zum Wohle aller sind. Und nicht nur Banken. Das ist der Sinn und Zweck aller Unternehmen.

Zum Schluss seiner Rede endete Prof. Dr. Köhler mit den Worten: »Aus meiner Erfahrung braucht es drei Dinge, damit sich etwas zum Besseren wendet:

1. Es braucht Ideen.
2. Diese müssen in den Herzen der Menschen verwurzelt werden.
3. Dann braucht es Zeit und Pflege – so hat jede gesunde Saat die Chance zu wachsen.«

Dass der Wirtschaftswandel immer mehr Menschen sensibilisiert, sinnvollere Wege für sich zu gehen, zeigt uns nicht nur die jährlich steigende Zuhörerzahl bei der Jahreshauptversammlung dieser Genossenschaftsbank. Dass werteorientierte Unternehmen Kunden mit ethischem Konsum- und Kaufverhalten magisch anziehen, erleben wir täglich bei unseren Kunden.

»Nur wer anders denkt, kann anders wirtschaften«, lautet eine zentrale Aussage des Sozialpsychologen Harald Welzer zum epochalen Wandel.

Businesstransformation

Ob wir nun mit Architekten-Teams, Beratungsbüros, Coachs, Trainern, Übersetzern, Handwerksbetrieben, Heilpraktikern, Therapeuten oder IT-lern arbeiten – allen ist klar, dass sie als Inhaber oder Geschäftsführer den meisten Einfluss auf das Energiefeld ihres Unternehmens haben. Sie alle verstehen, dass sie selbst der Hebel sind, der eine wirtschaftliche Wende zum Besseren bewirken kann.

Die rationale Bilanz ist eine Schlussrechnung, die seit jeher Geschäftsführer begeistert: »Zahlen, Daten und Fakten lügen nicht.« Das stimmt. Sie ermöglicht einen schnellen Überblick über vergangene Ergebnisse. In der Regel berücksichtigt sie den rein wirtschaftlichen Erfolg – und lässt dabei viele immaterielle Faktoren im Dunklen.

Keine Angst, wenn wir im Folgenden vor allem die »weichen« Faktoren beleuchten. Damit verwässern wir auf keinen Fall wirtschaftliche Interessen. Im Gegenteil, wir erweitern die bisherige Bilanz. Denn sie beantwortet nicht die Fragen nach der emotionalen Mitarbeiterbindung oder den Konsequenzen für die Zukunft. Sie beleuchtet nicht den Energiefluss des Unternehmens:

- Arbeiten meine Mitarbeiter gerne hier?
- Begeistern wir durch exzellente Kundenbeziehungen?
- Vertrauen Kunden uns, weil sie unsere Qualität spüren?
- Sind meine Mitarbeiter leistungsbereit, fähig und begeistert bei der Sache?
- Kann sich hier jeder optimal einbringen: fachlich, emotional und seelisch?
- Verläuft unsere Zusammenarbeit inspirierend, effektiv und effizient?
- Schenkt mein Unternehmen Kunden und Mitarbeitern Sinn?
- Sorgen wir dafür, dass Ressourcen geschont werden?
- Tragen wir dazu bei, dass die Welt schöner, besser und gesünder wird?
- [...]

Integrale Sicht

Erinnern Sie sich noch an Radio Luxemburg, den ersten Privatsender Europas? In den 1980er-Jahren hatte er bei uns jungen Zuhörern Kultstatus. Während unsere Eltern die konservativen UKW-Sender liebten, war die Mittelwelle unser Highlight. Wollten wir nicht die langweiligen Informationen der Erwachsenensender hören, mussten wir zuvor die Frequenz wechseln. So wie wir den Mittelwellensender nicht auf einer UKW-Frequenz empfangen konnten, können wir auch Verbesserungen des Geistes in unserem Unternehmen nicht auf der Frequenz von Druck, Angst, Anspannung oder anderen niedrigen Schwingungen erwarten.

Die Art und Weise, wie wir als Entscheidungsträger denken, sprechen und handeln, strahlt auf uns zurück. Alles ist eins. Alles ist Energie. Wollen wir bessere Ergebnisse, brauchen wir *nur* Ordnung in den Erfolgsprinzipien unseres Unternehmens erzeugen – das Außen reagiert prompt. Sie wissen bereits: Resultate sind nur der Spiegel der eigenen Energie.

Um es auf den Punkt zu bringen: Als Geschäftsführer ist es unsere Aufgabe, Visionen in der Welt zu verankern. Selten können wir das alleine. Deshalb brauchen wir Mitarbeiter. Unsere Ziele und unser Führungsverhalten haben direkte Auswirkungen auf die emotionale Verbundenheit und das Engagement unseres Teams und darauf sollten wir achten.

Nach Ansicht des Systemtheoretikers Ervin Laszlo ist es so,
als seien wir ein Radio und unsere »Bandbreite« würde sich
erweitern.
Lynne McTaggart

Zahlen, Daten, Fakten

Im jährlichen Gallup Engagement Index finden wir für 2013 erstaunliche Zahlen. Die Forscher aus dem Bereich Verhaltensökonomie gehen nach einer branchenübergreifenden Studie davon aus, dass lediglich 16 Prozent der Mitarbeiter bereit sind, sich freiwillig für die Ziele ihrer Firma einzusetzen, 67 Prozent leisteten Dienst nach Vorschrift und 17 Prozent hatten sogar innerlich gekündigt. Stellen Sie sich das vor. Was heißt das für Ihr Unternehmen?

Viele Mitarbeiter fangen hoch motiviert in Unternehmen an, werden dann aber zunehmend unzufriedener. Die Hauptrolle dabei spielt fast immer der direkte Vorgesetzte. Viele Existenzgründer, die wir in den letzten Jahren begleiten durften, haben sich nur aufgrund desillusionierender Umstände von einer Festanstellung in die Selbstständigkeit gewagt. Alle hatten das Gefühl, dort ihre Talente, Neigungen und Lebensziele besser ausleben zu können. Allen fehlte Wertschätzung, Freiraum und Sinnhaftigkeit.

Hätten Sie das gedacht? Acht von zehn Mitarbeitern sind nicht mit Herz, Hand und Verstand bei der Arbeit. Sie fühlen sich nicht emotional mit ihrem Arbeitgeber verbunden. Auch wenn in der aktuellen Studie einige positive Entwicklungen zu erkennen sind, wird auch bewusst, dass Arbeitgeber noch lange nicht zu Höchstleistungen anspornen. Machen wir uns bewusst: Acht von zehn! Welche Ressourcenverschwendung, welche Kapitalvernichtung!

»Gerade für Unternehmen, deren Geschäft auf Beratung, Service und Dienstleistungen basiert, sind emotional gebundene Mitarbeiter immens wichtig«, erklären die Experten des Gallup Instituts. Bei Arbeitgebern sollten die Alarmglocken schrillen, wenn sie sich darüber im klaren werden, dass 70 % aller Beschäftigten in diesen Unternehmen in direktem Kundenkontakt stehen.

»Defizite im Arbeitsumfeld durch schlechte Führung wirken sich nicht nur negativ auf die Wettbewerbsfähigkeit von Unternehmen aus, sondern auch auf die Mitarbeiter selbst«, erklärt Marco Fink vom Gallup Institut.

Das Ergebnis der Studie lautet: »Höhere Mitarbeiterbindung schafft nicht nur besseren Service, sondern wirkt auch als Schutzimpfung gegen Fluktuation.«

Wie wir in allen Unternehmen sehen, sind es drei Dinge, die darüber entscheiden, ob Mitarbeiter die Unternehmensziele langfristig und gesund unterstützen können:

1. Qualität der Führung
2. Unternehmenskultur
3. Arbeitsplatzgestaltung

Aus Erfahrung mit unseren Kunden wissen wir: Unternehmen, die hohe Ideale verkörpern, sind nicht nur anziehend für Mitarbeiter und Kunden. Hohe Ideale machen Sinn.

> Sie ermöglichen Projekte …
> … bei denen Mitarbeiter ihre Talente einsetzen können,
> … bei denen Mitarbeiter zur Entscheidungsfindung mit einbezogen werden,
> … mit Aufgaben, bei denen klar ist, was genau von jedem erwartet wird und
> … bei denen jeder das Gefühl hat, einen wichtigen Teil zum Unternehmenserfolg beitragen zu können.

In Unternehmen, in denen solche Projekte möglich sind, erleben wir Menschen voller Leidenschaft, Engagement und Freude.

Solche Arbeitgeber bauen die Zusammenarbeit auf wechselseitigen Beziehungen, gemeinsamen Werten, offener Kommunikation, Respekt und Wertschätzung auf. Alle – Inhaber, Mitarbeiter und Kunden – erleben Sinn, eine ganzheitliche Wertschöpfung entsteht und alle spüren: Die gemeinsame Fokussierung macht nicht nur Spaß, sondern schafft auch fruchtbare finanzielle Erfolge. Das ist es, was wir als mühelose Arbeit bezeichnen.

Herzstück des Erfolgs

Es gibt Unternehmen, denen rennen Mitarbeiter und Kunden die Türe ein, es sind Orte, an denen man sich wohlfühlt, einbringen möchte, dazugehören will. Wenn wir ein solches Unternehmen sein wollen, müssen wir den Ort schaffen, an dem sich Menschen wohlfühlen. Und wie immer beginnt die Veränderung mit dem Bewusstsein des Inhabers, Gründers, Geschäftsführers. Das Bewusstsein der Führungskraft sickert automatisch zu den Menschen (Mitarbeitern, Kunden, Lieferanten …) durch und inspiriert alle anderen.

»Es ist eine Realität unserer Zeit, dass Menschen in inspirierenden Unternehmen, für inspirierende Führungskräfte, in inspirierenden Industrien und Berufen arbeiten wollen und Dinge machen möchten, die Kunden und Lieferanten und sie selbst inspirieren. Alles darunter ist nur Job«, schreibt Dr. Lance Secretan in seinem Buch *Inspirieren statt motivieren*.

Sie fragen sich: Woran kann ich erkennen, wo und in welchen Erfolgsprinzipien ich schon gut bin? Wie zeigt sich, in welchem Bereich mein Unternehmen zu stark oder zu schwach ist? Damit Sie Antworten auf Ihre Fragen bekommen und aus diesem Kapitel bestmögliche Erkenntnisse mitnehmen, laden wir Sie auf einen Quick-Test ein. Ihre Selbsteinschätzung kann Ihnen schnell zu neuen Erkenntnissen verhelfen.

3 Hinweise zum weiteren Vorgehen:
1. Lesen Sie die Fragen in dem Analysebogen.
2. Geben Sie jedem Erfolgsfaktor eine Bewertung zwischen 1-5 (siehe unten).
3. Machen Sie sich mit den Erfolgsprinzipien vertraut und leiten Sie eigene Aktivitäten daraus ab.

Wir empfehlen: Bei allen Unternehmens-Erfolgsprinzipien, die Sie mit einer Ziffer unter 3 bewertet haben, sollten Sie unbedingt aktiv werden und Verbesserungen einleiten.

Der einfachen Lesbarkeit halber haben wir uns an dieser Stelle entschieden, nur noch eine einheitliche Wortwahl zu verwenden. Auch wenn wir ab jetzt immer »wir« schreiben oder über »Unternehmen« sprechen, meinen wir ebenso alle Existenzgründer, Freiberufler und Solounternehmer – weil sie mindestens genauso von den folgenden Hinweisen profitieren.

Analyse der eigenen Unternehmens-Erfolgsprinzipien

Verbundenheit (Unternehmensprozesse) Wir sind ein bodenständiges Unternehmen mit Qualitätsstandards, Richtlinien, Prozessen.	1	2	3	4	5
Integrität (Unternehmenskultur) Wir pflegen gute Beziehungen zueinander. Mitarbeiter tragen die Unternehmensziele mit.	1	2	3	4	5
Weisheit (Durchsetzungsfähigkeit) Unser Unternehmen wächst solide. Wir sind eine selbstbewusste Marke.	1	2	3	4	5

Analyse der eigenen Unternehmens-Erfolgsprinzipien

	1	2	3	4	5
Liebe (Nachhaltiges Handeln) Wir arbeiten umwelt- und sozial verträglich und treffen ethische Entscheidungen.	1	2	3	4	5
Initiative (Unternehmenskommunikation) Unsere Kommunikation ist wirksam: Klare Aussagen, Ziele und Slogans begeistern.	1	2	3	4	5
Verantwortung (Zukunftsfähigkeit) Wir haben eine klare Vision und wissen, wie wir die Zukunft aktiv gestalten werden.	1	2	3	4	5
Wahrhaftigkeit (Unternehmensführung) Wir fragen uns ständig: »Was will durch unser Unternehmen in die Welt gebracht werden?«	1	2	3	4	5

1 = sehr gering
2 = ausreichend
3 = befriedigend
4 = gut
5 = sehr gut

Eigene Erkenntnisse:

*Die bisherige Strategie, lebendige Wesen in ihre Einzelteile zu
zerlegen, ... hatte zwangsläufig zur Folge, dass dabei immer
genau das verloren ging, was ein Lebewesen lebendig macht:
seine Intentionalität.*
Krishnamurti

Die 7 Erfolgsprinzipien
in Unternehmen

Erfolge sind immer das Ergebnis vieler Faktoren, die sich im Energiefluss der Erfolgsprinzipien widerspiegeln. Unternehmen, die in allen Bereichen ein gesundes Gleichgewicht halten können, sind in der Lage ihre »Mission« in der Realität zu manifestieren.

Idealerweise fördern Inhaber und Geschäftsführer den freien Energiefluss durch eine klare Vision, Führungsstil, Unternehmenskultur, Richtlinien sowie Produkt- und Prozessentwicklungen.

Unternehmen der Zukunft investieren Zeit und Geld, um die Energie in allen Bereichen des Unternehmens immer wieder mit der »Mission« in Einklang zu bringen – so entstehen anziehende Orte für Menschen.

Die Autorin Tanis Helliwell sensibilisierte unseren Blick für die Unternehmens-Chakras. Auf Basis ihrer Erkenntnisse und unserer Erfahrungen entstand die folgende Einteilung:

1. Erfolgsprinzip Verbundenheit
Unternehmensprozesse

Man könnte dieses Erfolgsprinzip auch das »Unternehmensfundament« nennen.

Es entscheidet maßgeblich darüber, wie gut die Unternehmensmission im Leben verankert werden kann.

Ist es offen und funktionsfähig, haben Unternehmen Produkte oder/und Dienstleistungen die zu ihnen und ihren Kunden passen – sie haben ein USP (Alleinstellungsmerkmal). Die Vision wird praxistauglich umgesetzt.

Das 1. Erfolgsprinzip steht für Arbeitseffizienz und Produktqualität. Seine Energie spiegelt sich in reibungslosen Arbeitsabläufen wider. Wie effektiv und effizient die Zusammenarbeit abläuft, wie gut Fehler vermieden werden und Personen geeignet sind, hängt von ihm ab. Einnahmen und Ausgaben stehen in einem gesunden Verhältnis.

Unternehmen mit einem gesunden Energiefluss bieten Kunden und Mitarbeitern Sicherheit, Beständigkeit und

Verlässlichkeit. Für die Mitarbeiter gibt es Regeln, die Ordnung und Verlässlichkeit bei der Arbeit ermöglichen. Kunden spüren das – es gibt klare Abläufe und Qualitätsstandards.

Alle im Unternehmen haben das Gefühl, im Flow zu sein, ohne über das eigene Handeln groß nachdenken zu müssen. Wer mit Kunden zu tun hat, ist gut im Vertrieb der Waren und Dienstleistungen. Nach außen wirken diese Unternehmen bodenständig, solide und gut organisiert.

Unterentwicklung:	Überentwicklung:
Bodenständigkeit und Verankerung des Unternehmens fehlen. Die fehlende »innere Stärke« zeigt sich dadurch, dass Abläufe nicht effektiv, effizient und einheitlich sind. Die Mitarbeiter haben wenig Sicherheit, selbst bei routinierten Abläufen. Fehlende Strukturen verunsichern sie und letztlich auch Kunden. Diese fehlende Stabilität und Ordnung im Unternehmen führt zu einer geschwächten oder unsicheren Handlungsfähigkeit. Diese spiegelt sich in verschiedensten Unternehmensbereichen wider und kann zu einer schlechten oder stark schwankenden Auftragslage führen. Abgesehen davon führt der hohe Arbeitsaufwand, der ohne Strukturen entsteht, zu einer immensen Ressourcenverschwendung.	Sind Prozesse zu stark perfektioniert, gibt es keine Flexibilität mehr im Unternehmen. Die Mitarbeiter werden nicht mehr gefordert und können sich nicht mehr mit ihrer Individualität einbringen – eine ermüdende Routine beherrscht das Tagesgeschäft. Die Mitarbeiterzufriedenheit lässt mit der Zeit nach und die Gefahr der Fluktuation guter Mitarbeiter steigt. Zudem kann es zu einer mangelnden Veränderungsbereitschaft führen, die sich in Zeiten wirtschaftlichen Wandels durch eine fehlende Anpassungsfähigkeit rächt.

So aktivieren Sie das Erfolgsprinzip Verbundenheit bei Unterfunktion:

- Arbeitsabläufe organisieren und rationalisieren
- Verbesserung der internen Koordination der Zusammenarbeit
- Eignung des Personals gewährleisten (fachlich und organisatorisch)
- Qualitätsstandards setzen, Fehler reduzieren
- Kundenerwartungen erfüllen/übererfüllen
- Kundenfokussierte Abläufe standardisieren
- Mission pragmatisch in der Realität verankern

Bei Überfunktion:

- Überregulierung abbauen, Mitarbeitern Freiräume gewähren
- Veränderungsbereitschaft wachhalten, z. B. wechselnde Arbeitsplatzbesetzung
- Produkte und Prozesse ständig an Veränderungen anpassen

Und wir müssen Unternehmen neu definieren: nicht mehr als Produktionsstätten für Güter und Dienstleistungen; nicht mehr als Gewinnmaximierungsinstitutionen, nicht mehr als Selbsterhaltungsmoloche – Selbsterhaltung um jeden Preis, auch den des Lebens und Seins aller Beteiligten, sondern als Erfahrungsorte für Menschen.
Dr. Wolfgang Berger

2. Erfolgsprinzip Integrität
Unternehmenskultur

Dieses Erfolgsprinzip ist für die Unternehmenskultur und die interne Atmosphäre zuständig. Der Fluss in diesem Energiezentrum entscheidet darüber, wie gut die Unternehmensziele im Business verankert werden können.
Fließen die Energien, sind alle Mitarbeiter mit den Zielen und Werten der eigenen Arbeit im Einklang. Als *Mit-Schöpfer* unterstützen sie die Unternehmensziele, indem sie entsprechend zielgerichtet handeln – Erfolge zu erreichen ist das gemeinsame Ziel.

Das 2. Erfolgsprinzip steht für die interne Arbeitskultur und die Unternehmenswerte. Die Lebendigkeit im Unternehmen ist sicht- und spürbar. Transparenz, Fairness, Gemeinschaftsgefühl und die Informations- und Gesprächskultur spiegeln den Fluss der Energie wider. Kreative Intelligenz, wertschätzender Umgang und die gemeinsame Freude an kontinuierlicher Weiterentwicklung ermöglichen, sich gegenseitig geistig zu befruchten.

Mitarbeiter werden als Menschen mit Bedürfnissen gesehen, die Interesse und Achtung verdienen. Alle passen zum Unternehmen (fachlich und energetisch), vom Geschäftsführer über die Mitarbeiter bis zu den Kunden.

Respekt ist die Grundlage der internen und externen Kommunikation. Jeder weiß: Jeder einzelne zählt! Lobende Worte und konstruktive Verbesserungsvorschläge gehören zum gegenseitigen Entwicklungsprozess. Konflikte werden ernst genommen und konstruktiv gelöst. Es gibt keine Tabus. Das Miteinander beruht auf der Erfahrung: Glückliche Mitarbeiter – glückliche Kunden.

Gemeinsame Feiern stärken das Wirgefühl. Das Unternehmenswachstum ist ebenso wichtig wie das Persönlichkeitswachstum der Mitarbeiter – alle ziehen an einem Strang.

Unterentwicklung:	Überentwicklung:
Ist die Energie unterentwickelt, so ist die Atmosphäre wenig wertschätzend: Auf der Ebene der Geschäftsleitung zeigt sich das so: Leistungen von Mitarbeitern werden vernichtend kritisiert; Mitarbeiter werden je nach Geschlecht, Rasse und Rang unterschiedlich behandelt; Mitarbeiter und Kunden werden als austauschbar angesehen; Versprechen werden nicht eingelöst ...	Ist die Energie überentwickelt, so hat man das Gefühl, dass Mitarbeiter in Watte gepackt und zu wenig dazu aufgefordert werden, eigene Grenzen zu überschreiten. Statt sie zu *Mit-Schöpfern* zu machen und Engagement zu fordern, werden sie unmündig gehalten. So bringen sie weder eigene Ideen im Unternehmen ein noch wachsen sie über sich selbst hinaus.

Auf der Ebene der Mitarbeiter zeigt sich das so: Mitarbeiter sabotieren sich gegenseitig; sie reden schlecht übereinander; Feierabend, Wochenenden und Urlaubszeiten motivieren mehr als die Arbeit.

Auf Dauer ist die Wettbewerbsfähigkeit gefährdet: Desillusion, Dienst nach Vorschrift, innere Kündigung und Fluktuation sind die Folge – immense Kosten entstehen.

Durch eine zu große Abhängigkeit von Weisungsbefugten werden sie wie kleine Kinder unmündig gehalten.

Kritik findet nicht statt, Konflikte werden vermieden – man will niemanden verärgern.

Mitarbeiter werden nicht zu Höchstleistungen motiviert – viel Potenzial bleibt ungenutzt.

So aktivieren Sie das Erfolgsprinzip Integrität bei Unterfunktion:

- Für Transparenz, Fairness und Gemeinschaftsgefühl sorgen
- Interesse am Leben der Mitarbeiter (Familiensituation, Hobbys) entwickeln
- Dank und Wertschätzung ausdrücken: Dankesbriefe, Geschenke, Feste ...
- Eine gute Informations- und Gesprächskultur schaffen
- Den Sinn eines gesunden Miteinanders betonen
- Gemeinschaftsaktionen ermöglichen
- Vereinbarung treffen, gemeinsam aus Fehlern zu lernen

Bei Überfunktion:

- Konstruktive Kommunikation etablieren: Krisen- und Konfliktgespräche
- Jedem ermöglichen, seine Kernkompetenz einbringen zu können
- Raum schaffen für individuelle Aufgaben und Verantwortlichkeiten
- Mitarbeiter in ihrer Verbundenheit zum Unternehmen fördern

- Mitarbeitern Spiel- und Handlungsraum bei den Dingen, die diese wollen (Interessen), können (Fähigkeiten) und dürfen (Bedingungen) geben

Der Mensch hat das Recht, der zu sein, der er ist.
Clare Graves

3. Erfolgsprinzip Weisheit
Durchsetzungsfähigkeit

Dieses Erfolgsprinzip ist für die Durchsetzungsfähigkeit und Dynamik im Markt zuständig. Ist es offen und funktionsfähig, ist das Unternehmen zielstrebig, handlungsorientiert und voller Aktionsfreude. Auf dieser Ebene entstehen Marken!

Das 3. Erfolgsprinzip steht für Entscheidungen: Unternehmensplanung, Risikobereitschaft, Handlungsfreude und die Freude daran, Ziele durch Handeln zu manifestieren. Die Umsetzung konkreter Planungen und Prioritäten spiegelt die Energie dieses Erfolgsprinzips wider.

Führungskräfte, die hier stark sind, sind echte Persönlichkeiten, die mitreißend auf andere wirken. Ihre ruhige Tatkraft schafft Strategien, die es Mitarbeitern ermöglichen, sich einzubringen und ihre Fähigkeiten auszuleben.

Unternehmen, die hier stark sind, reißen viele Widerstände ein. Die Energie, mit der Absichten, Aktionsfreude und Risikobereitschaft gelebt werden, zeigt den Fluss dieser Ebene: Wie sehr werden Mitarbeiter ermuntert und bevollmächtigt, beständig Neues auszuprobieren? Wie sehr können Mitarbeiter mit Talent und Tatendrang sich austoben?

Unterentwicklung:	Überentwicklung:
Ist die Energie unterentwickelt, fehlt es dem Unternehmen an Drive, Dynamik und Durchsetzungskraft. Es wird einfach zu wenig gehandelt.	Wird die Energie zu dynamisch und erzielt das Unternehmen zu schnelle Erfolge, dann findet eine zu rasante Entwicklung statt.

Dadurch wirkt seine Energie lauwarm, langsam und lustlos.

Weder können Kunden Interesse an den Angeboten finden, noch können Mitarbeiter mit Freude und Begeisterung ihre Arbeit verrichten.

Gleichzeitig haben die Mitarbeiter oft Angst davor, etwas zu ändern – deshalb bleiben sie meist passiv und warten auf Vorschriften, Vorgaben und Veränderungsimpulse von außen.

Nichts bewegt sich. Das Unternehmen ist nicht spannend. Die Wettbewerbsfähigkeit geht verloren!

Einige Gefahren lauern auf dem Weg: Erfolge können ein ungesundes Ego und Überlegenheitgefühl nähren. Das wiederum kann dazu führen, dass die Verbindung zum höheren Sinn der Arbeit verloren geht – aufregende Projekte werden wichtiger als der Sinn der Arbeit: Geldverdienen, Macht, Status, Image werden verlockender.

Auch wenn der schnelle Erfolg anfangs sehr motivierend wirkt, werden viele Mitarbeiter auf Dauer ausbrennen.

So aktivieren Sie das Erfolgsprinzip Weisheit bei Unterfunktion:

- Pläne entwickeln um Unternehmensziele durch Handlungen zu manifestieren
- Mitarbeiter befähigen und die Risikobereitschaft fördern
- Dynamisches Unternehmenswachstum durch motivierende Pläne anstoßen
- Mitarbeiterpotenzial durch energiegeladene Ziele herauskitzeln

Bei Überfunktion:

- Zu schnelle Expansionen durch die Verankerung der Werte abbremsen
- Risikomanagement im Blick behalten – Entscheidungen abwägen

- Unternehmensentwicklung durch SINNvolle Ziele anstreben
- Gesunde Leistungsfähigkeit der Mitarbeiter im Auge behalten

Eines Tages, nachdem wir Wind, Wellen, Gezeiten und Gravitation gemeistert haben, werden wir uns die Energie der Liebe nutzbar machen, und dann, zum zweiten Mal in seiner Geschichte, wird der Mensch das Feuer entdecken.
Teilhard de Chardin

4. Erfolgsprinzip Liebe
Nachhaltiges Handeln

Dieses Erfolgsprinzip steht für emotionale Intelligenz. Ist das Energiezentrum funktionsfähig, berücksichtigen Unternehmen, dass ihre Angebote das Leben anderer beeinflussen (Mensch, Tier, Natur), und übernehmen die Verantwortung dafür.

Das 4. Erfolgsprinzip steht für ein offenes Herz und Mitgefühl. Es bildet die Basis für Entscheidungen, die die Belange des größeren Ganzen mit einbeziehen – intern wie extern. Auf dieser Stufe sind sich Unternehmen über die gegenseitige Abhängigkeit im Universum bewusst.

Ihre Angebote, Produkte und Dienstleistungen machen den Sinn für Menschen spürbar. Ihr Verständnis für das große Ganze und ihre menschliche Überzeugungskraft spiegeln sich in allem wider.

Charakteristisch für solch eine Unternehmenskultur ist das Gruppenbewusstsein. Das *Wir* bestimmt die Zusammenarbeit weit mehr als das *Ich*. Projektgruppen und Partnerschaften werden gepflegt. Ergebnisse, Ideen und Problemlösungen werden als wichtiger angesehen als die Frage danach, wer sie vorgebracht hat. Empathie bestimmt das Miteinander.

Nachhaltiges Handeln und ein achtsamer Umgang mit Ressourcen bestimmt, wie, wo und was produziert und gehandelt wird.

Unterentwicklung:	Überentwicklung:
Erzielt ein Unternehmen Erfolge auf Basis von Egoismus, dann ist diese emotionale Intelligenz blockiert. Erfolge sind möglich – haben aber einen hohen Preis.	Bei den Mitarbeitern kann die ständige Suche nach Konsens dazu führen, dass die Ich-Identität in einem Wir zu verschwinden droht. Einzelne können dann kaum noch eigene klare Entscheidungen treffen.
Fehlende Empathie auf Unternehmensebene lässt sich kaum durch Mitarbeiter ausgleichen.	Eine Wir-haben-uns-alle-lieb-Atmosphäre kann dazu führen, dass durch die ständige Suche nach Konsens schnelle und klare Entscheidungen ausbleiben und vieles verwässert wird – Hauptsache, alle sind glücklich.
Höchstleistungen finden in solchen Unternehmen selten statt, dafür gibt es vermehrt innere Kündigungen.	
Wenn Werteorientierung großgeschrieben, aber nicht gelebt wird, werden herzensgute Mitarbeiter maßlos überfordert. Erst fühlen sie sich wie Heuchler, dann werden sie krank und letztlich werden sie kündigen.	Im schlimmsten Fall kann es dazu kommen, dass Unternehmen bei dem Fokus auf das Gesamtwohl den Blick für die eigene Wirtschaftlichkeit verlieren.
Gute Mitarbeiter werden sich auf Dauer nach anderen Arbeitsplätzen umsehen, Kunden nach anderen Anbietern.	

So aktivieren Sie das Erfolgsprinzip Liebe bei Unterfunktion:

- Verstand einschalten und Herz öffnen und sich über die Konsequenzen des bisherigen Verhaltens bewusst werden
- Mut haben, sich für ein neues Verantwortungsbewusstsein zu öffnen

- Ich-Wir-Weltbild berücksichtigen: unternehmerischen Einfluss auf Mitarbeiter, Kunden, Umwelt definieren und Verantwortlichkeit daraus ableiten
- Nachhaltigkeit im Unternehmen etablieren (Produktion, Prozesse …)
- Projektgruppen und Partnerprogramme ermöglichen, in denen sich jeder mit seinen Talenten einbringen will/ kann/ darf, damit kein Mitarbeiter verloren geht
- Erfolgreiche Projekte zweifach würdigen: im Ganzen (das Team) und persönlich (den Einzelnen)

Bei Überfunktion:

- Kuschelkurs vermeiden durch konstruktive Kommunikation, bei der auch Kritik geäußert werden darf
- Konsensfindung in einen zeitlichen Rahmen setzen
- Ich-Verantwortung auch im Wir-Kontext fördern, damit sich keiner zu sehr zurücknimmt
- Wirtschaftlichkeit und Nachhaltigkeit in einer gesunden Balance halten

Sind wir innerlich uneins? Wenn wir innerlich uneins sind, gibt es keinen Weg, weder im Himmel noch in der Hölle, dass wir morgen nicht auch eine Welt haben, die uneins ist.
Adyashanti

5. Erfolgsprinzip Initiative Unternehmenskommunikation

Dieses Erfolgsprinzip steht für Kommunikation und Unternehmenslust. Ist es offen und funktionsfähig bringen Unternehmen klare Unternehmensaussagen in die Welt und an den Mann.
Das 5. Erfolgsprinzip steht für Stimmigkeit in der Welt – auf dieser Ebene entsteht eine starke Manifestation. Einmal getroffene Entscheidungen (Erfolgsprinzip 3) werden hier konsequent dazu genutzt, um die eigene Vision (Erfolgsprinzip 6) zu verwirklichen. Neues ist vorstellbar und wird pragmatisch geschaffen, indem man ursächlich wird.

Unternehmensaussagen, Corporate Wording, Corporate Design und Corporate Identity spiegeln die Energie dieser Ebene wider. Unternehmen, die hier stark sind, wissen: Kommunikation ist Macht. Sie treten unternehmensfreudig, kommunikationsstark und unmissverständlich auf. Der Erfolg ihrer Öffentlichkeitsarbeit, Marketingaktionen, Verkaufsgespräche und Vereinbarungen mit Menschen zeigt, wie stimmig ihre Resonanz ist.

Unterentwicklung:	Überentwicklung:
Liegt hier eine Blockade oder Störung vor, fühlen sich Mitarbeiter in Unternehmen ohnmächtig, weil sie das Wesentliche nicht kommunizieren können: Kernkompetenz, Kundennutzen, Alleinstellungsmerkmal, Firmenphilosophie … Ihnen fehlen die Worte. Sie bleiben stumm. Stumme Unternehmen, die nichts zu sagen haben, können auch nicht gehört werden – und damit werden sie auch nicht gesehen. Im lauten Markt erzeugen sie kaum oder keine Resonanz und finden deshalb kaum bzw. keine Abnehmer für ihre Angebote.	Ist die Energie überschießend, neigen Unternehmen zur Manipulation und Missbrauch. Ihr Machthunger basiert auf dem Gefühl der Trennung und ist ein Ausdruck von Angst und Gier. Sobald unehrenhaftes Vorgehen die Kommunikation bestimmt, ist das Gleichgewicht zwischen Machbarkeit und einer gesunden Unternehmensentwicklung gekippt. Hohe Fluktuation, Kundenunzufriedenheit und der Imageverlust in der Branche wiegen den Schaden, der durch solche Erfolge erzielt wurde, nicht auf.

So aktivieren Sie das Erfolgsprinzip Initiative bei Unterfunktion:

- Klare Unternehmenskommunikation intern und extern fördern
- Corporate Wording, Corporate Design und Corporate Identity erstellen

- Öffentlichkeitsarbeit und Marketingaktionen durchführen
- Kundenfokussiertes Marketing nutzen: Internetpräsenz, Social-Media- und Online-Reputation-Management ...

Bei Überfunktion:

- Kommunikation und Kundennutzen auf Wahrhaftigkeit prüfen
- Ausschließlich Wahrheiten aussprechen: über das Unternehmen, Produkte, Mitarbeiter, Kunden, Absichten ...
- Möglichkeiten und Machbarkeit von Wachstum auf Basis einer gesunden Kundenorientierung anstreben

Das oberste Ziel eines Unternehmens besteht nicht darin, Gewinn zu machen, sondern Menschen die Möglichkeit zu geben, zu wachsen, sich kreativ zu betätigen und einen konstruktiven Beitrag zur Verbesserung der Welt zu leisten.
Dr. Lance Secretan

6. Erfolgsprinzip Verantwortung
Innovations- und Zukunftsmanagement

Dieses Erfolgsprinzip steht für ein verantwortungsvolles Innovations- und Zukunftsmanagement. Das 6. Erfolgsprinzip ermöglicht, »das Geschäft neu zu erfinden«, um dauerhaft wettbewerbsfähig zu bleiben. Unternehmer, die mit dieser Energie arbeiten, wissen: Innovationen und Erfindungen sind wichtiges Wachstumskapital. Unternehmen mit geistigem Weitblick fragen sich stets: »Was braucht die Gesellschaft von morgen?«

Intuitive Intelligenz erlaubt, Markttrends und Visionen zu empfangen, bevor sich diese der Öffentlichkeit zeigen. Unternehmen, die das können, sind anderen meilenweit voraus. Das ehrliche Interesse an der Evolution und gesellschaftlichen Entwicklung befähigt sie, sichere Vorausahnungen über Trends wahrzunehmen.

Klare Visionen, die aus der Intuition kommen, ermöglichen mittel- und langfristige Planungen. Imaginationen gehören mit zu den machtvollsten Manifestationswerkzeugen und ermöglichen es, herausragende Produkt- und Dienstleistungsangebote zu kreieren.

Erst durch ein gesundes Zusammenspiel mit den vorhergehenden Erfolgsprinzipien können wertvolle Produkte hergestellt und Dienstleistungen bereitgestellt werden, die die Welt braucht. Ohne Erdung bleiben Ideale wirkungslos. Erst die stimmige Ausrichtung von Vision, Gefühl, Kommunikation und Wissen schafft Wirkung.

Unterentwicklung:	Überentwicklung:
Ohne inspirierende Visionen verlieren Unternehmen ihre Wachstumskraft und Wettbewerbsfähigkeit. Für sie gibt es keine Zukunft.	Zu viele Vorahnungen, Visionen und Ideen sorgen für zu wenig Ruhezeit und Produktreife. Wenn Ideen keine Zeit haben zu verwurzeln, dann verbrennen sie unnötig viele Ressourcen im Unternehmen.
Ohne geistigen Weitblick, frische Ideen und zeitgemäße Produkte oder Dienstleistungen werden Unternehmen schnell langweilig. Ihre Energie verliert an Schwung, bis sie irgendwann stagniert.	Die quirlige Energie kann beleben, aber auch verunsichern. Wenn zu viele oder zu schnelle Veränderungen auf Mitarbeiter zukommen, verlieren diese ihre Sicherheit.
Der fehlende Elan lässt erst die Mitarbeiter ermüden und immer mehr Dienst nach Vorschrift machen, dann überträgt sich die Trägheit auf die Kunden. Sie bleiben aus.	Wenn sie keine Zeit haben sich mit dem Neuen anzufreunden, sind sie nicht in der Lage, Kunden die nötige Souveränität entgegenzubringen, um diese zu überzeugen.
Mitarbeiter und Kunden werden sich nach Unternehmen mit mehr Inspiration umsehen.	Bei einem zu hohen Innovationstempo werden Mitarbeiter und Kunden häufig überfordert – auf Dauer wenden sie sich vom Unternehmen ab.

So aktivieren Sie das Erfolgsprinzip Verantwortung bei Unterfunktion:

- Klären: »Was ist es, was unsere Kunden in Zukunft von uns erwarten?«
- Innerbetriebliche Innovationsfähigkeit steigern: Nutzung von Kreativitätstechniken, Zukunftswerkstätten etc.
- Arbeitsatmosphäre schaffen, in der Imaginationen aufkeimen können
- Mitarbeiterpotenzial nutzen und ein Vorschlagswesen etablieren
- Sinnvision für das Unternehmen finden, die alle motiviert (Geschäftsführung, Mitarbeiter, Kunden)

Bei Überfunktion:

- Controlling für Ideen etablieren: Preis von Veränderungen berücksichtigen
- Vision auf Realisierbarkeit prüfen, bevor mit der Umsetzung begonnen wird
- Machbarkeit und Gewinn berechnen und Ideen auf Nachhaltigkeit prüfen
- Aus der Vision kurz-, mittel- und langfristige Strategien ableiten
- Eine Sinnvision lebendig halten und von Zeit zu Zeit so modifizieren, dass die Unternehmensstärken dabei gestärkt werden

Klöster sind überaus erfolgreiche Unternehmen, weil hier die Ewigkeit über dem Heute steht, das Ganze über dem Teil, das Dienen über dem Verdienen.
Dr. Wolfgang Berger

7. Erfolgsprinzip Wahrhaftigkeit
Unternehmensführung

Dieses Erfolgsprinzip steht für spirituelle Intelligenz. Sobald wir uns als Selbstständige oder Unternehmer von der Kraft des 7. Erfolgsprinzips leiten lassen, arbeiten wir mit unserem inneren Wissen.

Dieses ermöglicht ein harmonisches Zusammenspiel von rationaler, kreativer, emotionaler und intuitiver Intelligenz. Ist dieses Energiezentrum geöffnet und funktionsfähig, glauben wir auf der einen Seite an das Gute im Leben und haben auf der anderen Seite die Kraft, Berge zu versetzen.

Unternehmen, die auf dieser Ebene arbeiten, haben eine »Mission« und stellen ihre Arbeit in den Zusammenhang der Evolution. Sie fragen sich ständig: »Was will durch mich und mein Unternehmen in die Welt gebracht werden?« Ein ökonomischer Geist, der auf Weitblick und innerem Wissen beruht, schenkt ihnen Weisheit und Handlungsstärke. Auf dieser Ebene wissen Geschäftsführer um die Welt der Polarität und integrieren Gegensätze: Stärkendes und Schwächendes, Neues und Altes, Weibliches und Männliches ...

Sie tragen die volle Verantwortung für ihre Entscheidungen und fördern die geistige und materielle Seite ihres Unternehmens. Sie wissen um ihre eigenen menschlichen Schwächen und versöhnen sich immer mehr damit: Ratio und Intuition, Bewusstes und Unbewusstes, Objektives und Subjektives, Unmanifestes und Manifestes ... werden zunehmend vereint.

Ein gesundes Gespür für das, was werden will, und dessen Umsetzung im Unternehmen leitet ihren Weg. Sie sehen sich als Mitschöpfer an der Evolution. Sinn-Visionen, Glaube und inneres Wissen leiten sie. Paradoxes entsteht: Entscheidungen werden nicht mehr auf der Basis von Entweder-oder getroffen, sondern auf der Basis von Sowohl-als-auch.

Spiritualität wird ganz pragmatisch umgesetzt: bei der Mitarbeiterrekrutierung, Standortwahl, Produktplanung, Zusammenarbeit, Dienstleistungsentwicklung ...

Unterentwicklung:	Überentwicklung:
Ohne die Nutzung der spirituellen Intelligenz bleiben übergeordnete Zusammenhänge des Unternehmens ungesehen. Die beflügelnde Energie der Unternehmensseele fehlt und wird zu wenig genutzt. Wissen, Weisheit und höhere Beweggründe bleiben ungeachtet. Wird diese Metaebene nicht genutzt bleiben Antworten auf »universelle« Fragen aus: »Was will durch uns gelebt werden?« Das Ziel hinter dem Ziel bleibt im Dunklen. Unternehmen werden als Treffpunkte für wirtschaftliche Aktivität angesehen, nicht aber als Orte für die Entfaltung der Evolution.	Eine Überfokussierung auf das Spirituelle bringt häufig eine Verurteilung des Materiellen mit sich. Unternehmen kennen dann zwar ihre »Mission«, sind aber nicht in der Lage, aus ihren Ideen Produkte oder Dienstleistungen zu konzipieren, die gebraucht oder gekauft werden. Es fehlt einfach die Erdung. Die Energie ist wenig bodenständig, sondern eher fluffig und flüchtig. Entscheidungen, die nötig wären um die »Mission« zu verankern, werden nicht getroffen – es fehlt die Umsetzungsenergie für das pragmatische Handeln. Gleichzeitig kann es zu spiritueller Arroganz und Überheblichkeit kommen – oftmals ein Zeichen des Schattens im eigenen System.

So aktivieren Sie das Erfolgsprinzip Wahrhaftigkeit bei Unterfunktion:

- Fragen: »Wem dient dieses Unternehmen? Wozu sind wir da?«
- Fragen: »Wie gehen wir miteinander um? Wie mit Kunden?«
- Regelmäßige Meditationen etablieren
- Eigene Intuition schulen und für inneres Wissen öffnen (Meditation, JETZT)

- Widersprüchliches miteinander integrieren: Sowohl-als-auch-Lösungen denken

Bei Überfunktion:

- Für Erdung, Bodenhaftung und Verankerung spiritueller Eingebungen sorgen
- Materielles und Spirituelles gleichermaßen würdigen
- »Mission« durch Handeln, Sprechen und Planungen manifestieren
- Unversöhnlichkeiten mit der materiellen Welt transformieren
- Erfolgsprinzip 1, 2, 3 aktivieren

Welche potenzielle Zukunft wir ansteuern, wird ausschließlich davon bestimmt, worauf unsere Aufmerksamkeit, das heißt der Fokus unserer bewussten Wahrnehmung, gerichtet ist.
Jörg Starkmuth

Resümee:

Was kann sich ändern, wenn Sie unsere Tipps beherzigen und in Ihren Unternehmensalltag einfließen lassen?

Je nachdem, welche Aspekte Sie berücksichtigen und wie gut alle Bereiche ausbalanciert sind, werden sich andere Ergebnisse einstellen. Was sich in den beiden unternehmerisch relevantesten Bereichen ändern kann, finden Sie in dieser Übersicht:

Wirtschaftlicher Erfolg	
Was steigt?	**Was sinkt?**
• Arbeitsergebnisse	• Ressourcenverschwendung durch unmotivierte Mitarbeiter
• Kundenempfehlungen	
• Qualitätsmanagement	
• Nachhaltigkeit der Umsätze und Erträge	• Kosten für Akquise
• Arbeitseffizienz	• Rekrutierungskosten
• Produktivität	• Fehl- und Krankheitszeiten
• [...]	• Fehlleistungen
	• [...]

Menschlicher Erfolg	
Was steigt?	**Was sinkt?**
• Emotionale Bindung von Mitarbeitern	• Demotivation und Frust
• Kundenbindung/-loyalität	• Innere Kündigung
• Engagement und Arbeitsfreude	• Dienst nach Vorschrift
• Freude an Höchstleistungen	• Fluktuationsbereitschaft
• Verweildauer im Unternehmen	• [...]
• [...]	

Mit einem Mal sind die günstigen Umstände,
hinter denen man ständig herläuft, von selber da.
David Servan-Schreiber

Zusammenfassung
Unternehmens-Chakras

Es gibt Fälle, wo das Höchste wagen die höchste Weisheit ist.
Carl Phillip Gottfried von Clausewitz

1. Energie bestimmt Erfolge und der Energiefluss bestimmt über die Wirkung im Markt: Ausstrahlung, Anziehungskraft und Beliebtheit.
2. Unternehmen, die in allen Unternehmensbereichen (Chakras) ein gesundes Gleichgewicht halten können, sind in der Lage ihre »Mission« in der Realität zu manifestieren.
3. Zukunftsforscher sagen: »Wer in den nächsten Jahren im eigenen Unternehmen für Wachstum, Attraktivität und Kundenbegeisterung sorgen möchte, muss eine Bewusstseinserweiterung vollziehen.«
4. Typisch ist, dass sich viele Probleme lösen und günstige Umstände entstehen, wenn der Inhaber eines Unternehmens weiß, wofür es da ist.

5. Unternehmen, die hohe Ideale verkörpern, sind nicht nur anziehend für Mitarbeiter und Kunden. Hohe Ideale machen Sinn.
6. Es gibt Unternehmen, denen rennen Mitarbeiter und Kunden die Türe ein, es sind Orte, an denen man sich wohlfühlt, einbringen möchte, dazugehören will.
7. Idealerweise fördern Inhaber und Geschäftsführer den freien Energiefluss durch eine klare Vision, Führungsstil, Unternehmenskultur, Richtlinien sowie Produkt- und Prozessentwicklungen.

Jetzt haben Sie Gelegenheit, sich eigene Notizen zu diesem Kapitel zu machen:

»Was war für mich in diesem Kapitel besonders wichtig?«

Radikale Revolution

Ein mulmiges Gefühl überfällt uns bei unserem Sonntags-
spaziergang. Der Pfingststurm, der mit 145 km/h über die
Düsseldorfer Region gefegt war, hat seine Spuren hinterlassen:
umgestürzte Bäume, abgedrehte Baumkronen, niedergedrückte
Sträucher. Jeder dritte Baum ist enthauptet oder entwurzelt.
Unbegehbare Wege und ein Bild der Verwüstung hinterlassen ein
postapokalyptisches Gefühl in uns. Bis wir uns erinnern.

Vor sieben Jahren war es, am 17.01., als der Orkan Kyrill weite
Teile der Natur in Europa zerstörte. Wissen Sie noch: Von Nord-
irland über Deutschland bis Osteuropa waren mehrere Millionen
Menschen betroffen. Keiner konnte sich dem einfach entziehen.
Flüge, Fähren, Fahrten mit dem Auto oder der Bahn waren
teilweile längere Zeit unmöglich. Monatelang waren Wälder
gesperrt, bis Wege wieder sicher und begehbar waren. Wochenlang
waren Bahnschienen blockiert. Das öffentliche Leben war erst
ausgebremst, dann eingeschränkt, bis es wieder normal lief. Das
Ausmaß der Schäden war immens. Wir waren damals sehr erschüttert. Naturgewalten dieser Art waren vielen von uns bis dahin
fremd.

Erstaunlich, denn es dauerte nicht lange, da konnten wir etwas
Wundervolles wahrnehmen. Die Natur steckt voller Entwicklungs-
freude – Stillstand scheint sie nicht zu kennen. Unaufhaltsam
gestaltet sie sich um, unaufhaltsam wächst sie über sich selbst
hinaus. Ganz natürlich bereitete sich in den Folgejahren eine neue
Vegetation aus. Unser Hauswald, im Angertal, erstrahlte in neuer
Schönheit, Vielfalt und Pracht. Wo vorher alte Bäume standen,
wuchs nun junges Gehölz. Wo vorher dichte Baumkronen den
Wald verfinsterten, sorgten in den Folgejahren Lichtungen für
Sonnenschein und zarte Neuzüchtungen.

Was uns auffällt, ist Folgendes: Genauso wie die Evolution die
Natur immer wieder durch Katastrophen zu neuen Entfaltungs-
stufen auffordert, so sind auch wir Menschen in dem ewigen
Zyklus von Aufbau und Zerstörung aufgefordert, uns immer
wieder zu erneuern, zu erweitern und zu wachsen. Die Evolution
ist das übergeordnete Prinzip – nicht nur in der Natur, sondern
auch in unserer Gesellschaft und Wirtschaft. Massenentlassungen,
Insolvenzen, Umweltskandale, Ressourcenknappheit ... All diese
Bereiche sind eine Aufforderung an uns, ungesunde Entwick-

lungen in eine gesunde, stabile und funktionsfähige Bahn zu lenken.

Krisen sind Chancen

»Krisen sind Hebammen der Evolution«, so treffend formuliert es der Unternehmensberater Dr. Wolfgang Berger. In seinem Buch *Business-Reframing* weist er darauf hin, dass Unternehmen und Unternehmer Probleme nicht mit dem gleichen Denken lösen, mit dem sie sie geschaffen haben. Wie wahr! Was er rüberbringen möchte, ist: »Neues Denken ist gefragt, um zu lernen, zuerst das Notwendige zu tun und dann das Mögliche, damit sich daraus, das scheinbar Unmögliche von selbst – aus dem Selbst heraus – ergibt.«

Ja, damit können wir etwas anfangen, denn auch wir sind der Ansicht: »Alles Gute kommt von selbst«. Gutes kommt von selbst oder wie David Whyte, Poet und Berater des Boeing-Vorstands es formulierte: »There is no path. You lay down a path in walking.« (Einen Weg gibt es nicht. Wenn wir gehen, breiten wir den Weg vor uns aus.)

Welcher Weg sich vor unseren Füßen ausbreitet, liegt an uns. Es hängt immer davon ab, welchen Weg wir eingeschlagen haben und täglich gehen. Viele erhöhen derzeit Tempo und Druck, um der schnelllebigen Welt gerecht zu werden – dabei verspielen sie ihre Chancen. Andere haben den Kampf beendet (oder sind derzeit dabei) und erzielen entspannte Erfolge – durch neues Bewusstsein.

Ein Baum, der umfällt, macht mehr Lärm,
als ein ganzer Wald, der wächst.
Tibetisches Sprichwort

Bewusstseinsentwicklung & Paradigmenwechsel

Ja, immer schon hat sich die Welt verändert – und jeder Einzelne von uns ist eingeladen, das Beste aus dem Wandel zu machen. Unsere Unsicherheit über die aktuellen Herausforderungen können wir wahrscheinlich am besten verlieren, wenn wir verstehen, dass *eigentlich* alles in Ordnung ist.

Georg Schmertzing hat den Lauf der Evolution in seinem Buch *Kraftfeld Herz* sehr schön auf den Punkt gebracht. Unter uns: Wir waren erstaunt, als wir lasen, dass schon der Apostel Paulus sagte, dass die Erde in den Geburtswehen liegt im Hinblick auf den neuen Menschen. Ja, wir müssen akzeptieren, dass die Evolution niemals abgeschlossen sein wird. Die Menschheit erneuert sich ständig.

> *Erst wenn die Mehrheit Normen in Zweifel zieht,*
> *gibt es eine Chance, sie zu ändern.*
> Sabine Asgodom

Erfreulich ist, dass es scheint, als ginge es bei unserer Entwicklung allgemein viel weniger um den reinen Fortschritt und Profitmaximierung als vielmehr um die Entwicklung von Werten. Und aktuell geht es um Werte wie Ehrlichkeit, Verantwortungsbewusstsein, Verbundenheit, Wertschätzung, Liebe ...

Das würde erklären warum immer mehr Unternehmer derzeit »wertlose« Systeme verlassen und nach »wertvolleren« Möglichkeiten Ausschau halten.

Unternehmerlust statt Unternehmerfrust

- Immer mehr Ärzte legen die Kassenzulassung ab und legen Wert auf gesunde Menschen, statt weiter an kranken Strukturen mit Pharmakonzernen und Krankenkassen festzuhalten. Sie wollen eine gesunde Beziehung zu ihren Patienten und das geht nur in einer Praxis mit gesunden Strukturen.

- Immer mehr Rechtsanwälte legen Wert auf Schlichtung, statt Konflikte noch mehr anzuheizen. Mediation statt Streit: Wertschätzung und ein neues Verständnis schaffen eine neue Verbundenheit unter den Betroffenen.

- Immer mehr Unternehmensberater bieten kreative Visionsreisen, statt nur konkrete Verhaltensvorgaben zu liefern. Sinnvisionen schaffen wirklich neue Unternehmensaussichten. »Imagination ist wichtiger als Information«, erkannte schon Albert Einstein.

- Immer mehr Unternehmer werden zu »sozialen Helden« und verschenken ihr Wissen: unzählige hochwertige Webinare, Newsletter, Blogs, E-Books, Events und Austausch in Online-Communitys. »Kostenfrei, doch nicht umsonst« heißt der neue Trend.

- Ganz normale Menschen erkennen Schieflagen und setzen sich aktiv für die Verbesserung der betroffenen Lebensbereiche ein. Nicht so sehr aus Egoismus oder Profilierungslust, nein, vielmehr, weil sie verstanden haben, dass wir letztlich alle in einer Welt leben und eins sind. Während wir oft auf das schauen, was laut ist und zusammenbricht, wächst leise und fast unmerklich etwas völlig Neues.

Wieso – weshalb – warum?

Bei dieser großen Frage sollten wir die Erkenntnisse des Kulturphilosophen Jean Gebser (1905-1973) berücksichtigen, der unsere menschliche Entwicklung bis zum heutigen Tag gut nachvollziehbar beschrieben hat. Bemerkenswert, schon Ende der 30er-Jahre des 20. Jahrhunderts sagte ihm seine Intuition, dass die menschliche Geschichte bald eine neu entstehende Struktur von Bewusstsein und Kultur hervorbringen würde, die er als *integrales Bewusstsein* bezeichnete. Schauen wir, was er sagt, wo wir herkommen und wo wir hingehen. Dabei hilft uns sein 5-Stufen-Modell der Bewusstseinsebenen.

> **Die Evolution und ihre Bewusstseinsstufen**
> 1. Archaische Stufe
> 2. Magische Stufe
> 3. Mythische Stufe
> 4. Mentale Stufe (endet derzeit)
> 5. Integrale Stufe (erwacht derzeit)

Archaisches Zeitalter

Zu Beginn war die Menschheit noch eins mit der Natur. Die Menschen lebten noch im völligen Einklang mit der gesamten Schöpfung. Hoch intellektuelle Zeitgenossen beurteilen diese Stufe heute oft als primitiv, weil die Menschen aus heutiger Sicht noch kein Selbstbewusstsein entwickelt hatten. Zu der Zeit wurde das Bewusstsein überwiegend über das limbische System gesteuert – das Überleben war das Allerwichtigste.

Magisches Zeitalter

Vor 20.000 Jahren und mehr begannen unsere Vorfahren dann mit der Höhlenmalerei. Magie und Jagdzauber bestimmten ihren Alltag. Und die Erkenntnis wurde geboren: Alles hängt mit allem zusammen.

Zu der Zeit entwickelten die Menschen diese Vorstellung: Wenn ich ein Tier, möglichst realistisch gezeichnet, zuerst rituell auf der Höhlenwand töte, dann bin ich auch auf der Jagd erfolgreicher. Bildliche Überlieferungen zeugen für das gestiegene Bewusstsein. Dennoch wurde das Leben durch Instinkte, Triebe und unbewusstes Wollen gesteuert. Die Menschen lebten noch mit einem eindimensionalen Weltbild und es gab noch keine Spannung zwischen Gegensätzen. Es gab noch kein Gut oder Schlecht, Böse oder Lieb ... Dafür steuerten das Bauchgefühl und das limbische System ihr Denken.

Mythisches Zeitalter

Wissenschaftler schätzen, dass vor 5.000 - 7.000 Jahren das mythische Bewusstsein entstand. Ein zunehmendes Stammesbewusstsein entwickelte sich und erste Kulturen wurden sesshaft. Die Zeit der großen Sagen und Mythen entstand. Erstmals tauchte der Begriff Seele auf und die Menschen interessierten sich mehr und mehr für die Welt der Götter. Erste bedeutende Kulturen entwickelten sich.

Ein separiertes *Ich* war noch nicht im Bewusstsein verankert, auch wenn die Welt inzwischen zweidimensional wahrgenommen wurde. Die Menschen unterschieden erstmals Gut und Böse, Himmel und Erde, Yin und Yang, sich selbst als Handelnden und Erleidenden. Die Sprache wurde zu einer wichtigen Ausdrucksform. Zwar steuerte das limbische System das Denken weiterhin, aber mit zunehmendem Einfluss des Neokortex.

Mentales Zeitalter

500 v. Chr. wurde das Gehirn als Organ im Kopf des Menschen entdeckt und zum Zentrum des Menschen ernannt. Damit wurde unser aktuelles Zeitalter eingeläutet und dramatische Veränderungen fanden statt.

Abstraktes Denken und analytische Ordnung lösten mythisches Chaos ab. Die Wahrnehmung der Menschen wurde dreidimensional. Viele neue Erkenntnisse über den Kosmos und die Erde veränderten das Bewusstsein.

Die Errungenschaften dieser Zeit können sich sehen lassen: technologischer Fortschritt, Weiterbildung, Forschung, globale Entwicklung ...

Das mentale Zeitalter hat unsere globale Wirtschaftskultur ermöglicht und höhere Lebensstandards erst möglich gemacht. Gleichzeitig hat uns das »gute Leben« zu einer Leistungsgesellschaft werden lassen: Die linke Hirnhälfte dominiert strategisches Denken und Entweder-oder-Entscheidungen beeinflussen das Verhalten.

Integrales Zeitalter

Neues Denken verändert derzeit die Welt. So großartig die Errungenschaften des mentalen Zeitalters auch sind, erkennen doch viele, dass die alleinige Suche nach rationalen Lösungen keine realistischen Antworten auf heutige Probleme liefern kann.

Steve McIntosh beschreibt diese neue Erkenntnisfähigkeit des integralen Bewusstseins so: »Anders als der Verstand oder die Logik ist diese neue Fähigkeit nicht in der *Kognition*, sondern in der *Entscheidungsfreiheit* zentriert.«

Das heißt, dass diese neuen Erkenntnisse durch die Nutzung unseres Willens entstehen. Im Gegensatz zum mentalen Zeitalter, in dem wir streng analytisch und kognitiv Entscheidungen getroffen haben, wird durch das Zusammenspiel von Kopf und Herz, Intellekt und Intuition etwas Neues entstehen.

Während die Welt – und mit ihr die Wirtschaft – kollabiert, wächst bei vielen Menschen die Erkenntnis, dass wir es sind, die nicht mehr mit der Natur kompatibel sind. Dass wir es sind, die sich ändern müssen, wenn wir weiterhin erfolgreich wirtschaften wollen.

Sobald wir diese Tatsache anerkennen, eröffnet sie uns eine neue Identität voller Verbundenheit und Verantwortlichkeit für uns, andere und unsere Welt. Eine neue Weltsicht entsteht, die unsere Leidenschaft und unsere Liebe zum Leben anspricht: Mitgefühl, Sympathie, Respekt und Wertschätzung bilden die zentralen Werte.

Integrales Bewusstsein ist die Fähigkeit,
Konflikte als Signal für unsere Überidentifizierung
mit einem einzigen System zu erkennen.
Robert Kegan

Auch wenn die Medien über die einstürzenden Bäume schreiben, die Lichtungen sind längst dabei, sich in wunderschöne neue Urbanisationen zu verwandeln. Wer genau hinsieht, kann überall Wandel erkennen.

1. **Massenentlassungen erwecken neue Gründerszenen**
   Engagierte Einzelunternehmer und Social Start-ups verändern Wirtschaftszweige – das Internet macht's möglich.

2. **Nahrungsmittelskandale erwecken eine neue Ernährungskultur**
   Bio-Lebensmittel und vegane Ernährung sind seit Jahren ein Trend, der Forschung, Lebensmittelhandel und Gastronomielandschaften rasant verändert.

3. **Politikverdrossenheit erweckt Bürgerengagement**
   Weltweite Netzwerk-Kampagnen beeinflussen politische Entscheidungen. Skandale vertuschen sich nicht mehr so leicht und Politiker werden immer mehr in die Verantwortung genommen – Bürgermut und Internet machen es möglich.

4. **Aus institutionellem Versagen erwächst Eigenverantwortung**
   Eine Dorfgemeinschaft kauft ein Elektrizitätswerk, Eltern gründen Kindergärten und Schulen und Guerilla-Gärtner

wandeln städtisches Brachland in Grünflächen um – »Anpacken statt Abwarten« lautet die Devise.

5. **Bankenskandale erwecken Solidarität**
Fundrising-Finanzierungen, Stiftungsgelder und Schenkungen werden immer mehr zu alternativen Geldquellen für sinnvolle Unternehmungen.

Unzählige Beispiele bezeugen ein neues werteorientiertes Bewusstsein. Und das magische am integralen Bewusstsein ist: Die neue Unternehmenskultur, die daraus erstrahlt, erkennt nicht nur die äußere wie innere Entwicklung an, sondern vereint auch spirituelle und strategische Praxis miteinander.

»Die Werte der integralen Weltsicht finden ihren Ausdruck in der Motivation, uns selbst durch spirituelle Praxis wie Meditation und Gebet zu entwickeln; unsere Körper durch gesunde Ernährung und Training gesund zu erhalten; uns in unserer Gemeinschaft zu engagieren; lebenslang zu lernen und ein aktives Geistesleben zu führen«, so formuliert es der Autor des Buches *Integrales Bewusstsein*.

Eine neue, vier- oder gar multidimensionale Bewusstseinsstufe ist längst erwacht und wächst. Sie schenkt uns eine neue Erkenntnisfähigkeit und enthält viele neue Freuden und Facetten. Integral, global und ganzheitlich umfassend wird sie unser Gefühl für Zeit und Raum verändern. Während wir Menschen uns transzendieren, werden wir transparenter werden. Erstmals werden wir unsere linke und rechte Gehirnhälfte gleichermaßen nutzen! Statt linear von der Vergangenheit über die Gegenwart in die Zukunft zu leben, werden wir lernen, in der unmittelbaren Gegenwart zu »wahren« (Wortschöpfung von Jean Gebser). Und Neues entsteht.

Große Vergangenheit – Große Zukunft

Sie sehen: Es ist alles in Ordnung. Wie so oft in der Geschichte der Menschheit sind wir *nur* wieder an einen Punkt gekommen, an dem es so nicht weitergeht. Das mentale Zeitalter hat zwar unseren Verstand geweckt, geschärft und gebildet. Gleichzeitig hat es aber unsere Seelen hungern lassen und von uns selbst entfernt. Diese innere Haltlosigkeit sehen wir im äußeren Chaos.

Gewiss, wie so oft in der Geschichte der Evolution, haben wir noch keine Vorstellung von dem Kommenden. Gleichzeitig wissen wir, der Weg ergibt sich beim Gehen.

Wir alle werden die Zukunft neu gestalten, mit jedem Schritt den wir unternehmen. Wie so oft, sind es einzelne Pioniere, die den Weg in die Zukunft erahnen, erkennen und einladen, ihnen mutig zu folgen. Und, die Prophezeiungen sind verheißungsvoll, wenn wir die nächsten Schritte wagen. Die Zeit ist reif, nicht nur unseren gesunden Menschenverstand zu nutzen, sondern zusätzlich unsere viel größere Intelligenz in unser Leben zu integrieren: unsere göttliche Intelligenz.

Es ist an der Zeit, die alte »Ressourcennutzungs-Kultur« durch eine neue »Potenzialentfaltungs-Kultur« zu ersetzen.
Dr. Gerald Hüther

Zusammenfassung

Radikale Revolution:
Von wo kommen wir, wohin gehen wir (wirtschaftlich)

> *Das frühere Paradigma basierte auf Angst,*
> *das neue ist von Liebe inspiriert.*
> Dr. Lance Secretan

1. Neues Denken ist gefragt! Die aktuelle Wirtschaftskrise lässt sich nicht mit dem gleichen Denken lösen, mit dem sie erschaffen wurde.
2. Eine biologisch-psychisch-geistige Evolution ist im Gange, die sich selbst durch Synergieeffekte antreibt.
3. Das mentale Zeitalter stirbt, eine neue integrale Wirtschaft ist längst erwacht.
4. Die Zeit ist reif für »göttliche Intelligenz«.

Jetzt haben Sie Gelegenheit, sich eigene Notizen zu diesem Kapitel zu machen:

»Was war für mich in diesem Kapitel besonders wichtig?«

Danksagung

Wir sind dankbar für die Veröffentlichung dieses Buches. Viele Menschen haben ermöglicht, dass Sie es heute in der Hand haben. Aber einer Person gilt unser besonderer Dank: Unserer Verlegerin Diana Schulz. Wir danken dem EchnAton Verlag für sein Vertrauen und die Möglichkeit, uns als Erstautoren unter seine Fittiche genommen zu haben. Das Gefühl der hundertprozentigen Rückendeckung und Zuversicht hat sich von Anfang an positiv auf unsere Zusammenarbeit ausgewirkt.

Unser Dank geht auch an unsere Lektorin Angelika Funk für ihre professionelle Unterstützung und Detailtreue. Erst ihr Feinschliff und ihre Fachkenntnisse haben unseren Zeilen den jetzigen Glanz verliehen.

Bedanken wollen wir uns auch bei allen mutigen Pionieren, Autoren, Lehrern und Impulsgebern, die uns auf unserem Weg immer wieder inspirieren und ermutigen.

Und natürlich danken wir allen unseren Kunden für ihr Vertrauen und ihre Treue. Ohne sie gäbe es dieses Buch nicht. Sie sind es, die uns über Jahre all die vielen Erfahrungen und Erkenntnisse ermöglicht haben. Sie sind es, die uns immer wieder dazu bringen, selbst Lernende zu sein, um immer bessere Berater und Lehrer zu werden.

Und natürlich danken wir Ihnen, liebe Leserinnen und Leser. Ihre Bereitschaft, sich für unsere Gedanken zu öffnen, Bestehendes infrage zu stellen, neue Erfahrungen zu sammeln und tiefere Einsichten zu gewinnen, macht uns glücklich. Vieles, was wir in unseren Beratungen und Seminaren lehren, hat durch das Schreiben dieses Buches noch einmal neue Facetten bekommen.

Über die Autoren

Astrid-Beate und Christoph Oberdorf begleiten Menschen und Unternehmen auf dem Weg zu wirtschaftlichem und persönlichem Erfolg.

Die versierte Kauffrau und Expertin für Integrale Lebenspraxis besitzt über 25 Jahre Erfahrung mit Persönlichkeits- und Bewusstseinsentwicklung. Der Diplom-Betriebswirt (VWA), verfügt über 20 Jahre Vertriebserfahrung im nationalen und internationalen Business. Als Starthelfer und Sparringspartner unterstützen sie Einzelunternehmer und mittelständische Unternehmen bei der Existenzgründung, Expansion und Erneuerung. In ihren Unternehmensberatungen, Coachings und Seminaren gelingt es ihnen, Spirit und Strategie so miteinander zu verbinden, dass diese sich gegenseitig verstärken.

Persönliche und berufliche Wachstums- und Entwicklungsprozesse finden auf der Ebene universeller Quantengesetze und neurowissenschaftlicher Erkenntnisse statt. Das einzigartige Potenzial in Menschen und Unternehmen zu wecken, liegt ihnen am Herzen – dazu haben die Autoren 7 Erfolgsprinzipien entwickelt.

Mehr Informationen über »dieOberdorfs« finden Sie unter:
www.dieoberdorfs.de
Blog.dieoberdorfs.de

Sei du selbst die Veränderung,
die du dir wünschst für diese Welt.
Mahatma Gandhi

Innere Transformation – Äußerer Erfolg

Einfach loslegen mit App, CDs oder Downloads

Wir wollen, dass Sie mit Ihrem 7x7-Tage-Programm einfach loslegen können. Unsere geführten Meditationen machen es möglich, Ihre 12 Geisteskräfte sofort zu aktivieren und die 7 Erfolgsprinzipien so mehr und mehr für sich zu nutzen.

Gleichgültig, ob Sie sich durch die Doppel-CD, die App oder die Downloads unterstützen lassen wollen – in allen drei Fällen profitieren Sie von einer der wirkungsvollsten Methoden für eine neue Ausstrahlung und Anziehungskraft.

Genießen Sie ...

... 160 Minuten Laufzeit,
... eine behutsame Meditationsleitung,
... wundervolle Worte mit Tiefenwirkung,
... vertiefende Gedanken, die neue Wirklichkeiten eröffnen.

Wir wünschen Ihnen viel Spaß auf Ihrem Weg und freuen uns, wenn Sie Ihren Weg noch entspannter, erfüllter und entschlossener gehen.

Den Link zu der App, die Meditationen als CD sowie als Mp3-Datei zum Download finden sie unter:

www.dieOberdorfs.momanda.de

Quellen- und Literaturverzeichnis

Bücher & Printmedien

Aburdene, Patricia: Mega-Trends 2020 - 2008 J. Kamphausen

Ackermann, Daniel: Alles eine Frage v. Bewusstseins - 2002 Assunta

Almaas, A.H.: Essenz - 2009 Arbor

Ardagh, Arjuna: Die lautlose Revolution - 2013 J. Kamphausen

Asgodom, Sabine: 12 Schlüssel zur Gelassenheit - 2005 Kösel

Asgodom, Sabine: Leben macht die Arbeit süß - 2006 Ullstein

Asgodom, Sabine: Raus aus der Komfortzone rein in den Erfolg - 2007 Campus Verlag

Bauer, Joachim: Warum ich fühle, was du fühlst - 2006 Hoffmann + Campe Verlag

Bays, Brandon: The Journey, der Highway zur Seele - 2007 Ullstein

Beck, Don Edward; Cowan, Christopher C.: Spiral Dynamics Leadershiph, Werte und Wandel - 2008 J. Kamphausen

Berckham, Barbara: Jetzt reicht's mir! - 2009 Kösel

Berckham, Barbara: Wie sie anderen den Stachel ziehen, ohne sich selbst zu verletzten - 2012 Gräfe und Unzer Verlag GmbH

Berger, Wolfgang: Business-Reframing - 2002 Verlag Dr. Th. Gabler

Bernstein, Gabrielle: Könnte Wunder wirken - 2013 mvg Verlag

Betz, Robert: Willkommen im Reich der Fülle - 2008 KOHA

Braden, Gregg: Verlorene Geheimnisse des Betens - 2014 EchnAton

Cameron-Bandler, Leslie; Lebeau, Michael: Die Intelligenz der Gefühle - 1990 Junfermann Verlag

Charvet, Shelle Rose: Wort sei Dank - 2012 Junfermann Verlag

Chopra, Deepak: Die sieben geistigen Gesetze des Erfolgs - 2004 Ullstein Taschenbuch

Dahlke, Rüdiger: Das Schattenprinzip - 2010 Arkana

Davis, John: Liebe zur Wahrheit - 2002 J. Kamphausen

Dobelli, Rolf: Die Kunst des klaren Denkens - 2014 dtv

Dodson, Frederick: Reality Creation Coaching - 2008 Bohmeier

Dodson, Frederick: Reality Creation für Fortgeschrittene - 2010 Bohmeier Verlag

Fiennes, Maya: Yoga for Real Life für jeden! - 2011 EchnAton

Ford, Debbie: Spirituelle Trennung - 2001 Econ Ullstein List Verlag

Ford, Debbie: Schattenarbeit - 2011 Wilhelm Goldmann Verlag

Förster & Kreuz: 99 Zitate für Querdenker Edition 2014/2015

Fosar, Granzyna; Bludorf, Franz: Der Geist hat keine Firewall - 2009 Lotos Verlag, Verlagsgruppe Random House GmbH

Fritsch, Gerlinde Ruth: Der Gefühls- und Bedürfnisnavigator - 2010 Junfermannsche Verlagsbuchhandlung

Fritsch, Gerlinde Ruth: Praktische Selbst-Empathie - 2012 Junfermannsche Verlagsbuchhandlung

Gangadean, Ashok: WIR Menschen im Wandel September - November 2011 Info3-Verlagsgeschaft Brüll & Heisterkamp KG

Gawain, Shakti: Stell dir vor Kreativ visualisieren - 1994 Rowohlt

Gawain, Shakti; King, Laurel: Leben im Licht - 2001 W. Heyne Verlag

Govinda, Kalashatra: Chakra Praxisbuch - 2002 W. Ludwig Verlag

Hawkins, David R.: Licht des Alls - 2006 Sheema Medien Verlag

Heller, Jutta: Resilienz, 7 Schlüssel zu mehr innerer Stärke - 2013 Gräfe und Unzer Verlag

Helliwell, Tanis: Mit der Seele arbeiten - 2010 Neue Erde GmbH

Hicks, Esther u. Jerry: Wunscherfüllung - 2006 Ullstein

Hicks, Esther u. Jerry: Absicht und Erfolg - 2007 Ullstein

Hüther, Gerald: Biologie der Angst - 2012 Vandenhoeck & Ruprecht

Hüther, Gerald; Roth, Wolfgang; von Brück, Michael: Damit das Denken Sinn bekommt - 2013 Verlag Herder

Jäger, Roland: Selbstmanagement und persönliche Arbeitstechniken - 2000 Verlag Dr. Götz Schmidt

Jahrsetz, Ingo Benjamin: Holotropes Atmen   Psychotherapie und Spiritualität - 1999 J. G. Cotta'sche Buchhandlung

Kabbal, Jeru: Quantensprung zur Klarheit - 2012 J. Kamphausen

Katie, Byron: Über Arbeit und Geld - 2006 Wilhelm Goldmann Arkana

Kensington, Ella: Die Glückstrainer - 2005 Ella Kensington Verlag

Kinslow, Frank: Quantenheilung wirkt sofort - 2009 VAK Verlag

Kummer, Peter: Warum geschieht gerade das ausgerechnet mir? - 1998 mvg-Verlag

Landsiedel, Stephan: Way up den eigenen Traum leben - 2008

Landsiedel, Stephan: JETZT ERFOLGREICH! Heft 1 - 2010

Landsiedel, Stephan: JETZT ERFOLGREICH! Heft 7 + 8 - 2011

Landsiedel, Stephan: JETZT ERFOLGREICH! Heft 18 - 2014

Laszlo, Ervin: Weltwende 2012 - 2009 Scorpio Verlag

Lüpke, Geseko v.: Zukunft entsteht aus Krise - 2009 Riemann Verlag

Martina, Roy: Emotionale Balance - 1999 KOHA Verlag

Matthews, Dale A.: Glaube macht gesund - 2000 Verlag Herder

Mc Taggart, Lynne: Das Nullpunkt-Feld - 2007 Goldmann Verlag

McIntosh, Steve: Integrales Bewusstsein - 2009 Phänomen Verlag

Nath Hanh, Thich: Versöhnung mit dem inneren Kind - 2011 O.W. Barth Verlag

Nelles, Wilfried: Umarme dein Leben - 2013 Innenwelt Verlag

Oppelt, Siglinda: Quantensprung im Business - 2011 Verlag Via Nova

Osho: Meditationsführer - 2002 Wilhelm Goldmann Verlag

Osho: Autobiographie - 2007 Ullstein Buchverlage GmbH

Ott, Ulrich: Meditation für Skeptiker - 2010 O.W. Barth Verlag

Peseschkian, Nossrath: Der Kaufmann und der Papagei - 1996 Fischer

Peseschkian, Nossrath: 33 und eine Form der Partnerschaft - 1996 Fischer Taschenbuch Verlag GmbH

Ponder, Catherine: Die Heilungsgeheimnisse der Jahrhunderte - 1992 Wilhelm Goldmann Arkana

Ponder, Catherine: Die dynamischen Gesetze des Reichtums - 1992 Peter Erd Verlag

Rosmann, Nadja: WIR Menschen im Wandel: Interview mit W.T. + M. Küstenmacher, T. Haberer - 2011 November, Info3

Scheinfeld, Robert: Raus aus dem Geld-Spiel! - 2007 Börsenmedien

Simanowitz, Jenny: 100 außergewöhnliche Stimmungsmacher - 2008 Ökotopia Verlag

Schmerzing, Georg: Kraftfeld Herz - Die neue Herzkultur - 2002 Silberschnur Verlag

Schmidt, Walter: Dicker Hals und kalte Füße - 2013 Goldmann Verlag

Schulz, Mona Lisa: Intuition die andere Art des Wissens - 2000 Wilhelm Goldmann Verlag

Schwarz, Aljoscha A.; Schweppe Ronald P.: TAO Mehr Energie, Sinnlichkeit und Lebensfreude - 2001 W. Ludwig Buchverlag

Secretan, Lance: Inspirieren statt motivieren! - 2006 Kamphausen

Secretan, Lance: Ganz oder gar nicht! - 2007 Kamphausen

Seligman, Martin E.P.: Der Glücks-Faktor - 2003 Lübbe

Servan-Schreiber, David: Die neue Medizin der Emotionen - 2006 Wilhelm Goldmann Verlag

Siegfried & Roy: Meister der Illusion - 1992 Bruckmann Verlag

Smothermon, Ron: Drehbuch für Meisterschaft im Leben - 1989 Context Verlag

Smothermon, Ron: Transformation statt Veränderung - 2008 Kamphausen

Spitzer, Manfred; Bertram, Wulf: Hirnforschung für Neu(ro)gierige - 2010 Schattenauer GmbH

Sprenger, Werner: Schleichwege zum ICH II INTA-Meditation - 1991 Nie/nie/sagen Verlag

Standenat, Sabine: So lerne ich mich selbst zu lieben - 2009 Kneipp

Starkmuth, Jörg: Die Entstehung der Realität - 2007 Starkmuth Verlag

Tolle, Eckhart: Jetzt! Die Kraft der Gegenwart - 2002 J. Kamphausen

Tolle, Eckhart: Leben im Jetzt - 2002 Wilhelm Goldmann Arkana

Ulsamer, Berthold: Der Apfel-Faktor - 2009 Kösel-Verlag

Van Helsing, Jan; Dr. Dinero: Das eine Millionen Euro Buch! - 2009 AMA DEUS Verlag

Von Staden, Siranus Sven: Quantum Energy - 2011 Schirner Verlag

Walsch, Neale Donald: Gespräche mit Gott Band 1 - 1997 Goldmann

Wilber, Ken: Ganzheitlich handeln - 2001 Arbor Verlag

Wilber, Ken: Eros, Kosmos, Logos - 2006 Fischer Taschenbuch Verlag
Wilber, Ken: Wege zum Selbst - 2008 Wilhelm Goldmann Arkana
Wilber, Ken; Patten, Terry; Leonard, Adam; Morelli, Marco: Integrale
  Lebenspraxis - 2013 Kösel Verlag, Random House
Wilde, Stuart: Wunder! - 2003 Heinrich Hubendudel Verlag
Willmann, Hans-Georg: Willenskraft - 2012 GABAL Verlag
Zeland, Vadim: Transsurfing - 2007 Silberschnur Verlag
Zimmermann, Hans-Peter: Ich achte dein Schicksal - 2013

Zusätzliche Quellen

ARD-alpha Bildungskanal: Auf den Spuren der Intuition - 2014
Fettes Brot: Songtext »Jein« http://www.songtextemania.com/
  jein_songtext_fettes_brot.html
Gallup Institut: Gallup Studie 2013 - http://www.gallup.com/
  strategicconsulting/168164/pm-gallup-engagement-index-
  2013.aspx
Heinrich, C.; Hürter, T.; Schramm, S.; Wüstenhagen, C.: Die Kunst
  der Entscheidung - 06/2011 Die Zeit http://www.zeit.de/zeit-
  wissen/2011/06/Entscheidungen
Identity Foundation: Meditation und Wissenschaft - http://identity-
  foundation.de/
Katz, Silvie: Kurswechsel Verbreitete Verwechslung im Denken -
  »prä« und »trans« persönliche E-Mail
Oldemeyer, Ernst: Zur Phänomenologie des Bewusstseins: Geschichte
  und Intuition Studien und Skizzen - Vorschau http://books.
  Google.de
Prauß, Angelika: Portrait über Karl Ludwig Schweisfurth »Würde auf
  der Strecke geblieben« - 2014 http://www.katholisch.de
Rytina, Susanne: Fokus Online Die Kunst sich selbst zu erkennen -
  http://www.focus.de/wissen/mensch/sprache/englisch-
  sprachkurs/tid-7184/psychologie_aid_130147.html
Werde Magazin, Nr. 1, 2014 Bücher: Verletzlichkeit macht stark von
  Brené Brown; Die Macht der Liebe von Barbara L. Frederickson
Zitate: Diverse: www.aphorismen.de; www.zitate.de; www.spruch.de
Zukunfts|institut: Studie: Megatrends www.zukunftsinstitut.de
Wikipedia Recherche: Ich-Entwicklung: Jane Loevinger; Film: Und
  täglich grüßt das Murmeltier; Metapher: Die Blinden Männer und
  der Elefant; Definition: Wissen - www.wikipedia.de